Klauspeter Bungert: Astrologie der Ereignisse –
Doppelhoroskope historischer Persönlichkeiten

Astrologie der Ereignisse – Doppelhoroskope historischer Persönlichkeiten

eruiert und diskutiert auf der Grundlage von Direktionen und siderischen Lunaren nach Alexander Marr (1919 – 2000)

von
Klauspeter Bungert

Impressum
© 2020 Bungert, Klauspeter
Herstellung und Verlag:
BoD – Books on Demand, Norderstedt
ISBN: 9783750417779

A. Zur Einführung

In den Jahren 1989 bis 92 befaßte ich mich ausgiebig mit einer Form der Ereignisastrologie, die ich durch den in Trier lebenden Forscher und Theoretiker Alexander Marr kennenlernte. Ich entwickelte in seiner Methode Geschick und wurde zu einem fleißigen Beispiellieferanten. Meine kritischen Einblicke und die Beispiele von mir erfolgreich bearbeiteter historischer Biografien legte ich in einem Manuskript größeren Buchumfangs nieder, um mich anschließend auf meine ursprünglichen Aufgaben zurückzubesinnen. Nach Jahren astrologischer Abstinenz ergab sich im Umfeld eines einschneidenden familiären Ereignisses eine neuerliche Annäherung, die ich als vorübergehend und, nach einer weiteren Unterbrechung, mit der vorliegenden Publikation als abgeschlossen betrachte.

In meinem Buchentwurf von 1992/93 versuchte ich, das Prozedere der Marrschen Rektifikationsmethode anhand eines Hauptbeispiels zu erläutern, zu hinterfragen und nach Kräften Neulingen der Astrologie verständlich zu machen. Außerdem enthielt der Textteil philosophische und alltagspsychologische Betrachtungen, Aufzeigen etwaiger Spielräume einerseits, erkennbarer Grenzen und Fantastereien andererseits. Die Beipielhoroskope ergänzte ich durch interpretatorische Kurzessays. Diese waren Mischungen aus biografischem Wissen und assoziativem Anknüpfen an astrologische Konstellationen. Alles das zu überprüfen und zu diskutieren, wäre ein ebenso beträchtlicher wie lebenserwerblich nutzloser Aufwand. Damit die Essenz meiner ausgedehnten Beschäftigung mit einer fraglos logisch ausgedachten Spielart der doch so niedrig angesehenen Astrologie den Weg zum Leser finden kann, möchte ich die Lebenslauftabellen von damals in noch einmal durchgesehener Form hiermit veröffentlichen. In einem abschließenden Kapitel gebe ich einen verkürzten Abriß meines damaligen „Lehrbuchs".

Den neu eingefügten Handzeichnungen von Radix (Geburts-) und Epoche (Empfängnishoroskop) folgen dreispaltige Tabellen. Sie enthalten neben technischen Angaben in maximaler mir erreichbarer Genauigkeit biografische Ereignisdaten samt stichpunktartiger Bezeichnung und Umschreibung begleitender Umstände (linke Spalte), in den beiden Spalten Mitte bzw. rechts den dazu analogen Stand der astrologischen Uhr. Die astrologische Uhr meint die Positionen, die sich im Geburtshoroskop (Radix) bzw. Empfängnishoroskop (Epoche nach Theorie Alexander Marr) in Entsprechung zur Zeitverschiebung von der Geburt bis zum Ereignis bzw. von der Empfängnis bis zum Ereignis ergeben. Diese Positionen – mathematisch-astronomisch hergeleitete Verschiebungen – werden nach zwei unterschiedlichen Schlüsseln berechnet: **primär** dirigiert in Richtung des Tierkreises (0° Widder bis 30° Fische) = *d* für *direkt*, primär dirigiert in spiegelbildlicher Richtung (30° Fische bis 0° Widder) = *c* für *convers,* **sekundär** dirigiert in Zeitrichtung *pro*, in entgegengesetzter Richtung *re*.

Was sich kompliziert hier anliest, wird dem lediglich an Resultaten interessierten Anwender durch Software-Programme abgenommen. Die von mir benutzten Programme sind bzw. waren:

– für die Berechnung von Primär- und Sekundärdirektionen sowie von Transiten *Special1*,

– für die Berechnung siderischer Lunare, siderischer Halblunare und tropischer Solare *Nova*.

Special1, von Marr entwickelt, wurde später aufgestockt und zum Kombinationsprogramm *Astro* zusammengefaßt.[1] Der Verbleib von Marrs Nachlaß ist mir unbekannt. Ob eine Anpassung der Programme an aktuelle Software-Betriebssysteme erfolgte, ebenfalls. Da immer weniger funktionstüchtige Computer alter Generation verfügbar sind, verkleinert sich das Zeitfenster für ein unvoreingenommenes Überprüfen von Marrs Methode durch Forschende womöglich beträchtlich.[2]

Astrologie versetzt niemanden in die Lage, komplexe Prognosen abzugeben, Personen differenziert zu charakterisieren und unbefangene, hinhörende und hinsehende Menschenkenntnis zu ersetzen. Es gibt keinen Einfluß der Planeten auf unser So-und-nicht-anders-Sein. Die kosmischen Sternzeichen sind ohne Bedeutung, die astrologischen entsprechen der mathematischen Unterteilung

---

1 In der mir überlassenen Version aus der Zeit vor meinem Bruch mit dem Forscher 1992 wurde gegenüber der *Special1*-Fassung ein Berechnungsfehler bei der sekundär dirigierten Pars fortuna behoben. Für Horoskope vor 1900 lag noch eine überholte Berechnungsformel für die Position des Pluto zugrunde. Diese erscheint im Programm *Nova* der amerikanischen Firma Astrolabe, mir ebenfalls in einer Version der späten 1980er Jahre vertraut, berichtigt. Für Berechnungen vor 1700 sind minimale Abweichungen bzgl. Neptun und Uranus und noch kleinere für weitere Positionen möglich.

2 Eine moderne Version von *Nova* gibt es aktuell über https://alabe.com/novacw.html. Sie inkludiert immerhin auch Direktionenberechnungen.

des Jahres in zwölf gleiche Abschnitte, aufgespannt an den vier Knotenpunkten der Jahreszeiten. Sterne bestimmen kein Schicksal. Dennoch könnte ihr Widerschein im logischen Prozedere Alexander Marrs schicksalhafte Gesetzmäßigkeiten abbilden – etwa so, wie ein Thermometer Temperatur abbildet, sie aber selber nicht erzeugt. Wenn es Übereinstimmungen zwischen Oben und Unten, Groß und Klein gibt, warum nicht deswegen, weil überall mathematische Gesetze walten, die niemand in ihrer Fülle ganz erfaßt und die, aus individuellem Blickwinkel betrachtet, jedesmal neue, eigene Facetten zeigen?[3]

Dem Anschein nach treffen Ereignisse in unserem Leben mehr oder weniger „zufällig" ein. Den Heiratstermin können wir beim Standesamt verabreden, auch, wo wir feiern und wie viele Gäste wir einladen wollen. Nicht aber, wann und wo wir die passende Frau fürs Leben kennenlernen und ob unsere Nachbarin in zwei Jahren noch lebt. Die Symbolabfolgen der Astrologie bringen einen Faktor mathematischer Folgerichtigkeit in das Chaos. Nicht mehr und, wenn es gut kommt, auch nicht weniger.

Aber wo soll der Punkt, von dem aus sich Gesetzmäßigkeiten zeigen, liegen?

Die nachstehende Anordnung bezeichnet wesentliche Ereignisse eines Lebenslaufs mit Ziffern. Ereigniskarten mit ungefährer (amtlicher), rektifizierter (exakter) und stärker abweichender Ausgangszeit ergeben z. B. folgenden Befund:

Ereignisse:
<u>3</u> - - - - - <u>2</u> - - <u>1</u> - - - - Ausgangszeit - - - - **1** - - **2** - - - - - **<u>3</u>**
Direktionen auf die ungefähre Geburtszeit:
3 - - - - -   - - 1 - - - - Ausgangszeit - - - - **1** - - **2** - - - - -
Direktionen auf die **rektifizierte Geburtszeit**:
3 - - - - -   - - <u>1</u> - - - - Ausgangszeit - - - - **<u>1</u>** - - **<u>2</u>** - - - - -
Direktionen auf die stärker abweichende Ausgangszeit:
8 - 7 -   - - 5 - - - 4 - - - Ausgangszeit - - -   - - -   - - **6** - **7** - **8**

Nur bei der rektifizierten Ausgangszeit treten Ereignisdatum und zugehörige Direktion genau übereinander.

---

3 Was den Einwand gegen den topozentrischen Blickwinkel bei der Astrologie gegenstandslos macht, daß nämlich die Planeten nicht wirklich die Bahn beschreiben, die von der Erde aus gesehen wird.

5

Die Übergänge der täglichen Planetenpositionen über Horoskoppositionen, die sog. Transite, spielen, anders als in der volkstümlichen Astrologie, bei Marr eine nur untergeordnete Rolle und werden zur Bestätigung eines genauen Geburtszeitpunkts nur herangezogen, wenn sie Aszendent (AS), Deszendent (DS), Medium coeli (MC), Imum coeli (IC), allenfalls noch Häuserspitzen (mit römischen Zahlen bezeichnet) genau berühren (0) oder in bestimmten anderen Winkeln treffen (30, 45, 60, 90, 120, 135, 150, 180°). Gleichberechtigt neben dem direkten wird der in die Vergangenheit gespiegelte Zeitpunkt herangezogen, z. B. bei einem Ausgangspunkt am 15. April und einem Ereignis am 25. April neben dem 25. April gleichberechtigt der converse, gespiegelte Zeitpunkt am 5. April. Berechnungsgrundlagen und alles weitere zur Technik, dazu Informationen zur Vorgeschichte seiner Theorie, zu Vorgängern und Mitstreitern veröffentlichte Marr in den drei dünnen Bänden
Prediction - Using Common and Prenatal Cycles. Tempe (Arizona), 2. Aufl. 1988,
Prediction II. Directions and the Art of Rectification. Tempe (Arizona), 1985 und
Prediction III. Synastry. The Ascendant-Lunar. The Prenatal Epoch. Fixed Stars. Buenos Aires 1990[4].

Jeder feinmechanischen Untersuchung voraus gehen Kontrollen mit siderischen Lunaren. Der Computer berechnet diese aus der Mondposition des Ausgangshoroskops und einem Aufschlag von gut 0,8 Bogenminute pro Jahr für die direkten und einem ebensolchen Abschlag für die conversen Lunare. Lunare werden berechnet auf den Aufenthaltsort des Geborenen zum Ereigniszeitpunkt. Der Computer berechnet hier also nicht Positionen aufgrund einer vorgegebenen Zeit, sondern umgekehrt die Zeit aufgrund einer Position. Lunare und Solare sind Positionshoroskope. Neben den Lunaren oder Vollunaren werden Karten auf die gegenüberliegende Mondposition berechnet, sog. Halblunare.
Wenn die Geburtszeit zuverlässig überliefert ist, ergibt sich nach Marrs Theorie und ausgedehnten empirischen Beobachtungen aus den lunaren Positionshoroskopen bereits ein klarer Hinweis auf die Stimmigkeit der Zeit innerhalb weniger Zeitminuten. Blie-

---

4 An die Werke ist inzwischen schwer heranzukommen. Sie stehen u. a. im (Fernleihe-)Bestand der Trierer Stadtbibliothek.

ben genaue Lunare aus oder selten, wäre die Ausgangszeit anzuzweifeln.

Die nun anschließende Feinarbeit stützt sich in der Hauptsache auf Primär-, in zweiter Linie auf Sekundärdirektionen, direkt und convers berechnet und bezogen auf das topozentrische Häusersystem[5]. Hierfür gelten Symbole für astronomische Körper, Winkel und Orben. Orben heißen die Abweichungen vom genauen Wert, die nicht überschritten werden dürfen. Der Computer nimmt dem Astrologen Arbeit ab, die Entscheidung über den Wert der Rechenresultate bleibt aber bei ihm. Als vorrangig gelten Aspekte Achse/Haus d bzw. c zu Planet/Licht/Mondknoten.

Eine Sekundärdirektion Achse/Haus zu Planet/Licht gilt dagegen als zweitrangig, bewegte Position Planet/Licht[6] zu Achse/Haus als hochwertig. Das ist umgekehrt wie bei den Primärdirektionen. Langsam schreitende Planeten zeigen bei den Sekundärdirektionen mitunter Konstellationen an, die eine Biografie über Jahre hinweg in eine bestimmte Richtung versetzen.

Der beobachtete Umstand, daß sich Folgen eindrucksvoller Lunar- und Direktionsabfolgen im engen Radius belegter Geburtszeiten ergeben, läßt die Vermutung zu, daß ein hier angesetztes Horoskop tatsächlich mit der Geburt korreliert. **Ein Beweis ist es nicht, denn 1.**, die Frage, welcher Augenblick des Geburtsvorgangs genau die Ankunft eines Neubürgers in der Hierwelt markiert, bleibt weiter ungeklärt; **2.**, ein Zusammentreffen von astrologischen und biografischen Daten muß nicht grundsätzlich ausschließen, daß es innerhalb eines Kalendertages mehrere Ausgangspunkte für einwandfreie Symbolabfolgen geben könnte.

Umgekehrt, wenn sicher davon auszugehen wäre, daß nur eine korrekte Geburtszeit genaue Ereigniskarten abwirft, dann würde es möglich, ohne Kenntnis der Geburtsstunde allein mithilfe einer genügenden Ereignisdatenfülle ein Geburtshoroskop zu erschließen.

Ausgehend von den Kriterien, die ich anhand des eigenen Doppelhoroskops überprüfte[7], stelle ich eine ganze Reihe von Doppelhoroskopen zur Diskussion, die unter dieser Prämisse entwickelt wurden.

---

5 in Marrs Berechnungsprogrammen als einziges installiert

6 sekundär real nach dem Ephemeridenwert und der Regel 1 Tag für 1 Jahr berechnet

7 Radixzeit 4min36sec später als die innerfamiliär wie standesamtlich übereinstimmend ausgewiesene Geburtszeit

Seit Alexander Marr ist die Überprüfung eines Geburtshoroskops bzw. Radix mit lunaren Positionshoroskopen und der Erstellung einer Direktionstabelle nicht abgeschlossen. Die schärfste Probe folgt noch: Aus dem Radix soll ein zweites Horoskop errechnet werden. Dieses muß zwei Haupteigenschaften aufweisen:

1. Sein Mond liegt im Orbbereich weniger Bogenminuten am Radix-Aszendenten bzw., gegenüberliegend, Deszendenten[8].

2. Es datiert um die Dauer einer Schwangerschaft, also plus/minus neun Monate, vor dem Geburtszeitpunkt.[9]

Das neue Horoskop kann astrologisch als korrekt angesehen werden, wenn es nach denselben Kriterien wie das Geburtshoroskop Lunarkarten und Direktionsabfolgen abwirft.

Zur Bestimmung des Zweithoroskops kommt den conversen Lunaren und Halblunaren eine herausragende Bedeutung zu. Da nämlich kaum ein Horoskop für alle Ereignisse überzeugende direkte Lunare abwirft, bleiben oft nur die conversen übrig. Das korrekte Zweithoroskop wird diese conversen Lunare liefern, andere Hypothesen nicht. Dieses werde ich im abschließenden Kapitel dieses Buches, wie gesagt, an einem Beispielhoroskop illustrieren.

Marr unterstellt, daß das endlich gewonnene Zweithoroskop den tatsächlichen Empfängniszeitpunkt bezeichnet. Das Empfängnishoroskop nennt er in einer astrologischen Tradition Epoche.

Zu den Tabellen

Die erste Stelle der Radix bzw. Epoche geltenden Spalte bezeichnet die dirigierte, also nach dem jeweiligen Schlüssel verschobene Position der Ereigniskarte, d = direkt bzw. c = convers, pro bzw. re. Die zweite Stelle ist eine Zahl und gibt den Winkelgrad an, den die verschobene Position zu einem Element des Ausgangshoroskops einnimmt. Die dritte Stelle benennt dieses Ausgangselement. Die vierte und letzte Stelle gibt die Abweichung vom exakten Wert des Winkels, den Orb an. Diese Abweichung darf nur wenige Bogenminuten = 60stel-Bruchteile eines Bogengrades = 21.600stel-Bruch-

---

8 bei Mehrfachgeburten angebl. AS/DS od. auch MC/IC eines d. Kinder

9 Größere Abweichungen von der Neunmonatsfrist kommen vor. Dieser Umstand, wie auch ein mögliches Auseinanderdriften von Geburts- und Empfängnisort verkomplizieren die Sache noch einmal und bilden den unverschuldeten Hauptgrund dafür, daß Marrs brillante Theorie in den meisten Fällen im Bereich der Vermutung bleiben muß. Bis zum Finden einer Meßmethode zur sekundengenauen Bestimmung von Schwangerschaftsdauern zeugen die gewonnenen Resultate nur für oder gegen sich selbst.

teile des Gesamtkreises betragen. Bis zu fünf Bogenminuten werden als Abweichung toleriert, nur bei 0- und 180°-Aspekten und bei einigen Sekundärdirektionen, besonders mit dem „schnellen" Mond, dürfen es etwas mehr sein.[10]

Rektifikation eines Horoskops bedeutet, die Ausgangszeit in Zeitsekundenschritten soweit zu verlagern, bis sich eine überzeugende Abfolge von Direktionen ergibt. Manche Astrologen lehnen das Verfahren ab oder bezeichnen es als Fantasterei, andere gehen mit mangelhaft überprüften Verfahren und zu großen Orben zu Werke. Beides sabotiert die einzige Möglichkeit, den Grundgedanken der Astrologie einer wissenschaftlichen Überprüfung zuzuführen. So dürfen Wissenschaftler weiter mit Fug und Recht behaupten, Astrologie sei reine Spekulation, die Mainstreamastrologie aber badet weiter im Nebel eines esoterischen Unterhaltungstheaters.

Die in dieser Untersuchung vorgestellten Belegbeispiele erfüllen die Bedingungen einer durchgehaltenen Methodik in einem Umfang, der sie einer Überprüfung durch Dritte wert erscheinen läßt. Im Gegensatz zu Isaac Starkman, Tel-Aviv, der am Computer vor Jahren ein Schnellverfahren zur Erstellung exakter Horoskopkarten entwickelt haben wollte, und Marr selber, der auf MDO-Kongruenzen[11], Mondphasenübereinstimmungen und andere nicht mehr zwingend erklärte Parameter Wert legte, konzentriert sie sich auf das Prozeßhafte der astrologischen Mechanik. Nur ein konservatives Vorgehen und Konzentration auf transparente Elemente kann gegen den Verdacht des Magischen schützen. Dennoch seien MDO-Kongruenzen zwischen Radix und Epoche angeführt, soweit aufgefallen.

Die Tabellen der siderischen Lunare und Halblunare bei mehreren Doppelkarten geben an:

L für Lunar, HL für Halblunar, d für direkt, c für convers, Datum, Uhrzeit, an dem sich die gewünschte Mondposition (= Beginn einer Ereignisperiode) erfüllte, Achse und Position, Gestirn und Position, das eine enge Berührung mit der Achse eingeht. Gestirne außerhalb des Achsenbereichs werden nicht angeführt.

---

10 Zu Ungenauigkeiten in den Werten vgl. das oben zu den von Marr entwickelten Anwenderprogrammen bzw. zu *Nova* Gesagte.

11 Soweit ich das verstand, meinte es Aspekte von Planeten, Lichtern, Mondknoten und Pars fortuna in siderischer Berechnung.

Bei einschneidenden Ereignissen dominieren bei genauen Horoskopen Achsenkonjunktionen im Bereich unter drei Grad. Fünf Grad gelten als oberer Genauigkeitswert. Nur vereinzelt treten anstelle von Achsenkonjunktionen Tendenzlunare, in denen mehrere Planeten eine Achse locker umsiedeln oder markante Planeten mehrere Achsenpunkte aufspannen.

Die Symbolik der Planeten drückt den Charakter des Ereignisses aus. Aspektaufspaltungen kommen vor, beispielsweise Radix-Lunare dominierend mit Saturn, Epoche-Lunare dominierend mit Jupiter. Dies legt zusammengesetzte oder ambivalente Ereignisse nahe.

Welche Aspekte gibt es und wie werden sie gewertet?

– **Konjunktion** (0°), **Opposition** (180°) mit Wohltäterplaneten und fallweise neutralen Planeten positiv, mit den anderen negativ;

– **Quadrat** (90), **Halbquadrat** (45), **Anderthalbquadrat** (135) negativ. Fallweise können sich positive Ereignisse mit Wohltäterplaneten dennoch im Spannungswinkel abbilden, mit neutralen Planeten allenfalls im Halbquadrat;

– **Trigon** (120), **Sextil** (60) außer mit Übeltäterplaneten positiv;

– **Halbsextil** (30), **Quincunx** (150°) je nach beteiligtem Planeten positiv oder negativ.

Als „**Übeltäter**" gelten Pluto (PL), Saturn (SA), Neptun (NE), Mars (MA), wenn nicht in harmonischem Winkel, und je nachdem Uranus (UR).

Als „**Wohltäter**" gelten Jupiter, Venus.

Als **neutral** gelten Sonne (SO), Mond (MO), Merkur (ME), je nachdem Uranus (UR).

Der aufsteigende **Mondknoten** (MK) steht für Begegnung und Berührung, der **absteigende Mondknoten** (abst.MK) für Trennung und Abschied.

Kardinalereignisse werden bevorzugt durch Aspekte Achse zu … abgebildet, in zweiter Linie durch Aspekte Häuserspitze zu … Achsendirektionen werden ausnahmsweise ersetzt durch eine Konjunktion oder Opposition (aber keinen anderen Aspekt) mit der Pars fortuna (PF), dem „Glückspunkt", einem rechnerischen Konstrukt aus Sonne-, Mond- und Aszendentenposition.

Kinder und Geburten bilden sich in Direktionen mit (der Häuserspitze von Haus) **V** ab, Geschwister mit **III**, Angehörige entfernteren Grades mit **III** oder **XI**, Freundschaften mit **XI** oder, wenn erotisch, **V**; schöpferisches Gelingen mit **XI**, **III**, **V**, Reisen mit **IX** oder

III; Vermögensangelegenheiten mit **II** (selbsterworbener Besitz) und **VIII** (überkommener Besitz); Anerkennung, Auszeichnung, Ehrung mit **III** bzw. **XI**. Erscheint hier eine Haus-**VI**-Direktion, müßte man das auf die Bewertung der Arbeit als einer Sachleistung beziehen, eine Haus-**II**-Direktion auf das monetäre Resultat. **VI** gilt neben Belangen aus dem praktischen Arbeitsprozeß Beziehungen zu Bediensteten sowie zu Tieren, **XII** demgegenüber berührt die Sphäre erzwungenen Rückzugs oder freiwilliger Zurückgezogenheit, Heimlichkeiten, verborgene Feinde, bekanntes oder unbekanntes Klinik-, Psychiatrie-, Gefängnis- und Kirchenpersonal. **VIII** tritt in Verbindung mit dem Tod anderer auf (materielle Güter als Erbe; denkbar vielleicht auch: Schatz gemeinsamen Erlebens, geteilte Erinnerungen), **XII** dann in Verbindung mit Gräbern und Bestattungen.

Wofür genau die Gestirne stehen, ist schwer zu definieren. Venus und Mars verweisen traditionell auf Liebe, Jupiter auf Glück. Je nach Winkel und beteiligtem Element tun dies neutrale Gestirne ebenfalls.

In harmonischen Aspekten können selbst die „Übeltäter" günstige Entwicklungen beschreiben:

– Saturn, sonst herber Schicksalsbringer, als Rahmengeber,
– brachialer Zerstörer Pluto als Verwandler,
– verwirrender Neptun als künstlerischer oder theologischer Inspirator.

Uranus, in gespannten Winkeln Indikator für Unfälle oder jähe Trennungen, verleiht in harmonischen zündende Ideen und unkonventionelle Perspektiven.

Für mehrere der Gestirne wird eine zweite Bedeutungsschicht im Zusammenhang mit Sexualität unterstellt, bei Mars, Venus und den neutralen Gestirnen außerdem ein Zusammenhang mit Geburten und dem Geschlecht von Kindern und Geschwistern: Merkur, Sonne, Mars der Bruder, Venus und Mond die Schwester. Sonne, Saturn und das Medium coeli ordnet die Marrsche Ereignisastrologie dem Vater, Mond, Venus und das Imum coeli der Mutter zu, das Medium coeli der Öffentlichkeit, das Imum coeli der Häuslichkeit.

In vielen dieser Zuordnungen spiegelt sich wohl eher das Denken einer Gesellschaft als der Stand der Sterne und es sind durchaus Tabellen zu akzeptieren, in denen die Achsen und Geschlechter vertauscht auftreten. Grundsätzlich muß darüber hinaus gelten, daß ohne eindenkende Annäherung an einen Lebenslauf, Zeitumstände, biografische Reflexe plausible Ereigniskarten kaum gelingen dürften. Ist es z. B. vorstellbar, daß der Kosmos den Planeten Venus hervorgebracht haben soll, um Astrologen einen zuverlässigen Indikator für die rechtskräftige Anbindung eines männlichen an ein weibliches Dasein in Form der bürgerlichen Ehe zu liefern? Ehe ist nicht gleich Ehe und das bürgerliche Gesetz von heute mitunter anders als das von gestern.

Die Symbole ♈, ♉, ♊, ♋, ♌, ♍, ♎, ♏, ♐, ♑, ♒, ♓ stehen für die Tierkreiszeichen Widder (♈), Stier (♉), Zwillinge (♊), Krebs (♋), Löwe (♌), Jungfrau (♍), Waage (♎), Skorpion (♏), Schütze (♐), Steinbock (♑), Wassermann (♒), Fische (♓).

Die Positionsangaben an den Tabellenköpfen sind stillschweigend durch die im Tierkreis (bzw. im Horoskopformular) gegenüberliegende Position zu ergänzen:
– Imum coeli gegenüber Medium coeli,
– Spitze Haus V gegenüber XI,
– VI gegenüber XII,
– Deszendent gegenüber Aszendent,
– VIII gegenüber II,
– IX gegenüber III,
– absteigender Mondknoten gegenüber aufsteigendem.

XII 29♑12 bedeutet: Die Spitze des 12. Hauses liegt bei 29°12' Steinbock und definiert die Spitze des 6. Hauses gegenüber auf 29°12' Krebs oder 29♋12. Alle Zeitangaben erfolgen in GMT = Greenwich Mean Time = Weltzeit. Für die historischen Horoskope vor Oktober 1585 gilt der julianische Kalender.

B. Nach Methode Alexander Marr rektifizierte Horoskope historischer Persönlichkeiten

Zusatz hinter den Namen der Nativitäten:
(1): (auf einige min) exakt einer glaubwürdigen Erstquelle entsprechend (amtlicher Eintrag, Zeugenaussage, Familienüberlieferung)
(1-); (1+): mehr als 20 min von einer glaubwürdigen Quelle abweichend
(2): einer Zweitquelle entsprechend (betrifft 15: Abschrift eines „abends halb 8 Uhr" datierten Geburtstagsbriefs der Mutter Schumann mit Hinweis auf Robert Schumanns Geburt „Heute um diese Stunde [...] vor 25 Jahren")

(0): keine Uhrzeit bekannt
(0+): Tageszeit bekannt

Zusatz hinter der Zeitangabe bei etlichen Radix-Horoskopen:
Hinweise auf überlieferte Geburtszeiten auf der Astro-Databank
https://www.astro.com/astro-databank/Main_Page und ihr Ranking
durch die Geburtszeitensammlerin Lois M. Rodden/Nachfolger
(RR = Rodden rating) nach gesichert, glaubwürdig, zweifelhaft, un-
glaubwürdig.

Aufbau der Tabellen:
<u>Geborener</u>; Ort: Radix (Angabe Rodden rating) / Epoche
1. <u>Leonardo da Vinci</u>(1+); 10ö55, 43n47: 14.4.1452, 21.4226 GMT
(lt. RR sichere Quelle: 20.5620) / 10.7.1451, 8.5210
2. <u>Albrecht Dürer</u>(1-); 11ö4, 49n27: 21.5.1471, 9.2852 (lt. RR si-
chere Quelle: 10.1544) / 7.9.1470, 23.2104
3. <u>Martin Luther</u>(1); 11ö32, 51n31: 10.11.1483, 21.5629 (lt. RR si-
chere Quelle: 21.5952) / 7.2.1483, 5.5253
4. <u>Jean-Baptiste Molière</u>(0); 2ö20, 48n52: 15.1.1622, 8.2452 /
1.4.1621, 21.0540
5. <u>Johann Sebastian Bach</u>(0); 10ö18, 50n59:
31.(=21. alten Stils) 3.1685, 4.0903 / 16.7.1684, 6.3232
6. <u>Joseph Haydn</u>(1); 16ö52, 48n4: 31.3.1732, 14.4329 (lt. RR si-
chere Quelle: 14.4836) / 9.7.1731, 9.5311
7. <u>Donatien Aldonze François Marquis de Sade</u>(0 – od. 1-?); 2ö20,
48n52: 2.6.1740, 4.0014 (lt. RR sichere Quelle: 16.5040; Kom-
mentar des Verfassers siehe S. 86!) / 10.9.1739, 7.5138
8. <u>Johann Wolfgang von Goethe</u>(1); 8ö40, 50n7: 28.8.1749,
12.1802 (lt. RR sichere Quelle: 11.5520) / 6.11.1748, 8.0320
9. <u>Friedrich von Schiller</u>(0); 9ö14, 48n56: 10.11.1759, 12.4448 /
11.2.1759, 18.3310
10. <u>Ludwig van Beethoven</u>(0); 7ö5, 50n44: 16.12.1770, 14.5930
(lt. RR fragwürdige, divergierende Quellen) / 18.3.1770, 14.3955
11. <u>Heinrich von Kleist</u>(1); 14ö33, 52n20: 18.10.1777, 0.0728 (lt.
RR sichere Quelle: 0.0148) / 12.1.1777, 8.3015
12. <u>Franz Grillparzer</u>(1); 16ö21; 48n13: 15.1.1791, 9.3731 (lt. RR
sichere Quelle: 9.2440) / 13.4.1790, 10.0212
13. <u>Franz Schubert</u>(1); 16ö21; 48n13: 31.1.1797, 12.1446 (lt. RR
sichere Quelle: 12.2440) / 26.4.1796, 23.0530 (0♑21)
14. <u>Hector Berlioz</u>(1-); 5ö15, 45n23: 11.12.1803, 14.5623 (lt. RR

sichere Quelle: 16.39) / 28.2.1803, 2.5703

15. Robert Schumann(2 / 1-); 12ö29, 50n44: 8.6.1810, 18.5717 (lt. RR sichere Quelle: 20.4004) / 16.9.1809, 3.0033

16. Franz Liszt(1+ oder 0); 16ö32, 47n34: 22.10.1811, 10.2054 (lt. RR unglaubwürdige Quelle: 0.0952) / 22.1.1811, 2.1738

17. Richard Wagner(1); 12ö20, 51n19: 22.5.1813, 3.1909 (lt. RR nur unsichere Quelle: 3.1040) / 28.8.1812, 22.4016

18. Gottfried Keller(0+); 8ö33, 47n23: 19.7.1819, 21.5947 (lt. RR ungewisse Quelle: 18.2552) / 13.10.1818, 11.5527

19. César Franck(1+); 5ö34, 50n38: 10.12.1822, 7.3645 (lt. RR sichere Quelle: 6.3744)[12] / 15.3.1822, 10.1424

20. Conrad Ferdinand Meyer(0); 8ö33, 47n23: 11.10.1825, 12.36 (lt. RR nebulöse Quelle: 19.4052) / 17.1.1825,13.1835

21. Henrik Ibsen(0); 9ö36, 59n12: 20.3.1828, 20.4505 / 3.7.1827, 20.4110

22. Betsy Meyer(0); 8ö33, 47n23: 19.3.1831, 13.5956 / 27.5.1830, 23.3654

23. Edouard Manet(1-); 2ö20, 48n52: 23.1.1832, 14.5236 (lt. RR sichere Quelle: 18.5040) / 2.5.1831, 18.3331

24. Luise Meyer-Ziegler(0); 8ö33, 47n23: 3.6.1837, 20.2622 / 4.9.1836, 13.2806

25. Vincent van Gogh(1-); 4ö40, 51n28: 30.3.1853, 6.4710 (lt. RR sichere Quelle: 10.4120) / 8.8.1852, 10.5317

26. Hans Pfitzner(1+, 0 oder 0+); 37ö35, 55n45: 5.5.1869, 18.3631 (lt. RR unsichere Quelle: 16.2940) / 28.7.1868, 14.1140

27. Camilla Meyer(0); 8ö33, 47n19: 4.12.1879, 5.3649 / 13.3.1879, 2.4056

28. Ernst Ludwig Kirchner(1); 9ö9, 49n59: 6.5.1880, 5.4620 (lt. RR sichere Quelle: 5.5324) / 12.8.1879, 23.2819

29. August Macke(1); 8ö17, 51n20: 3.1.1887, 13.0956 (lt. RR sichere Quelle: 12.5652) / 25.3.1886, 8.1940

eruiert von: 30. Klauspeter Bungert(1); 6ö38, 49n45: 23.5.1954, 11.2936 (Aussage der Eltern und Eintrag Standesamt identisch: 11.25) / 21.9.1953, 18.1436

---

12 Nach standesamtlichem Eintrag soll der Vater gegen Mittag aufgeregt die Geburt des Sohnes „um sieben Uhr am Morgen" gemeldet haben. Ob er sich um eine Stunde irrte?

Leonardo da Vinci

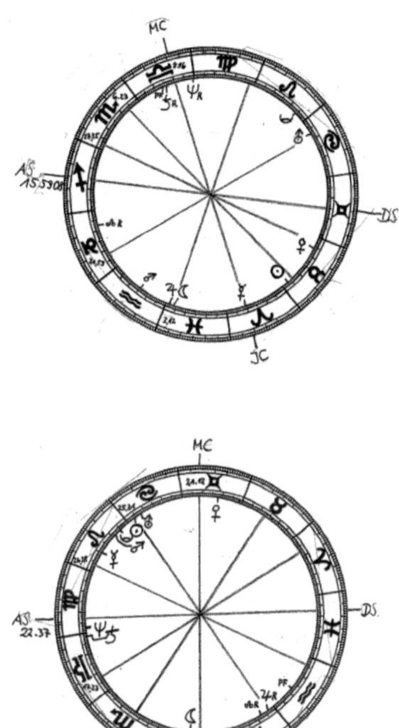

Die Rektifikation des Radix von Leonardo konnte sich nur auf wenige exakte Daten berufen. Eine bezeichnende Sekundärdirektion (s. 9.4.76) und mehrere Oppositions- und Konjunktionsaspekte mit längerer Geltungsdauer unterstützten sie hingegen. Irritierend bleiben die negativen Aspekte bei künstlerischen Aufträgen. Es scheint, als habe Leonardo diese als Störung empfunden, weil sie ihn von seiner geliebteren Arbeit als (zurückgezogener) Forscher abhielten. Neptun und Saturn hochgestellt färben im Radix Merkur (Konjunktion IC) künstlerisch ein und zerren ihn gewaltsam ans Licht.

<u>Leonardo da Vinci</u>   RADIX: 14.4.1452,   EPOCHE: 10.7.1451,
10ö55, 43n47   21.4226(15♐5908)   8.5210 (16♐)
(Vinci bei Florenz)   [RAMC 188.2945]   [RAMC 80.2553]
                              MDO SO 26.38 (3)   MDO UR 26.34 (1)

	RADIX	EPOCHE
SONNE (SO)	3♉40	25♋43
MOND (MO)	3♓26	16♐
MERKUR (ME)	9♈18	19♌29
VENUS (VE)	24♉27	11♊57
MARS (MA)	15♒45	8♌18
JUPITER (JU)	1♓26	26♑51 (r)
SATURN (SA)	14♎9 (r)	1♎33
URANUS (UR)	22♋8	21♋54
NEPTUN (NE)	0♎12 (r)	27♍53
PLUTO (PL)	5♌6	5♌12
MONDKNOTEN (MK)	7♑58 (r)	22♑46 (r)
PARS FORTUNA (PF)	15♎45	12♒55
MEDIUM COELI (MC)	9♎15	21♊12
XI	6♏23	25♋31
XII	27♏35	26♌28
ASZENDENT (AS)	15♐5908	22♍37
II	21♑59	17♎23
III	3♓12	17♏16

Ereignisdaten	*Direktionen RADIX*	*Direktionen EPOCHE*
(15.)6.1464 Tod der Stiefmutter	IC d 90 UR 2' MA pro 45 IC -2' UR re 0 VIII -3'	MA c 45 VE +3'
(15.6.)72 Abschluß Lehre	AS d 60 MO 2' XI d 180 VE 1' JU c 120 MC+ 2'/ 60 ME ex.	VE c 120 AS +5'
9.4.76 wegen „Sodomie" vor Gericht	SA re 60 AS -1' XI c 0 SA +2'	MA re 60 AS ex. PF c 180 UR +4'

(1.)1.78 wichtiger Auf- trag	VE d 0 DS 5' VE c 60 III -1'	SO pro 60 MC -5' VE c 180 III +9'
(15.)7.81 Krise Arbeit, psychisch, finanziell	XII c 180 SO -4' SA pro 135 VI ex.	ME re 90 AS -5'
(1.1.)82 geht nach Mailand	IX c 120 NE +3' IX pro 180 ME -5' DS re 0 VE +3'	MC c 120 MK +3' IX c 120 ME -3' MO c 180 IX +6' XII d 60 UR -2'
25.4.83 Auftrag Altar- gemälde	AS d 90 SA -1' SO pro 90 MO 5'	ME c 180 MK ex. SA d 90 SO 3'
5.4.89 Anatomiestudi- en	SO pro 120 MC -2' VE pro 90 MC -1'/ 90 ME -2' ME re 120 AS -4' JU c 180 UR -7' XI d 120 ME -1' MO d 180 PF 4'	MC d 0 SO -6' XII d 0 NE 4' JU pro 120 AS 4' MO pro 120 XII 3'
22.7.90 nimmt den 10jähr. Salai bei sich auf	DS d 0 UR -8' IC re 0 JU +8' V c 45 MA ex.	IC d 0 JU -2' JU pro 120 AS -2' ME c 0 AS -1'
26.4.99 bekommt – statt Honorar – einen Weingarten	SO d 0 DS -8'	MC d 0 PL -5' VE d 0 SO 4'
3.9.99 Cesare Borgia marschiert in Mailand ein	MC d 0 XII -5' MK c 0 XII -4' UR c 120 MC ex. XI c 60 UR ex.	MC c 90 PL +1' XI c 0 VE +3'
13.3.1500 schlägt Stellg. in Mantua aus / Florenz	AS d 90 SO 1' JU d 135 AS 3'	VE pro 45 AS -2' AS c 120 MO ex.
(n.d.)3.4.01 Krise trotz	AS d 180 PL -2'	MC pro 0 PL 2'

Erfolg *Anna selbdritt*	MC pro 45 SA ex.	JU c 180 VE -5'
(1.1.)02 wird Cesare Borgias Kriegsingenieur	AS c 60 MK -4' JU d 60 III -3' ME re 120 XII -2'	MA d 0 AS -4'
18.8.02 offizielle Ernennung in Cesena	JU c 90 MC -2'/ 90 ME -3' SO c 90 AS -3'	MC d 0 MA 3'
18.3.03 Tod Papst Alexanders VI.	MC c 180 MA +5'	MC c 150 SA +3' PF d 180 NE 5'
18.10.03 Mitglied florentinische Malerzunft	MC d 90 JU -1' VE c 90 MC -4'	MC c 135 MO +1' MK re 180 XI ex.
1.11.03 Papst Julius II. vertreibt Cesare	MC c 135 NE -1'	JU re 120 SA -2'
20.4.04 15 Florene monatlich – problematische Konditionen	MA re 90 MC -4.5' UR d 0 NE 8'	AS c 180 PF -3' / 45 NE+2'
24.5.04 wicht. Auftrag	AS d 60 ME ex.	DS c 0 PF -8' MK re 180 XI ex.
9.7.04 Tod des Vaters	SO c 150 SA -2' ME c 0 MA -4'	MC pro 0 MA -8' SA c 0 ME +2'
(15.8.)05 Mißgeschicke als Maler u. Ing.	AS d 90 PL +3'	III d 150 PL 4' JU re 120 SA ex.
1.6.06 Mailänder Stellung bei Charles d'Amboise	VE c 180 MC -6'/ 0 ME -8'	MC d 60 VE 5'
12.3.07 Tod Cesare Borgias	ME pro 90 MC 5' MC re 180 MA +3'	SA c 120 VIII +4'
26.7.07 offiz. Maler u.	AS c 180 SO +2'	VE re 60 MC -4'

Ingenieur Ludwigs XII.	VE pro 135 AS 4'	MC d 180 PF 11'
11.2.11 Tod von Charles d'Amboise	VIII c 135 SA +5' PF c 180 MA -6' SA re 135 III +1'	SA d 0 III 2' SO pro 45 MA -1'
18.12.11 Schweizer legen i. d. Stadt Feuer	III d 135 NE ex. MA d 0 SO -2'	AS d 90 MA -4' MA d 0 SA -3'
9.1.13 Anatomiestudien	ME re 120 XI -2' VE d 135 III 2'	JU d 180 AS -3' MO d 0 PF 5'
28.9.13 verläßt Mailand	DS d 45 abst.MK 5' UR d 0 SA 3' SO re 180 IX -8' UR c 180 XII +3'	MC d 0 ME -10' XI c 120 NE +4'
1.1.15 Tod Ludwigs XII.	SA d 180 DS -8' MA pro 120 XII -1'	XI d 45 MA ex. DS pro 90 MA ex.
17.3.16 Tod von Giuliano de Medici	SA re 135 MO ex.	VIII d 45 SO ex. UR d 90 MC -1.5'
2.5.19 stirbt in Cloux	IC d 120 MA 4' IC c 120 NE ex.	AS c 60 SA ex.

*

sider. Lunare / Halblunare direkt u.convers (L/HL d/c) [Koordinaten d. Aufenthaltsorts]	*RADIX* Datum L/HL d bzw. c – Position Achse: Position Planet(en)	*EPOCHE* Datum L/HL d bzw. c – Position Achse: Position Planet(en)
9.4.1476 wg. „Sodomie" vor Gericht [11ö13, 43n47]	L d: 22.3.1476, 22.19 MC 25♍: PL 22♍ HL d: 4.4.1476, 20.28 AS 24♏: NE 24♏ MC 9♍: MO 4♍,	L c: 1.11.1426, 22.08 AS 16♌: MA 15♌ HL c: 20.10.1426, 2.43 MC 29♊: PL 3.5♋

19

MA 5♍
IC 9♓: JU 8♓

L c: 7.5.1428, 3.10
AS 10♉: MA 8.5♉

HL c: 24.4.1428,
13.55
IC 22♐: SA 20.5♐

22.7.1490 nimmt den 10jähr. Salai bei sich auf [9ö12, 45n29]	L d:5.7.1490, 12.04 MC 0♌: VE 0♌ HL d: 20.7.1490, 0.16 IC 17♌: VE 18♌ HLc:9.1.1414, 9.54 DS 10♎: MA 8♎ IC 5♋: NE 7♋	L d:30.6.1490,1.03 AS 7♊:JU 27♉ ... MA 9♊ HL c:5.7.1412,21.50 DS 30♍:MA29♍... JU 6♎
1.6.1506 Mailänder Stellg. b. Ch. d'Amboise [9ö12, 45n29]	Lc:16.3.1398,11.46 AS 29♋: JU 28♋	L c:10.9.1396, 5.33 MC 1♋: JU 3♋
28.9.1513 verläßt Mailand [9ö12, 45n29]	L d:13.9.1513, 0.41 MC 22♈: UR 21♈ IC 22♎: ME 20♎ L c: 15.11.1390, 15.44 DS 4♐: SO 2♐ ... ME 6♐, JU 13♐	HL d:20.9.1513,13.38 MC 14.5♏: SA 12♏ IC 14.5♉: JU 9♉ HL c:28.4.1389,11.11 MC 15♉: NE 12♉ AS 24♌: SA 19♌
2.5.1519 stirbt in Cloux [1ö, 47n25]	L c: 6.4.1385, 1.31 IC 20:MA17 ... PL20♉	L d: 18.4.1519, 7.26 MC 25.5♒: NE 29♒ HL c:18.9.1383,20.26 AS 12♊: SA16♊

Albrecht Dürer

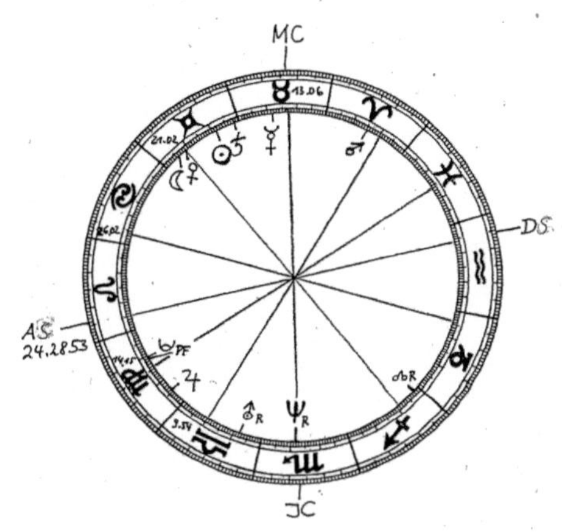

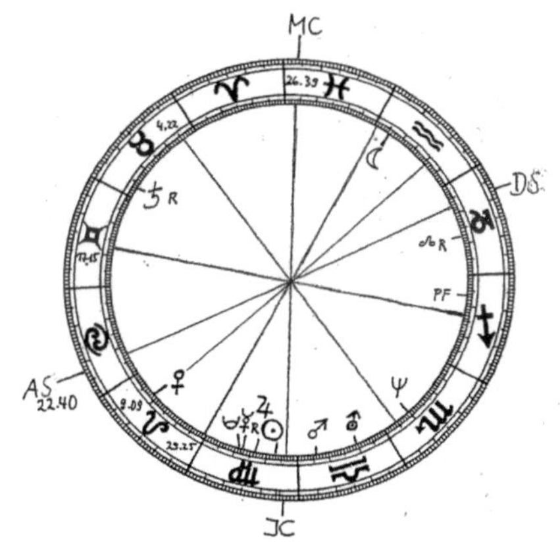

Albrecht Dürer	RADIX: 21.5.1471,	EPOCHE: 7.9.1470,
11ö4, 49n27	9.2852 (24♌2853)	23.2104 (24♒25)
(Nürnberg)	[RAMC 40.3738]	[RAMC 356.5516]
	MDO SO 19.43 (1)	MDO UR 19.40 (3)
	MDO JU 47.07 (2)	MDO SA 47.05 (1)

SONNE (SO)	8♊12	23♍41
MOND (MO)	24♊4	24♒25
MERKUR (ME)	18♉5	12♍13 (r)
VENUS (VE)	21♊26	8♌53
MARS (MA)	14♈26	6♎14
JUPITER (JU)	24♍37	16♍48
SATURN (SA)	1♊33	26♉59 (r)
URANUS (UR)	22♎9 (r)	19♎48
NEPTUN (NE)	11♏45 (r)	9♏43
PLUTO (PL)	10♍19	11♍5
MONDKNOTEN (MK)	28♐33 (r)	12♑4 (r)
PARS FORTUNA (PF)	10♍22	23♐26

MEDIUM COELI (MC)	13♉6	26♓39
XI	21♊2	4♉22
XII	26♋2	17♊15
ASZENDENT (AS)	24♌2853	22♋40
II	14♍15	9♌9
III	9♎54	29♌25

Ereignisdaten	*Direktionen RADIX*	*Direktionen EPOCHE*
15.5.1475 die Familie erwirbt ein Haus	IC c 135 MO +2'	JU c 0 ME +9'
25.4.84 Bruder Endres geboren	UR c 0 III -9' PL d 60 IC 3'	IC c 0 ME -8' DS c 0 MK +2'
30.11.86 beginnt Malerlehre bei Michael Wolgemut	III d 120 MO -1' MO re 60 III -2' DS c 45 MK -1'	AS re 60 PL +1' VE pro 90 SA -1'
30.11.89 Abschluß der	MC c 60 MO +5'	MC c 150 MA -3'

Lehre	<VE d 0 AS ex. E/R>	VE d 180 MO 3' III d 0 JU 3'
21.2.90 Br. Hans geb.	UR d 30 III 3'	III c 30 ME -2'
11.4.90 Beginn der Wanderschaft	MC d 0 SA -10' SA c 0 MC -8'	UR d 180 MC +4'
7.7.94 heiratet Agnes Frey	AS c 60 SO -4'	MO c 90 V -2'
(5.)9.94 Pest in Nürnberg / 1. Italienreise	XII d 120 MA 3' AS pro 60 NE -3'	SA d 90 SO 3' AS pro 0 VE 8' <MC d 180 UR 6' E/R>
(20.)4.96 wichtiger Auftrag	SO re 120 II +2' II c 0 AS -1' MC pro 0 SO -5'	MC c 180 III +7' VE d 0 III 9'
(15.)7.97 Vertrag m. e. Drucker (Werkstattaufbau)	MC d 0 SO -1'	III d 0 SO 10' ME re 0 SO +5'
20.9.1502 Tod Vater	MA d 0 MC 10'	XII c 180 NE -9'
24.8.05 Pest in Nürnberg / 2. Italienreise	SA c 90 XII +3' ME d 0 VE -7'	AS c 180 PF -8' SA c 45 IX -3' JU d 90 AS -4'
28.8.07 Fieber	MO d 0 XII -4' MA c 180 PF +9'	SO d 135 XII 3' NE c 0 SO +4'
14.6.09 erwirbt ein Haus	AS d 90 VE ex. SO d 60 MC 3'	JU c 0 II -1'
3.(bis 15.)2.12 Kaiser Maximilian in NÜ: wicht. Karrierekontakte	MC d 0 VE 4' AS pro 0 JU 5' III pro 180 ME 5'	AS c 90 JU -2.5' VE pro 180 MC -10'
16.5.14 Tod der Mutter	VE d 135 VIII -2'	IC pro 0 NE 6'

	SA re 60 XII +3' XII pro 90 SA 4'	
6.9.14 100 Gulden als kaiserl. Jahresrente	MK c 180 MC +3' [MC d 90 JU 8']	(MC pro 120 PL 4')
8.9.18 Kaiser ordert b. Augsburger Reichstag 200 Gulden von Nürnbergs Steueraufkommen für Dürer als Honorar	MC re 180 JU ex. II d 0 UR -2'	MC d 120 JU -5' XI d 120 MO ex. JU pro 180 MC -5'
(30.)4.19 Schweizreise	AS d 90 MK -4' IX pro 120 JU 4'	IX c 120 JU ex.
30.11.19 Tod Michael Wolgemuts	MC d 0 abst.MK 3' MC c 150 UR ex.	SA c 180 SO -6' MC re 135 SO ex.
12.7.20 Abreise nach Holland (für 1 Jahr)	MC c 90 VE +3'	MA d 90 IX 4' SA c 60 IX +1'
14.4.21 infiziert sich in Antwerpen mit Malaria	NE re 0 IC -2' UR d 180 SO 1'	AS c 120 MA -2'
4.9.23 krank	AS d 120 SA ex. AS c 45 SA +2' NE re 0 IC +1'	XII re 150 ME -2'
17.10.24 bietet d. Stadt NÜ 1000 Gu.-Darlehen an	XI d 60 SO 2'	III c 180 MK -2' SO c 30 III -3'
(2.)1.25 hört von Prozessen gegen „ketzerische Kollegen	MA c 180 AS +7' NE re 180 MC +3'	NE pro 135 MC -2' JU d 135 MC -3'
6.10.26 schenkt der Stadt NÜ *Die vier Apostel*	VE c 60 XI -3' JU c 60 SO -2' NE c 0 II -3'	II d 0 SO -2' SO re 30 III +2' MK d 0 MO -5'

6.4.28 stirbt   SA re 90 AS ex.   AS c 0 SA ex.
                       SA pro 0 SO ex.
                       AS re 90 MA -1'
                       SA d 30 AS ex.

Martin Luther

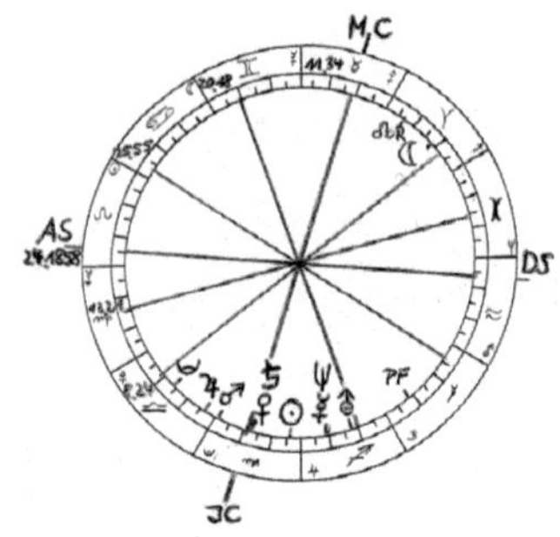

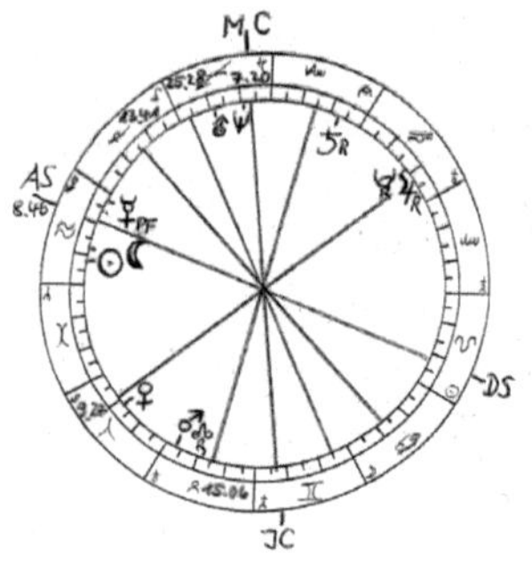

Luthers erfolgreiche akademische und klerikale Karriere bildet sich in der Epoche durch eine Sekundärdirektion Jupiter stationär zu Aszendent/Deszendent ab, ihr Ende und sein weiteres religiöses Wirken durch einen analogen Aspekt mit Neptun.

Martin Luther 11ö32, 51n31 (Eislebens)	RADIX: 10.11.1483, 21.5629 (24♌19) [RAMC 15.5353]	EPOCHE: 7.2.1483, 5.5253 (24♒21) [RAMC 21.4305]
SONNE (SO)	27♏19	27♒18
MOND (MO)	11♈1	24♒21
MERKUR (ME)	9♐9	2♒40
VENUS (VE)	12♏25	11♈28
MARS (MA)	1♏15	3♉36
JUPITER (JU)	27♎18	7♎55 (r)
SATURN (SA)	12♏	7♏19 (r)
URANUS (UR)	18♐47	19♐22
NEPTUN (NE)	9♐13	9♐47
PLUTO (PL)	13♎	11♎5 (r)
MONDKNOTEN (MK)	27♈15 (r)	11♉54 (r)
PARS FORTUNA (PF)	8♑1	5♒48
MEDIUM COELI (MC)	11♉34	7♐20
XI	20♊18	25♐28
XII	25♋55	13♑41
ASZENDENT (AS)	24♌1858	8♒46
II	13♍21	9♈27
III	8♎24	15♉06

Ereignisdaten	*Direktionen RADIX*	*Direktionen EPOCHE*
(1.)5.1501 Student in Erfurt	III d 45 ME ex. [AS c 90 VE -8']	ME re 120 III +4' SO re 0 AS +7'
29.9.02 Bakkalaure-ats-Examen	- - -	SO d 120 MC 2' JU re 120 AS 0'
6.1 05 Magister artium	III d 0 JU 10'	MC d 60 SO 3'
1.5.05 Student jur.	AS d 90 ME -3' ME pro 135 AS -1'	JU re 120 AS +1'
2.7.05 Blitzerlebnis (17.7.: Eintritt Kloster)	AS d 90 NE ex. / ME 4' III c 90 UR -3'	JU d 180 III ex. ME pro 90 MC -4.5 XII pro 120 JU 5

	XII c 180 PF +8'	III pro 120 JU 2' JU re 120 AS +1'
(15.9.)06 legt das Ewige Gelübde ab	XI d 90 MO 1' NE re 60 III +1'	VE pro135 MC 3' JU re 120 AS +1'
4.4.07 Priesterweihe (2.5.07 Premiz)	ME c 0 VE +8' ME pro 45 SO 1.5'	VE pro135 MC 5' JU re 120 AS +1'
18.8.08 wg. Dozentenauftrags nach Wittenberg	NE re 60 III ex. DS pro 120 SA ex. VE re 0 PL+5'	VE d 0 III -3' JU re 120 AS +1'
(1.)3.09 Bakkalaureus biblicus	III d 0 MA -7' UR d 120 MC 5' ME c 0 SA -2'	XI c 60 ME +4' JU re 120 AS +1'
(1.)10.09 Sentenzvorlesung i.Erfurt: Bakkalaureus sententiarius	MK pro 90 XII -2' [AS d 60 SA 9'] UR pro 180 XI 1'	XII c 0 UR -6' IX c 135 SO ex. MC c 180 MK -12'
(1.)11.10 Romreise	ME re 180 IX +15' NE c 0 SA -4' MA d 0 SO -9'	MC d 30 ME -3' JU re 120 AS ex.
(1.)4.11 zurück	MC c 180 PL+11' NE c 180 MC -5' SA d 0 ME -6'	AS d 180 JU -5' SO pro 90 XI -3' VE pro 135 MC 4' JU re 120 AS ex. AS re 120 MA -3'
5.5.12 Subprior	MC c 150 SA ex. SO pro 120 AS 2' SO c 0 JU -4'	VE pro 135 MC -3' MA d 180 MC -7' JU re 120 AS -1.5'
19.10.12 Dr. theol.	MC d 180 ME 11' / NE 7'	AS d 0 VE 0' SO c 120 III +3'
(1.5.)13 „Turmerleb-	MC c 0 MO -3'	VE c 90 III -4'

nis"	XII c 120 MA+5'	
31.10.17 „95 Thesen"	MA pro 90 AS 0' XII c 120 JU -3'	MC c 180 MA -4' VE c 0 AS +8'
26.4.18 Ablaß-Schrift u. Heidelberger Disputation	MA re 0 III +1' III d 30 ME 4' / NE ex.	MC d 45 MO 4' XII d 0 SO 5'
7.8.18 wird nach Rom zitiert	ME c 0 MA +3' MO c 90 ME ex. / NE -4'	MC c 90 ME +4'
12. b.14.10.18 Verhör durch Kardinal Cajetan in Augsburg	ME c 0 MA -10' XII pro 135 MO ex.	MC d 30 NE 3'
4. (bis 14.)7.19 Disput mit. Johannes Eck in Leipzig	UR c 180 MC +1'	PF c 0 XI -1' MO c 120 III -3' JU d 60 ME ex.
3.1.21 wird gebannt	III d 180 MC ex. XI c 0 MC ex. MK c 90 XI ex. ME pro 135 AS 1' VE re 60 XII +5'	AS c 0 XI +4' ME c 45 AS ex.
17.4.21 Verhör vor der Synode in Worms	III d 0 SA -10.5' JU c 90 XI -3'	XII c 0 NE -2'
4.5.21 n. Wormser Edikt u. Reichsacht Zuflucht a. d. Wartbg.	III d 0 SA -8'	XII c 0 NE -4' UR re 45 ME ex.
(1.)12.21 beginnt dt. Übersetzung des NT	III d 0 VE -3' ME pro 0 PF 7'	JU c 135 XI +2' MA pro 135 XII ex.
(1.)9.22 NT-Übersetzung erscheint anonym	AS c 120 SO -2' / 90 JU -1' / 90 MK +1'	SO d 0 III 3' II c 120 JU +3' VE c 0 ME +2'

9.10.24 legt die Mönchskutte ab	MC 0 XI -0' NE c 90 XII -2' AS c 0 XII 0'	AS c 45 SA +3' AS d 180 SA -11' III d 120 SO ex. SO pro 60 AS ex.
6.5.25 verurteilt die Bauernkriege	III re 60 MA -4'	NE re 120 DS +1'
13.6.25 Heirat	PF c 0 SO +4' XI c 90 MK -3' UR d 180 XII -6'	JU c 180 PF +11' SA c 120 XII ex. NE re 120 DS ex.
(1.)10.25 org. m. H. d. Kurfürsten Kirchen-neuordnung Sachsen	UR d 180 XII 10'	NE re 120 DS ex. MC pro 0 XII 3'
7.6.26 * Johannes	IC re 60 SO ex. / 150JU 4'/30MK +3'	VE pro 0 IC 0'
10.12.27 * Elisabeth	MO pro 0 IC -5' ME c 60 V +2'	MO pro 0 JU 9' JU d 150 MK 2'
3.8.28 ihr Tod	MA d 90 VIII 2' abst.MK 0 ME -8'	AS c 0 UR -8'
4.5.29 * Magdalena	JU c 135 MK ex. JU pro 45 V -3'	V d 60 PL -4' DS c 45 MA+2'
1.(bis 4.)10.29 Religi-onskonferenz mit Zwingli in Marburg	XI c 180 MA -9' JU pro 135 XI 0' NE pro 135 XII -1'	XI d 60 VE 1' SO pro 90 XII -2' NE re 120 DS ex.
25.6.30 „Augsburger Bekenntnis"	SA d 135 MC 3' MK c 135 XII ex. JU d 120 MO ex.	AS d 45 ME +3'
9.11.31 * Martin	AS d 45 VE 4'	MA c 0 MO +1'
28.1.33 * Paul	MA c 60 IC +1' V d 45 UR ex.	V c 0 MK +8' SO c 180 V +10.5

17.12.34 * Margarete	MO c 0 DS +4'	UR d 0 AS -4'
(15.)1.35 Vors. Bibel- Übersetzungskomm.	MO c 0 DS ex.	XII d 30 MO ex. MC d 45 NE -1'
(15.) April … Juni 36 leidet erstmals unter Harnsteinen	ME d 180 XII -1' IC c 45 MA +5' [MA re 45 IC +7']	- - -
(15.)5.36 Einigg. Kur- sachsens m. d. süddt. ev. Ständen i. L.' Haus	MC c 135 MA ex. MA d 180 XI 6' ME d 180 XII 3'	ME c 120 VE +1'
18.u.19.12.36 Herzat- tacken	- - -	XII c 90 SO +2' AS re 0 NE +10' SO c 45 SA ex.
20.9.42 Tod Tochter Magdalena	MA pro 30 IC -1' MO pro 180 NE -5' [V d 90 SA 7']	IC c 150 SA +2' V d 0 MA -2'
(1.)12.44 letzte Sit- zung Bibelkommission	MC re 90 ME ex. / NE -4' AS re 120 SA -4' AS pro 180 MO 4'	XII d 180 PL -4'
18.2.46 stirbt	XII c 180 SO +8' AS pro 30 SA ex. AS re 90 MO ex.	AS d 180 NE 3'

Jean-Baptiste Molière

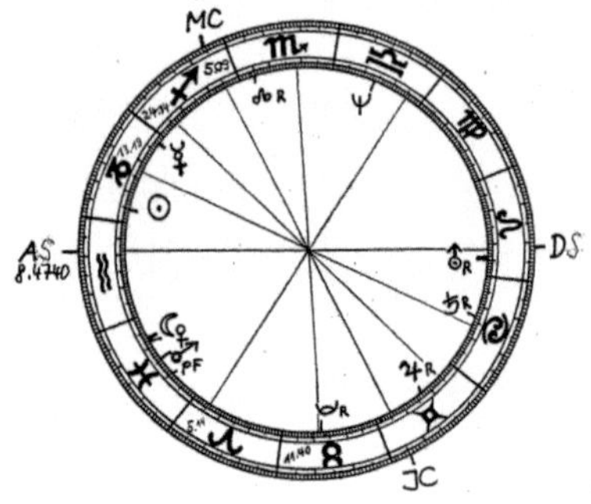

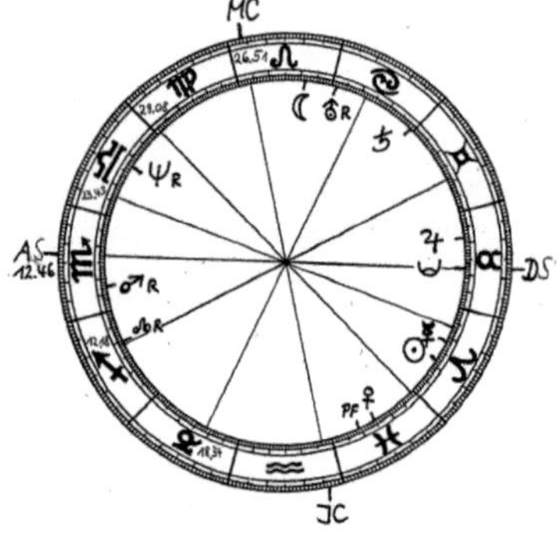

Jean-Baptiste Molière	RADIX: 15.1.1622,	EPOCHE: 1.4.1621,
2ö20, 48n52	8.2452 (8♒4740)	21.0540 (8♌50)
(Paris)	[RAMC 243.1223]	[RAMC 149.0430]

SONNE (SO)	25♑16	12♈15
MOND (MO)	6♓43	8♌50
MERKUR (ME)	2♑17	18♈45
VENUS (VE)	8♓13	14♓37
MARS (MA)	14♓40	22♏9 (r)
JUPITER (JU)	17♊12 (r)	21♉39
SATURN (SA)	16♋51 (r)	0♋42
URANUS (UR)	5♌51 (r)	28♋40 (r)
NEPTUN (NE)	16♎8	12♎36 (r)
PLUTO (PL)	12♉26 (r)	12♉13
MONDKNOTEN (MK)	25♏11 (r)	10♐27 (r)
PARS FORTUNA (PF)	20♓14	9♓21

MEDIUM COELI (MC)	5♐9	26♌51
XI	24♐14	29♍8
XII	13♑19	23♎43
ASZENDENT (AS)	8♒4740	12♏46
II	5♈14	12♐18
III	11♉40	18♑34

Ereignisdaten	*Direktionen RADIX*	*Direktionen EPOCHE*
13.4.1626 Tod eines Großvaters	MC c 45 NE -2'	MC re 90 MA -1' NE re 150 DS -1' MC c 90 JU +5'
22.4.31 Vater erwirbt v. s. jüngeren Bruder Amt Kgl. Tapezierer	VIII c 180 PF +8' AS pro 30 SO -3'/ 90 MK 3'	III d 180 UR ex. VE pro 150 MC 2'
11.5.32 Tod der Mutter	IC d 90 MA 1'	IC c 135 SA -3'
11.4.33 erneute Heirat des Vaters	XII d 0 SO -7'/ 60 MK -2' MO d 0 MA 10	IC d 150 NE -5'

12.11.36 Stiefmutter stirbt	SA c 180 ME -4'	NE c 0 XI -9'
14.12.37 Diensteid als *Valet de Chambre* (Hofamt)	AS d 0 MO -11' XI c 45 SO ex. MA pro 45 III ex.	UR c 120 AS ex.
13.12.38 Tod des zweiten Großvaters	DS c 0 SA +5' NE d 0 III 3'	SO d 45 VIII 3'
6.1.43 sagt – zugunsten Theaterspiels – kgl. Hofämter ab	DS d 60 SA -1' MC d 0 XI 9' AS c 120 PL +5' UR c 60 III -4'	MA pro 60 III ex. ME c 90 SA ex.
30.6.43 Gründung *Illustre Théâtre*	ME pro 0 SO -5' MA re 45 XII ex. [MC c 120 MA -8']	VE re 135 MC -4' AS d 120 UR 5'
12.9.43 Anmietung Ballhaus *des Métayers*	MO d 120 MC ex./ 0 II -5'	MO c 120 VE +4'
1.1.44 Spielzeit eröffnet	MC d 30 SO ex. III d 180 MC 10' XI c 0 MC -9'	VE pro 0 SO 8' MO re 180 ME -5'
19.12.44 zu Wechsel in teure Spielstätte gezwungen	AS d 135 UR 5'	PL pro 180 AS -2' JU pro 90 MC -2.5' AS pro 120 UR ex. ME c 180 XI -3.5' XII d 30 NE -3'
20.9.45 kurz in Schuldhaft / verläßt Paris / Tourneen	MC c 180 PL -7' II pro 0 PL 4'	PL pro 180 AS ex.
(15.)9.53 Prinz Conti Schirmherr der Truppe	[AS c 0 ME -17'] II c 120 JU -5' MO d 120 XI -3'	III c 120 ME ex. PF d 0 SO -8'

(1.)10.1655 Uraufführung *Der Tollpatsch* (1. Stück)	MC c 135 JU -2' MC d 150 UR 3' III d 30 SA -2'	MO d 180 VE -8' XI d 120 SA -2' II c 120 VE +3'
20.12.56 Contis Rückzug / Truppe ohne Zuschüsse	DS d 0 NE 14' II d 0 abst.MK 10' ME d 180 UR 2'	MC c 120 MA -4' XII d 0 MA -5' III d 45 SO -1'
24.10.58 spielt vor Ludwig XIV.	UR d 120 JU ex. VE re 30 XI -3.5'	MC c 135 JU ex.
7.7.59 f. e. Zeit Alleinnutzung Theater	ME d 0 AS -4' SO re 180 JU -7'	SO c 0 PF +4' SO d 60 VE 1'
18.11.59 Uraufführung positiv, doch Intrigen der Rivalen bei Hofe	PF c 0 SO +9.5' MO re 0 NE +7' XI re 45 ME ex.	MA pro 0 DS 4' NE c 180 PF -1' III d 120 SA 3'
4.4.60 Tod eines Bruders	ME re150 IC 0'/ 90 VIII -4.5' MA pro 90 XII -3' UR d 45 IC ex.	SA c 90 IC +2' MA re 0 AS -4'
28.5.60 UA pos.	AS d 45 VE 5' MO re 120 AS -3'	PF d 0 ME 6'
11.10.60 überraschender Abriß der Spielstätte (Hofintrige)	SA c 30 III ex. VE c 180 SA +8'	MC c 180 III ex. III c 60 NE -3' VE d 180 XII 1
20.1.61 neue Spielstätte (4.2.: UA neg.)	VE c 180 SA -9' VE d 60 SA 3'	III c 120 SO +4' VI c 60 JU +2'
20.2.62 Heirat	VE re 135 IC -2' ME pro 120 V -2' MO d 90 AS -4'	MO c 45 DS ex.
26.12.62 UA pos., bedeutende Einkünfte / Hofintrigen	MC d 120 PL 3' VE d 60 MA ex. SO pro 0 MO -2'	III c 0 MK +10' JU d 60 VI ex. MA d 135 MO ex.

	SO c 60 NE -3'	
17.3.63 kündigt deren Dramatisierung an ...	III c 0 PF +9' JU d 180 SO -9'	III c 0 MK ex.' MO c 60 MC -2'
1.6.63 ... die Uraufführung / wird auf der Straße angepöbelt	JU d 180 SO 3' PF d 180 MK 2' III c 0 PF -7' XII c 90 MO +4'	AS c 0 NE +8' AS d 135 UR 3' XII d 135 SO -4' III re 60 NE +2'
4.10.63 UA *L'Impromptu de Versailles*	MC d 180 VI -8' <= Probenreport>	AS c 0 NE -6'
19.1.64 * Sohn	JU c 45 V ex.	DS c 0 SO +2' IC c 0 SO ex. JU re 45 V +2'
12.5.64 Beginn Zensurprobleme *Tartuffe* (Teilaufführg. vor Kg.)	MC c 135 VE +2' XI c 45 ME ex. VE c 0 XII -4'	MC d 0 NE -1'
11.11.64 Tod des Sohnes	V c 60 SA -2' MA c 180 SA -5' XII d 0 MO -4'	V d 90 MO -2' abst.MK re 30 DS ex.
18.4.65 Pamphlet gegen Molière	MC d 60 MA -5' MA re 90 III +1' MC re 90 SA +5'	PF d 180 XII ex. XII d 120 UR 1' MA c 180 ME +3'
18.5.65 Tod einer Halbschwester	IC d 120 MA ex. MA re 90 III -2.5' IC re 90 SA ex. VIII d 180 IC 4'	MO re 45 MA +1' MA c 180 ME ex. DS pro 45 UR ex. PF d 180 XII 5'
3.8.65 Geburt (Taufe) einer Tochter	MA pro 60 JU ex.	VE pro 90 MO -4' <VEpro90AS-1 E/R>
29.12.65 schwere Erkrankung / hält Theathea-	SA re 45 IC (135 MC) -2'	SA c 180 MA -4' MC pro 180 SO -6'

ter bis 20.2.66 geschlossen	IC re 180(MC re 0) NE ex. XII d 0 VE 10' III c 120 SA -1'	XII pro 45 NE 1'
4.6.66 UA *Der Menschenfeind*	SA re 135 MC ex. SO c 150 VI -1' ME d 150 SA ex.	MC pro 0 NE 1' AS re 0 NE ex. MA d 120 MC -2' SA c 0 JU +5' ME pro 180 MA 8'
(10.4.)67 wicht. Kollegin wechselt zu Racine	SA re 135 MC +2' MC pro 180 SA 8' XII d 45 SO 4' XI c 120 MA +2'	MC c 90 NE -1'
5.(bzw. 11.)8.67 UA *Tartuffe* 1. Version / Einschreiten von Zensur u. Erzbischof	AS d 60 MO 5' MC d 180 SA -10' III c 0 MA +8' SA re 135 MC +3'	MC c 90 SO +4'
21.8.67 Urkunde über ein Landhaus	SO re 60 AS +2' III re 0 VE -6' MK c 180 II -6'/ 120 IC -1'	ME pro 0 JU ex. JU d 135 AS 1'
22.11.67 ein Triumph Racines	MC d 180 SA 7'	MA re 0 AS -7' XII d 30 SA 4' NE d 180 JU 3'
13.1.68 *Amphitryon*	SO pro 60 III 4'	SO d 0 JU 5'
9.9.68 UA negativ: *Der Geizige*	SA c 180 MC +9'/ 60 II +5' SA d 180 PF -7' III re 0 MO -1' AS re 90 MA +5'	XI d 180 PL -1' SO d 180 MA 7' ME c 0 PF +6'
5.2.69 *Tartuffe,* Endfassg. / gr. Einkünfte	VE re 120 III -4' UR d 120 MO 2'	JU d 90 XI -3' ME re 180 UR -4'

25.2.69 Tod des Vaters	MA re 0 AS -2' SA c 180 MC -13'	- - -
4.1.70 Gegenstand ei- ner Satire	XII d 0 MA -3' XI c 180 PL -9'	MC d 180 ME -10' XII c 180 VE -8' SO re 120 XII -3'
17.1.71 *Psyche* b. Hof	AS c 180 JU -3'	III d 0 VE ex.
17.2.72 Tod Schwäge- rin	SO d 180 NE -2' <MA pro 90 AS ex. E/R>	VIII pro 0 UR -7' MA pro 90 MO -2'
29.3.72 Intrige Lullys (- 22.4.: Mol. darf nur noch 2 Sänger u. 6 In- strumentalisten b. Auff. einsetzen)	AS d 60 MA 1.5' AS c 60 NE +4' <MA pro 90 AS ex. E/R>	MC pro 180 ME 7' XII c 30 NE +5' MA pro 90 MO -2'
1.10.72 Geburt eines Sohnes	SO d 60 JU -4' MA c 30 AS ex.	V d 45 SA 3' V c 120 NE ex. MO pro 120 IC -3'
14.10.72 Tod des Sohnes … Umzug	MA c 30 AS -4' IC pro 135 MO 3' … IX c 180 VE +4'	V c 120 NE -4' XII c 120 PL +2'
17.2.73, 22 h LZ: Mol. stirbt (unm. n. d. 4. Auff. *Der eingebildet Kranke*)	AS d 150 NE ex. IC d 135 MO 5' MA d 0 IC -7' MA re 180 UR -4' SO pro 120 SA -2' (VE re 60 MO -3')	UR d 45 AS 1' (XI c 120 SO -1')

*

sider. Lunare / Halblunare direkt u.convers (L/HL d/c) [Koordinaten, wenn nicht vermerkt: 2ö20, 48n52]	*RADIX* Datum L/HL d bzw. c – Position Achse: Position Planet(en)	*EPOCHE* Datum L/HL d bzw. c – Position Achse: Position Planet(en)
13.4.1626 Tod eines Großvaters	HL d: 8.4.1626, 0.12 MC 23♎: NE 23♎ HL c: 24.10.1617, 12.08 IC 10♉: PL 10♉	L d: 5.4.1626, 16.04 MC 18♊: MA 13♊ L c: 27.3.1616, 22.50 IC 20♓: MA 22♓
11.5.1632 Tod der Mutter	L c: 17.10.1611, 15.47 DS 19♏: NE 23♏ IC 25♊: UR 22♊ HL c: 3.10.1611, 16.24 IC 21♊: UR 22♊	L c: 6.3.1610, 14.58 DS 17♒: SA 18♒ MC 3♉: PL 1♉
12.11.1636 Tod der Stiefmutter	L d: 7.11.1636, 19.10 DS 6♑: SA 10♑	HL c: 26.8.1605, 14.51 AS 22♐: SA 20♐
1.1.1644 Spielzeit eröffnet	L c: 15.2.1600, 11.24 IC 16♌: JU 16♌	L c: 5.7.1598, 19.10 DS 3.5♋: JU 2♋
20.9.1645 kurz in Schuldhaft / verläßt Paris / Tourneen	L d: 5.9.1645, 13.18 MC 7♎: MA 9♎ HL d: 18.9.1645, 10.45 AS 22♏: UR 23♏	L d: 16.9.1645, 8.53 DS 0♉: SA 3.5♉ L c: 15.10.1596, 21.05 IC 11♍: SA 16♍
20.12.1656 Rückzug	L d: 24.11.1656,	L c: 17.7.1585, 3.39

des Sponsors [(ca.)5ö, (ca.)44n]	8.41 AS25♐: VE21♐...NE29♐ L c: 8.3.1587, 7.47 AS 1.5♉: SA 30♈	(Datum julianisch!); AS 25♋: NE 25♋ IC 5♎: MA 3♎
24.10.1658 spielt vor Ludwig XIV. [(wieder natale Koordi- naten)]	L d: 8.10 1658, 0.31 AS 14♌: JU 9♌ HL c: 31.3.1585 (julianisch!), 20.34 DS 13♉: JU 11♉	L d: 20.10.1658, 13.04 AS 18♑: UR 18♑ L c: 2.9.1583, 17.21 MC 15♐: MK 17♐ AS 26♒: UR 24♒
18.11.1659 Urauffüh- rung positiv, doch Intri- gen der Rivalen bei Hofe	L d: 25.10.1659, 14.52 AS 7♓: MO 7♓ DS 7♍: JU 8♍ IC 20♊: MA 19♊ ... PL21♊ HL c: 14.3.1584, 2.49 DS 17♋: NE 20♋	L c: 16.8.1582, 3.51 DS 20♒: JU15♒... UR21♒
11.10.1660 überra- schender Abriß der Spielstätte (Hofintrige)	L d: 17.9.1660, 18.09 MC 2♑: NE 6♑ HL d: 1.10.1660, 13.33 MC 9♏: SA 11♏ AS 6♑: NE 6♑	L d: 29.9.1660, 5.21 IC 1♑: NE 6♑ L c: 22.9.1581, 8.03 IC 12♒: UR 15.5♒
17.3.1663 kündigt Dra- matisierung der Intri- gen öffentlich an	L c: 14.11.1580, 9.07 AS 24♐: JU 21♐	HL c:5.4.1579,14.30 DS10.5♓: MK 12♓, VE 14♓

1.6.1663 deren Urauf- führung / wird auf der Straße angepöbelt	L d: 29.5.1663, 23.44 MC 8♐: JU 10.5♐, SA 13.5♐ AS 13♒: UR 12♒ IC 8♊: ME 7♊...SO 8.5♊	HL c: 26.1.1579, 10.50 MC 28♑: SA 28.5♑
19.1.1664 * Sohn	L d: 3.1.1664, 11.07 MC 2♑: JU 0♑ HL c: 5.1.1580, 20.17 IC 3.5♐: JU 7♐	L d: 14.1.1664, 5.56 AS 25♐: SA23♐...JU2♑
10.11.1664 Tod des Sohnes	L d: 29.10.1664, 18.33 DS 19♐: SA 24♐ L c: 24.3.1579, 3.08 AS 5♒: SA 4♒	L c: 12.8.1577, 8.18 MC 7♋: NE 8♋ IC 7♑: SA 6♑
18.4.1665 Pamphlet gegen Molière	L d: 11.4.1665, 12.48; DS 20♒: JU 17♒, UR 20♒	L c: 28.3.1577, 19.11 MC 4♌: MO 8♌ IC 4♒: UR 3♒ HL c:14.3.1577,10.09 AS 6♋: NE 4♋ HL d: 9.4.1665, 4.14 IC 24♊: PL 24♊
4.8.1665 Geburt (Tau- fe) einer Tochter	L c: 23.6.1578, 21.25; AS 12♒: UR 6♒ (ungenau)	L d: 14.7.1665, 1.11 IC 10♌: MO 9♌
29.12.1665 schwere Erkrankung / hält The-	L d: 13.12.1665, 5.41	L c: 28.6.1576, 2.45 AS 30♊: NE 5♋

ater bis 20.2.66 geschlossen	MC 19♍: MA 23♍ HL d: 27.12.1665, 0.39 IC17♑:SA 11♑...NE19♑ HL c: 25.1.1578, 5.18 DS 6♋: NE 7♋	DS 30♐: SA 27♐
22.11.1667 ein Triumph Racines	L d: 26.10.1667, 21.22; DS 23♑: NE 22♑...SA 26♑	HI d: 21.11.1667, 1.27 MC 25♊: PL 29♊ AS 26♏: MA 27♏ HL c: 1.8.1574, 20.39 IC 2♋: NE 2♋, (JU 2♋...VE 3♋)
13.1.1668 UA *Amphitryon*	HL c: 18.1.1576, 0.04 MC 8♌: JU 8♌	L c: 21.6.1574, 1.16 AS 26♉: VE 27♉
25.2.1669 Tod des Vaters	L c: 18.12.1574, 16.59 MC 24♓: PL 25♓ DS 20♑: UR 20♑ HL c: 3.12.1574, 22.49 IC 9♐: SA 12♐	L c: 7.5.1573, 5.32 AS 21♊: NE 27♊ (ungenau)
4.1.1670 Gegenstand einer Satire	L d: 27.12.1669, 13.31 MC 30♑: NE 28♑	L d: 11.12.1669, 18.30 DS 25♑: NE 27♑
17.2.1672 Tod Schwägerin (Exgeliebte)	L c: 20.12.1571, 23.42	L d: 11.2.1672, 23

AS 5♎: MA 6♎
IC 6♑: UR 8♑

HL c: 7.12.1571,
23.42
MC 24♊: NE 24♊

(a) 29.3.1672 Intrige Lullys / (b) 22.4.1672 Mol. darf nur noch 2 Sänger u. 6 Instrumentalisten bei seinen Aufführungen einsetzen

(a/b) L d:
26.3.1672, 19.57
IC 4.5♒: NE 5♒

(a/b) L c:
27.10.1571, 11.22
MC 10♏: SA 7♏
AS 8♑: UR 5♑

(b) HL c:
14.10.1571, 7.14
AS 8♏: SA 6♏

MC 7♌: MO 9.5♌
IC 7♒: NE 4♒

(a) Ld:10.3.1672,6.26
AS 24♓: SA 22♓

(a) HL d: 24.3.1672,
17.04
DS 24♓: SA 24♓

(a) HL c: 30.3.1570,
8.28
IC 25♌: MA 25♌

(b) L d: 6.4.1672,
12.02
DS 8♒: NE 5♒

(b) L c: 17.3.1570,
16.20
MC 14♊: NE 19♊

17.2.1673, 22 Uhr Lokalzeit: Molière stirbt, unmittelbar nach der 4. Vorstellung *Der eingebildet Kranke*

L d: 17.2.1673,
13.31
MC 23♓:
UR17♓... SA1♈

(b) HL d: 21.4.1672,
1.45; AS 2♒:
MA 4♒, NE 5♒

L d: 1.2.1673, 7.18
AS 9.5♒: NE 5♒

HLc:16.5.1569,10.07
MC 0♉: MA 1♉

Johann Sebastian Bach

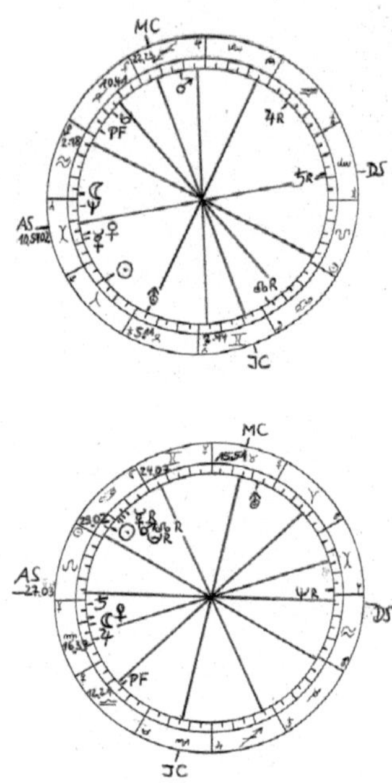

Anhaltende Sekundärdirektionen Saturns zu Aszendent/Deszendent und zur Spitze von Haus XI bilden im Radix sowohl persönliche Beeinträchtigungen inklusive der mortalen letzten Krise als auch die anhaltenden Schwierigkeiten ab, die Bach immer wieder in seinem gesellschaftlichen Umfeld erfuhr.

Johann Sebastian Bach	RADIX:31.(=21. al-	EPOCHE:16.7.1684,
10ö18, 50n59	ten Stils) 3.1685,	6.3232 (10♍51)
(Eisenach)	4.0903 (10♓5102)	[RAMC 91.5821]
	[RAMC 261.4150]	MDO SA 83.16 (2)
	MDO ME 83.14 (2)	MDO NE 83.05 (4)
SONNE (SO)	11♈3	24♋22
MOND (MO)	27♒48	10♍51
MERKUR (ME)	19♓3	14♋4 (r)
VENUS (VE)	17♓36	8♍27
MARS (MA)	10♐59	16♋4
JUPITER (JU)	18♎30 (r)	18♍54
SATURN (SA)	11♍47 (r)	1♍58
URANUS (UR)	4♉51	6♉3
NEPTUN (NE)	3♓6	1♓33 (r)
PLUTO (PL)	17♋37	18♋16
MONDKNOTEN (MK)	2♋42 (r)	16♋21 (r)
PARS FORTUNA (PF)	27♑35	13♎32
MEDIUM COELI (MC)	22♐23	15♉51
XI	10♑41	24♊7
XII	2♒18	29♋2
ASZENDENT (AS)	10♓5102	27♌3
II	5♉11	16♍39
III	2♊44	12♎21

Ereignisdaten	*Direktionen RADIX*	*Direktionen EPOCHE*
1.6.1685 Tod eines Bruders	VIII c 180 UR +5' III c 45 PL -4' MA re 90 AS +5'	MA pro 120 VIII -1' MA d180abst.MK-4'
13.5.1686 Tod einer Schwester	ME re 45 XII ex.	III d 90 ME -4'
5.5.1691 Tod eines Bruders	VIII c 45 MA ex. UR pro 180 VIII ex.	AS pro 0 SA -8'
11.5.1694 Tod der Mutter	PF c 180 PL +6' VE c 0 NE +7'	IC c 180 UR -2' VE c 180 NE -11'

	MA c 60 XII +3'	MO c 180 NE +9'
2.3.95 Tod des Vaters	SA d 180 SO ex.	MA d 180 SO -1' VIII c 180 VE -10'
25.3.1700 verläßt Familie des Bruders	IX d 90 VE -2' / 30 PL -4' SA pro 90 MA ex.	IC d 135 MA -5' MO c 135 IX -2' XIIc180abst.MK+4' MO pro 0 IX 7'
(15.)3.03 Stelle als Geiger und Bratscher [belastende Lebensphase?]	ME pro 45 XI -3' ME d 60 NE 3' [SA pro 180 AS ex.]	AS c 30 ME +3' XI c 60 MO 2' VI c 180 ME -7' II c 0 SA +2'
9.8.03 Organist in Arnstadt	JU d 180 ME -7' SA pro 180 AS -1'	SO c 60 VE +4'
(15.)4.04 Uraufführung der ersten Kantate	JU c 180 VE +6' ME d 0 II -4' VE pro 0 SO -6'/ 120 MA -1'	AS d 0 MO -6' III c 60 SO ex.
18.10.05 Reise	MC c 45 JU -2' VE re 60 MC ex. MC d 90 SO -4'/ 30 MA ex.	JU re 120 MC -2' IX d 60 NE -5' JU c 180 NE +8'
1.7.07 Organist in Mühlhausen (Streitigkeiten fangen bald an)	ME d 120 XI 2' SO re 0 ME -1.5' MC re 45 JU -1' SA pro 120 XI ex. XII d 0 NE -9'	MA re 45 MC +4' SO pro 30 MK -1'
17.10.07 heiratet	IC d 135 MO ex.	AS c 30 MO +4'
25.6.08 wechselt nach dienstl. Streitigkeiten nach Weimar (Hoforganist u.a.)	SA pro 120 XI -1' XI d 45 ME -4' MA d 180 MK 1'/ 30 IX ex.	IX d 135 JU -3' UR c 0 IX -8'

27.12.08 * Tochter	MO pro 180 V 2'	DS d 120 ME -2'
	VE re 120 JU -2.5'	V d 180 MA -8'
	SO re 0 VE -3'	VE d 30 DS 3'
	JU d 90 MO -2'	
22.11.10	V c 90 VE -5'	IC c 30 JU -2'
* Wilhelm Friedemann	ME pro 45 IC -1'	IC d 90 MO 4'
	MA d 120 UR 2'	
23.2.13 Geburt und	IC d 0 PL 6'	IC c 135 NE -4'
Tod von Zwillingen	XII d 180 SA 6'	JU pro 90 V -2'
		MA d 135 V 2'
2.3.14 Konzertmeister	VE d 60 ME 2'	JU d 0 III -5'
8.3.14	SO c 135 MK +1'	JU pro 60 SO -4'
* Carl Philipp Emanuel		
11.5.15 * Sohn	VE re 150 V -1.5'	JU c 120 V ex.
24.1.1716 Vorgesprä-	III c 60 MO -1'	AS d 0 JU 4'
che mit Fürst Leopold	II re 0 ME ex.	
von Anhalt-Köthen	ME pro 150 JU ex.	
5.8.17 Zusage als Hof-	SO d 0 III 6' /	MO re 0 XI -1'
kapellmeister nach Kö-	PF d 180 DS 3'	III re 0 MO +4' /
then / Einspruch des	MA d 60 AS ex.	XI d 45 VE -4'
Weimarer Dienstherrn	VI d 180 ME 6'	MA re 0 XI +2'
		VI c 60 NE +2'
6.11.17 Beugehaft wg,	AS c 180 PL +2'	AS c 45 JU -2'
Vertragsbruch ggüb.		NE re 180 SA +1'
Weimarer Dienstherrn		MA re 0 XI -9'
(10.)12.17 geht nach	AS c 60 VE -3'	XI re 120 JU -4'
Köthen		
15.11.18 * Sohn	SO c 150 V -3'	V d 180 SO 8'
	VE d 45 SO 3'	
28.9.19 Tod eines	SA d 135 SO ex.	SO c 180 V -5'

Sohnes	V re 90 SA +5'	NE c 90 UR ex. DS pro 45 UR ex. NE re 180 SA +2'
7.7.20 Beerdigung Ehefrau / Bach erfährt es erst nach Rückkehr v.e. langen Dienstreise	MO re 135 IC -5' NE c 60 VE -1'/ 60 PL -3' MA c 180 UR -7'	AS c 30 SA ex. V d 135 MO 4' abst.MKd 90 IC 2'
22.2.21 Tod eines Bruders	SO c 135 IC ex. MA c 135 ME -2'	DS c 30 NE -2'
21.3.21 UA *Brandenburgische Konzerte*	PF c 0 MC +8' II d 120 JU 5'	XI pro 45 MO ex.
3.12.21 heiratet erneut	MO pro 0 IC 10' PF d 0 VE 3'	V c 120 MA +1' SO d 60 XI ex. III c 0 VE -4'
16.4.22 Tod eines Bruders	IC c 60 PL +3' IC d135 abst.MK-2' SA c 135 NE ex.	VIII d 45 NE -3' III d 120 MA -5'
21.12.22 Bewerbung nach Leipzig	MC d 135 SA 3' III c 30 ME +3'	MC c 30 UR -4' PF c 0 VE -4'
22.5.23 geht als Thomaskantor nach Leipzig	AS d 90 MO ex. IX c 0 JU +4' VE d 60 VI -2' MC re 120 ME ex.	NE d 120 XII -3' SO pro 180 NE 6' ME pro 0 SA 7' IX pro 60 MA 5'
25.2.24 * Sohn	DS c 0 V +4' IC pro 135 MA 1'	VE c 135 V +1.5'
12.4.25 * Sohn	MA d 180 PL 5'	IC d 0 V -4' JU c 30 MK -1'
3.4.26 * Tochter	MA d 90 JU 3'	MA re 30 PL +2'
29.6.26 Tod einer	SA d 30 VIII -2'	V c 60 MO -2'

Tochter	VIII re 180 NE -8'	IC pro 0 V ex.
	AS re 90 SO -1'/	NE re 180 SA +3'
	30 MA +3'	
28.10.27 Geburt u. Tod eines Sohnes	V d 135 SO -3'	abst.MKpro180MEex.
	MO re 45 DS -2'	abst.MKc150 UR+2'
	NE c 60 VIII +5'	XII pro 0 SA -6'
21.9.28 Tod eines Sohnes	SA d 90 SO +1'	MA re 90 VIII -2'
8.10.28 * Tochter	JU re 120 IC -1'	MO pro 120 AS -2'
	SO re 0 MO -6'	VE d 45 AS -2'
15.4.29 UA *Matthäus-Passion* / wird Direktor Collegium musicum	JU re 60 MC ex.	VE d 0 III 4'
	III c 0 SO -5'	
	XI d 0 MO ex.	
(15.)6.29 Treffen m. Händel platzt	UR pro 135 MC -1'	III c 180 NE +4'
	MA pro 90 SA 3'	NE c 180 XII -5'
	VE pro 120 SA 2'	
4.1.30 Geburt und Tod einer Tochter	AS c 120 UR +2'	PF d 0 SA +6'
	UR pro 45 IC ex.	MO d 0 PF -10'
	VIII re 180 MO -5'	
2.8.30 erntet Kritik	MC d 45 ME ex.	XI c 0 UR -3'
	UR pro 135 MC 2'	
	NE c 180 MK -3'	
23.8.30 Eingabe wegen Niedergangs der Sakralmusik	MC d 45 ME 3.5'	PF c 180 NE -3'
	UR pro 135 MC 2.5'	XI c 0 UR -7'
	NE c 180 MK -6'	MA c 90 SA +2'
	XII c 90 VE+5'/150 PL +4'	SO d 45 MA ex.
	ME re 0 MO -5'	
6.11.30 Gehaltskürzung auf Ratsbeschluß	XII d 0 SO 10'	MA pro 90 MC ex.
	VI c 90 VE -5'	
	NE c 0 III -4'	

16.3.31 * Tochter	JU re 120 IC +3'	AS c 0 SO -7.5'
	JU d 180 IC -4'	UR c 180 JU +3'
	IC pro 135 VE 2.5'	V pro 135 JU -2'
21.6.32 *Johann Chris- toph Friedrich	DS c 0 MK -9' MA pro 120 SO ex.	PLd0AS (ca.)-10' MK re 60 JU ex.
30.8.32 Tod einer Tochter	IC pro 135 ME ex. MO d 60 NE ex.	VIII pro135VE-3.5' NEre180SA +2.5'
25.4.33 Tod einer Tochter	MA pro 90 DS -1' VIII c 150 ME -2'	UR c 0 VIII +8' VIII c 150 VE +4'
27.7.33 reicht *Hohe Messe* in Dresden ein	AS d120 SO -1'/ 180 MA 3' III d 120 VE -1' JU c 120 XII -4'	MC d 120 NE ex. III pro 120 SO -2'
3.11.33 Geburt und Tod eines Sohnes	MA pro 150 V ex. ME c 180 V -6' ME pro 135 VIII 1'	IC c 60 SO -3' [V c 60 SA +6.5'] NE re 180 SA +2'
16.11.34 Johann Au- gust Ernesti Vorge- setzter am Internat	PF d 0 MA +2: ME d 135 XII -3'	MA d 0 180 AS -7'
(+/-1.1.)35 UA *Weih- nachtsoratorium*	MC c 180 UR +6' XI d 120 UR -1'	XII d 0 VE ex.
5.9.35 * Johann Christian	V c 45 SO -1' ME pro 180 IC 10' DS pro 120 SO 2'/ 0 MA 6'	PF d 0 AS -4' MA pro 30 JU 1'
12.8.36 Eingabe im Präfektenstreit	PF d 0 SO -4' UR re 30 III -1' SO c 45 NE +3'	MC re 180 JU ex. NEre180 SA +1.5' MK d 45 ME 1'
19.11.36 Ernennung zum *Hof-Compositeur*	MC c 120 NE -4' UR re 30 III -1'	MC c 45 UR ex. SO d 120 UR ex.

14.5.37 tritt nach Kritik vom Collegium musicum zurück	MC c 135 VE -4' SAc180abst.MK-7' ME re 90 III -3'	III c 135 ME ex.
28.10.37 * Tochter	IC d 120 MA -4'/ 120 SO ex. IC re 0 UR -1' [AS c 60 MO -6']	V d 150 MO 2'
28.4.38 Huldiggskantate f. Friedrich August II v. Sachsen	SO pro 0 III -10' II pro 0 MK ex. MO re 0 VE +10'	AS c 60 JU +2'
27.5.39 Tod eines Sohnes	AS d 90 VE -1'/ 30 PL -3' SA d 135 UR -1'	AS c 0 PL -9' IC c 60 PL +5'
(15.)10.39 leitet erneut das Collegium musicum	VE re 60 AS -3'/ 0 XI +7' MC pro 60 SO-2'/ 60 MA 3' ME d 180 MC -6'	SO d 0 VE -5'
30.5.41 Tod von dessen Organisator	ME c 60 NE +4' AS pro 90 VE 3' / 30 PL 1' XIIre 180 MA ex.	DS c 45 NE +2' VIII d 60 NE -3'
(15.)8.41 Berlinreise	AS d 45 UR 4' UR re 45 VE ex. SO c 45 MO ex.	MC c 120 MA -4' AS c 0 MK +4' UR c 180 VE -4'
20.2.42 * Tochter	AS pro 120 JU -4'	AS c 0 MA -3'
8.5.47 spielt Friedrich d. Gr. in Potsdam vor	JU re 60 MC +3' IX c 0 VE -10' ME c 60 MO -2'	MC d 0 ME ex. AS c 30 MO -1'
8.6.49 erblindet tw. n. Erkrankg. / Kantorats-	SA pro 180 AS (0 DS) -3'	IC d 180 (MC 0) MA -5'

probe Gottlob Harrers	AS re 135 UR +2' ME pro 120 NE 1'	XII c 45 (VI 135) ME -2'
(+/-1.)4.50 2 erfolglose Augenoperationen	SA pro 180 AS -1' XII d 30 SO 3' IC c 30 ME +4'	MO pro 90 IC ex.
28.7.50 stirbt (nach 2. Schlaganfall am 18.7.)	SA pro 180 AS ex. UR c 0 PF 3'	IC d 135 SA 3' SA d 90 PL 5'

Joseph Haydn

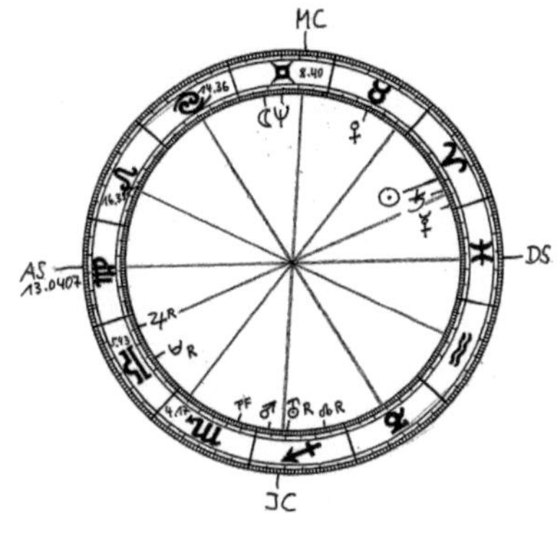

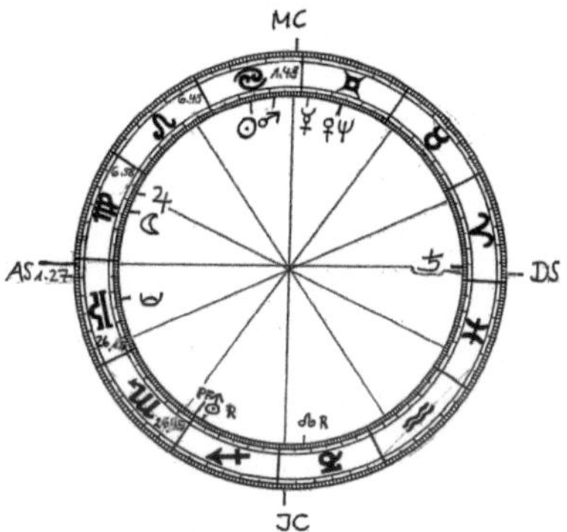

Lunaruntersuchungen verweisen das konkurrierend kursierende
Radix auf nachts, an der Wende zum 1. April, in den Bereich des
Gerüchts, basierend auf einem Scherz von Haydn selber. Seine
ernsthaft gemachte Angabe, er sei gegen 16 Uhr Lokalzeit des 31.
März geboren, paßt dagegen im Genauigkeitsbereich weniger
Zeitminuten. Der aufgeklärt religiöse Komponist teilt interessanter-
weise bis auf vier Bogenminuten genau den Radix-Sonnenstand,
allerdings nicht den Kompositionsstil mit Johann Sebastian Bach.

Joseph Haydn
16ö52, 48n4
(Rohrau)

	RADIX: 31.3.1732,	EPOCHE: 9.7.1731,
	14.4329 (13♍0407)	9.5311 (13♍4)
	[RAMC 66.5542]	[RAMC 91.5821]
	MDO MK 12.16 (3)	MDO SO 12.14 (1)
	MDO NE 5.27 (1)	MDO MA 5.43 (1)

SONNE (SO)	11♈7	16♋32
MOND (MO)	21♊34	13♍4
MERKUR (ME)	1♈26	27♊18
VENUS (VE)	15♉37	16♊9
MARS (MA)	4♐59	8♋45
JUPITER (JU)	4♎12 (r)	6♍57
SATURN (SA)	7♈20	3♈55
URANUS (UR)	10♐7 (r)	2♐12 (r)
NEPTUN (NE)	15♊3	16♊7
PLUTO (PL)	16♎48 (r)	12♎44
MONDKNOTEN (MK)	23♐40 (r)	7♑46 (r)
PARS FORTUNA (PF)	23♏30	27♏59
MEDIUM COELI (MC)	8♊40	1♋49
XI	14♋36	6♌45
XII	16♌39	6♍58
ASZENDENT (AS)	13♍0407	1♎27
II	5♎43	26♎15
III	4♏17	26♏45

Ereignisdaten	*Direktionen RADIX*	*Direktionen EPOCHE*
14.9.1737 Bruder Michael geboren	SO d 30 VE 2'	III d 0 UR -4'
6.3.39 Schwester Anna Maria geb.	IC d 180 NE ex. SO re 180 JU +5'/ 150 III ex.	IC d 180 MA ex. IC c 180 ME -7'
6.1.41 Schwester Anna Katharina geb.	VE d 180 PF 3'	MK d 180 SO -10'
23.12.43 Bruder Jo-	AS d 90 MO ex.	IC d 120 MO 3'

hann geboren	III c 60 MK +1' SO c 0 ME -5'	VE d 0 ME -3'
15.11.48 Tadel der Kaiserin (Stimmbruch)	PF d 180 MC 1'	MC c 0 NE -4'/VE -5'
(1.12.)49 als Sänger- knabe entlassen	XI d 45 NE -3' II d 45 MA 2'	III d 60 PL 2'
29.5.53 UA Oper *Der Krumme Teufel*	III c 120 NE ex.	III pro 180 VE/NE ex. MO d 90 MC -2'
21.2.54 Tod der Mutter	VE c 135 UR ex. <PL pro 30 AS (ex.) E/R>	UR pro 30 IC ex. PL pro 30 MO (ex.) XII c 135 SA -3'
8.4.55 erste große Lie- be wird Nonne	XII d 90 MA 3' NE c 180 PF -4'	XI d 45 PL 5' abst.MKc0VE/NE+3'
26.11.60 Heirat	MC c 30 SO ex.	VE d 90 PL -2'
1.5.61 unter Vertrag bei Fürst Esterhazy	AS d 0 JU -5'	II c 60 UR -4' VE d 60 MO 1'
25.6.62 Gehaltserhö- hung	AS d 60 MA -3' JU d 45 AS -4' II c 150 SO +4'	JU d 90 MC -2'
12.9.63 Tod des Va- ters (Unfall)	MC d 90 SA -4' SA pro 0 SO 2'	MC c 180 UR +9' SA d 0 VIII ex.
21.4.64 fam. Treffen zw. Nachlaßregelung	III c 60 MA ex. MA c 0 III -8'	IC re 0 UR ex. XII c 45 ME +4'
8.9.65 muß sich gg. Rüge verteidigen	AS d 180 SA -4'	AS c0 XII-13'/JU-11' XI c 60 JU -4'
3.3.66 Kapellmeister	III d 60 JU -2'	XI d 120 MK -4'
2.5.66 Hauserwerb	VE re 180 JU +1'	III d 180 ME 1' IC d 60 SA 3'

12.8.68 Hausbrand A / Fürst zahlt Schaden	II d 30 MA 2' PL c 0 AS (+2') SO pro 90 XII -5' SO re 90 MA -3' / VE c 0 SO +6'	IC c 45 PL -3' / JU d 60 XI ex.
(15.)3.68 führt in Wien *Stabat mater* auf	IX c 0 ME -3' III pro 60 JU ex.	JU re 60 MC ex. MC c 180 PF +5'
10.1.72 Musikerfamilien dürfen z. T. nicht in Esterhaza wohnen	NE c 45 MO -3'	DS c 90 UR ex. XI d 0 MO ex.
(15.)11.72 Regelung wird widerrufen (*Abschiedssinfonie*)	MC d 60 VE 2' III d 0 UR -7'	AS c 45 SO +4' XII c 120 SA +2'
17.7.76 Hausbrand B / Fürst zahlt Schaden	IC c 45 UR ex. AS d 120 NE 4' SO c 120 III +1'	SA re 90 IC -1' AS d 150 SA ex. II d 0 UR 1'
27.10.78 verkauft sein Haus	AS d 0 PL -5' III d 180 NE 9' III c 90 MO +1' VE c 0 ME -8'	IC c 120 VE / NE ex. III d 180 MA -4' DS c 60 ME +2'
1.1.79 neuer Vertrag	AS d 0 PL 5' [?]	ME c 120 MO -4'
4.2.79 Streit mit der Wiener Tonkünstler-Sozietät	AS d 0 PL 9'	SO pro 90 UR -3' XII re 30 ME -3'
26.3.79 begegnet Luiga Polzelli	MC d 30 MO -4' MO d 60 JU -1'	MC d 30 SO ex. NE/VE c 120 IC +5'
18.11.79 Theater in Esterhaza brennt	PF c 180 SA ex. MC c 60 MO +4'	SA re 0 DS +4' XII d 120 NE/VE 1'
14.5.80 Ehrung	MO c 180 III -10'	MO c 0 XI ex.

29.7.81 Tod der Halb- schwester Anna Maria Franziska (*19.9.1730)	UR pro 0 IC -1' SA pro 30 DS ex. ICd150abst.MK ex. III re 90 MO -2' SA re 0 ME ex. SA d 90 XII 1' PF c 180 VIII -4'	IC d 45 SA -2' VE pro 135 IC ex. SA re 0 DS -4'
(15.)11.81 Geschenk	II d 180 VE -1'	AS d 60 MK -2'
25.12.81 Ende lukrati- ver Wien-Aufenthalt	AS c 120 SA -1' II d 180 VE 4'	DS d 60 abst.MK 3' JU c 90 II ex.
1.1.83 Ende lukrativer Wien-Aufenthalt	AS c 45 MO ex. PF c 0 JU ex.	AS re 45 abst.MK +1' VE d 120 SA ex.
8.4.83 Folgen Nasen- polypen-OP negativ	AS d 45 MA -1.5'	AS d 120 MA -1'
29.12.84 Aufnahmean- trag Freimaurerloge	NE pro 60 XII -2' MA re 90 XII -1' JU c 60 MO +3'	III c 90 MA -3'
11.2.85 wird in die Loge aufgenommen	AS c 120 MA +3' NE pro 60 XII -1.5'	ME c 120 XII/JU ex. SO d 0 XII/JU -8'
29.12.86 Ende Wien- Aufenthalt	VE re 90 MC ex. II c 60 MO -2'	IX d 0 SO -6' MA c 45 MC ex.
10.6.89 schreibt sich mit Frau v. Genzinger	SA re 45 VE ex.	DS d 120 MO 5'
28.8.90 Tod von Fürst Esterhazy / Haydn zieht nach Wien	MA pro 135 SO 2' MC c 120 UR -2'	SA pro 90 MC 2' MA c 120 MO -4' IX re 180 AS -4'
8.12.90 Vertrag mit Salomon für England (1.1.91: Überfahrt)	UR c 180 SO +10'	AS pro 60 MO ex.

7.7.91 Dr.h.c. in Oxford	SO pro 0 MC -5' <SO d 0 AS 6'E/R>	SO d 0 MO 6' MC pro 60 ME 2'
17.2.92 Beginn der 2. Saison	MC re 0 SO +8' SO c 120 MO -1'	UR c 60 XI ex.
6.6.92 Abschluß der 2. Saison	MC re 0 SO -10' MA re 120 AS -3'	II c 0 JU ex.
(3.)7.92 Rückreise – zuvor: prekärer Vorfall mit Polypenspezialist	MO d 0 XII ex. XI c 45 ME ex. NE c 90 XI ex.	ME re 180 UR +6'
14.8.93 erwirbt in Wien ein Haus	IC d 120 MA 4' SO d 60 ME -2' ME d 135 JU -1'	AS d 150 VE/NE 1' II d 180 VE/NE 5' MK 180 JU/XII 1.5'
19.1.94 Beginn der 2. Englandtournee	VE d 0 SO 8'	AS d 120 SO -4' JU d 120 ME 3'
15.8.95 Rückreise	MC re 0 SA +3' XI re 0 VE -2' ME c 60 SO -4'	VE re 90 MC -5' VE/NE d 45 MC 2' SA pro 0 DS 2'
16.12.95 neue Wohnung	IC d 60 SA -2' VE d 60 AS -2' MA c 180 ME -10'	SA pro 0 DS ex. VE re 180 AS -6'
26.3.96 7 *Worte* als Oratorium	MC c 180 JU ex. MO c 120 XII +3'	AS pro 120 SO ex. SA pro 0 DS ex.
29.4.98 UA intern *Die Schöpfung*	MC re 180 JU +8'	- - -
19.3.99 UA öffentl. *Die Schöpfung*	AS d 150 ME -1' ME d 180 PF 2'	MC d 0 JU/XII ex. MC c 60 ME -5'
12.6.99 Schwäche	MA pro 0 PF ex.	- - -
20.3.1800 Tod der	MO pro 0 MA -11'	ME re 45 DS -4'

Gattin	UR c 180 ME -10'	IC c 180 VIII -5'
24.4.01 UA *Die Jahreszeiten*	JU c 60 MC +4' MC pro 120 SO 1' XII re 180 SO +5'	VE pro 45 II -2'
27.8.02 Schwester Anna Maria stirbt	SO pro 135 III -4' XII c 120 PL +4'	III c 60 UR -1' VE c 90 MA +3'
11.1.03 Ehrung	AS d 30 JU -2'	JU c 0 MA +2'
10.5.03 Ehrung	AS c 30 MO -5' MO c 60 MC ex.	ME d 30 XI ex. SO re 120 MK -4'
26.12.03 letztes Dirigat m. d. 7 *Worten*	UR d 180 XII ex. SA pro 60 NE ex.	abst.MK pro 90 SA ex.
1.4.04 Ehrenbürger Wiens	AS pro 30 JU -5'	MC c 135 JU ex.
10.5.05 Bruder Johann stirbt	DS c 45 MA -3' IC d 45 ME -5' SA d 60 VIII 5'	MA pro 120 VIII -4' abst.MK c 150 III ex.
26.6.05 von Cherubini überbrachte Ehrung	XI c 30 ME -2' MO re 0 II -9'	AS pro 30 JU -2' PF d 0 XI -5'
10.8.06 Bruder Micha- el stirbt (Nachricht später)	[III c 135 SO -6'] [XI c 45 NE +1'] [XII d 180 PL -10']	VIII d 0 ME 8' MA c 0 VIII +10' abst.MK re 135 III ex.
26.11.06 Pensionser- höhung	VE pro 60 MC -2' JU c 90 III ex.	MA c 180 II -9'
27.4.07 Hospitalsauf- enthalt (geschwollene Beine)	MA c 45 III -1'	SA d 0 PF -8' MO pro 180 IC 5'
30.12.07 Ehrung	MC d 45 JU -2' SO c 120 MC -1'	MC pro 0 MO -7' –

31.12.07 Tod eines be- freundeten Bildhauers	IC c 90 MO +1'	UR c 45 XI ex. XII d 120 MA ex.
27.3.08 legendäre Auf- führg. der *Schöpfung* in Anwesenheit des greisen Haydn (wird nach Teil I nach Hause getragen)	XII c 60 SO +3.5'	MC d 60 SO -2' AS d 0 III ex. XI d 90 SO -4' JU d 120 MA -3'
7.2.09 definitives Tes- tament	VIII d 60 SA 5' MO pro 0 SA 6' XII c 180 UR +9' MA d 180 XII 2'	SO pro 0 AS -5' DS d 30 ME 5' XII c 90 SA ex.
31.5.09 stirbt	AS c 90 PL -1' SO re 45 IC -1' UR re 0 IC +2.5'	IC c 90 SO -2' SO pro 0 AS 13'

Donatien Aldonze François Marquis de Sade

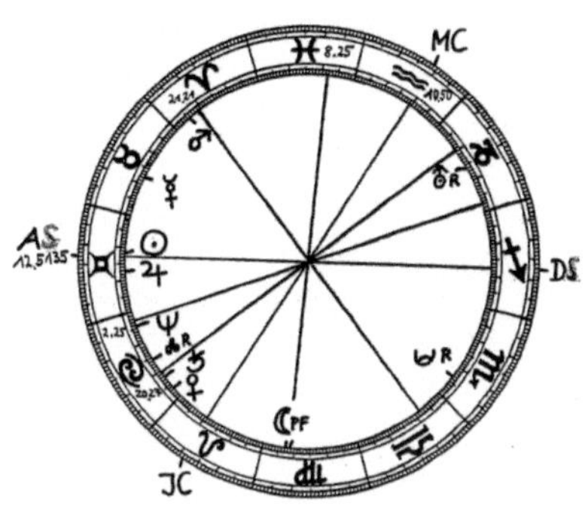

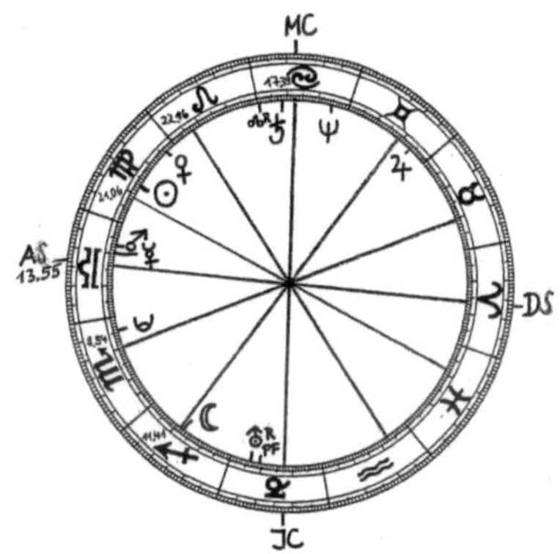

Die teilweise positiven Lunare bei den verschiedenen Skandalen, die de Sades Haftstrafen vorausgingen, bilden den Glücksfaktor ab, den er aus seinen Grenzüberschreitungen zog. Vielleicht verkörperte er die Extremausprägung einer „Zwillingsnatur", die sich die Realität anders denkt, als sie normal erscheint, und Gefallen daran findet, Maßstäbe zu verrücken. (Zur Radixzeit s. S. 13 u. Kommentar S. 86.)

<u>Donatien Aldonze</u> <u>François Marquis</u> <u>de Sade</u> 2ö20, 48n52 (Paris)	RADIX: 2.6.1740, 4.0014 (12♊5135) [RAMC 313.1758]	EPOCHE: 10.9.1739, 7.5138 (12♐48) [RAMC 109.0732]
SONNE (SO)	11♊47	17♍5
MOND (MO)	7♍21	12♐48
MERKUR (ME)	17♉55	9♎28
VENUS (VE)	26♋43	3♍21
MARS (MA)	24♈13	7♎38
JUPITER (JU)	17♊7	6♊11
SATURN (SA)	22♋1	21♋32
URANUS (UR)	13♑52 (r)	6♑29 (r)
NEPTUN (NE)	4♋12	5♋10
PLUTO (PL)	6♏29 (r)	4♏17
MONDKNOTEN (MK)	15♋37 (r)	29♋42 (r)
PARS FORTUNA (PF)	8♍26	9♑38
MEDIUM COELI (MC)	10♒50	17♋39
XI	8♓25	22♌16
XII	21♈21	21♍6
ASZENDENT (AS)	12♊5135	13♎55
II	2♋25	9♏54
III	20♋27	11♐41

Ereignisdaten	*Direktionen RADIX*	*Direktionen EPOCHE*
(15.)3.1741 Eltern ge-hen nach Köln	AS c 0 SO +12' SO c 120 MC +3' SA c 90 XII -4'	AS c 60 MO +2' UR c 180 NE ex. IX pro 180 MO 6'
17.8.44 Avignon: An-kunft als Erbberechtig-ter d. Comte de Sade	PL c 45 IX ex. IX pro 90 MA 4'	PF c 180 NE -2' XII c 0 SO +3' SA re 60 XII -2'
(1.4.)54(?) Kavallerie-schule Versailles	ME pro 90 XI ex.	MC c 120 PL +5' XI c 60 ME -3'
15.10.55 Leutnant	ME d 0 AS -2'	VE d 0 SO 7'

14.1.57 Kornett	VE pro 60 AS 2'	JU c 120 XII -4.5'
1.4.57 zieht in den Sie- benjährigen Krieg	PL c 180 ME +8' MA pro 180 PL 8' MO re 180 VE -5'	PL c 0 AS +4' JU d 120 XII 2' VE re 60 IX ex.
18.10.58 Feldzug nach Münster	IX d 90 PL -2' IX c 180 NE +6' JU pro 60 XII ex.	XII d 90 UR 2' XII pro 90 NE ex.
(1.3.)59 Urlaub in Pa- ris: Streit m. d. Vater	XII d 0 ME -1' SA pro 90 MA -1.5'	AS d 45 MO ex. MC pro 90 PL ex.
21.4.59 Rittmeister	AS c 0 ME -3' JU re 0 AS -3'	[MC d 60 JU -7']
16.9.62 auf Urlaub: Tod der Großmutter	MO re 90 IC +3' abst.MK c135IC+1' SA c 180 VIII -6' JU c 120 IX +3'	VIII c 90 SA +3.5' SO pro 0 ME 10'
10.2.63 aus dem Krieg zurück	AS c 30 SO -3' MA pro 90 MC ex.	XII pro 0 MA ex. MO c 90 XI ex.
17.3.63 Tripper / Pro- bleme mit einer Frau	MA pro 90 IC 5' NE d 90 MA -4'	SO d 90 UR -4'
18.4.63 Vater handelt für ihn Ehevertrag aus	SO d 0 NE ex. VE d 60 JU -1'	VIII c 45 JU -4' VE re 90 PL -1'
17.5.63 Heirat m. Pélagie de Montreuil	VE d 60 JU 3'	SA d 60 AS -2' MO c 60 XII +3'
29.10.63 für 14 Tage im Gefängnis Vincen- nes	NE c 0 AS ex. AS pro 120 PL 3' SO pro 0 NE -5'	- - -
3.4.64 darf kurz nach Paris	MC re 120 ME +2' JU re 0 SO -4'	SO d 45 XI ex.
26.6.64 formelle Statt-	JU c 0 ME -2'	IX c 45 NE -4'

halterschaft / in Dijon	MO d 120 AS 5'	UR d 0 MK 6'
11.9.64 Aufhebung aller juristischen Aufenthaltsbeschränkungen	MC c 120 ME -3' AS pro 60 MO -4'	UR c 60 AS +2' SO pro 60 III -5' XII pro 0 ME 5'
21.12.64 Komplikationen m. Colette (Affäre)	DS d 60 PL 1' NE c 45 VE -2'	MO d 60 PL -2' SO re 45 MA -2'
9.5.65 bei der Beauvoisin (Geliebte) – am 21. m. ihr n. La Coste	IC pro 0 MO 4' DS re 60 MO -3' SO re 0 ME -6'	V c 180 MK +3' SO re 180 V -1' NE c 0 IX +8'
27.12.65 vorläuf. getrennt / and. Geliebte / Bespitzelung d. d. Sittenpolizei auf Antrag d. Schwiegereltern	MA pro 150 DS 3' DS d 60 MO ex. MO c 0 IC -3'	UR c 0 MO ex. NEd180 abst.MK -3' MO d 180 NE 2' III d 180 NE -4'
(31.).1.67 erfährt vom Tod des Vaters kurz zuvor / erneut Affäre Beauvoisin	MCc 0 abst.MK +4' XII c 45 MA -4' UR pro 30 DS 1'	SO pro 180 DS 3' MA c 0 SO ex. VE c 90 VIII -4' DS d 120 VE 5' V d 180 SO -2'
21.4.67 mit der Beauvoisin nach Lyon	IX d 30 UR 1' MA c 90 AS ex.	MO c 120 MC +4' UR c 180 IX -5'
(1.6.)67 Affäre definitiv beendet	DS c 120 NE ex. UR pro 30 DS ex.	MO d 0 UR 2' ME c 0 XII ex.
27.8.67 (in absente:) * Louis-Marie in Paris	IC d 0 PF 4'/V 5' SO re 60 MK -1' MO re 0 V +9'	V c 45 MO -3'
(1.)2.68 peitscht in Arcueil vier käufliche Mädchen	XII d 135 UR ex. NE c 90 V ex. JU re 120 MC +1'	DS d 180 PL -9' MA re 45 PL +2' MO c 60 SO -4'
3.4.68 *Skandal* mit Rose Keller in Arcueil	MC d 45 MA -4' XII c 180 MO ex.	DS d 180 PL -2' MO d 45 V 1'

– 12.4.: wird verhaftet	JU re 120 MC -1'	MA pro 45 III ex.
23.4.68 wird auf eine Festung nach Lyon ge- bracht	MC d 45 MA ex. XII c 180 MO -5' AS re 45 JU -3'	AS d 0 PL ex. MA pro 135 IX 1'
10.6.68 Verhör / die Montreuils versuchen Begleichung der Ange- legenheit mit Geld	XII c 135 SA +4' JU re 120 MC -4'	AS d 0 PL 6' MC c 30 SA ex. ME re 90 III +4.5' III pro 180 NE ex.
25.9.68 Pélagie kommt	MC re 0 UR +4'	VE pro 0 ME 3'
16.11.68 frei, aber nur f. Aufenth. in La Coste	MC c 0 UR +10' VE re 135 MC +3'	MK c 60 VE -4'
4.3.69 aufwendige Theaterspiele	MC c 0 UR -6'	II d 90 VE -2'
(n. d.)24.4.69 n. Paris: Hämorrhoidentherapie	IX d 150 MK 2' IC pro 90 SO 2'	PF c 0 MO ex. SA re 45 VE +1'
27./28.6.69 * Donati- en-Claude-Armand	JU d 180 UR ex. SO re 120 UR -2'	AS d 120 NE -1' AS pro 60 VE 2' V pro 180 SO -5'
19.9.69 Hollandreise	IX re 120 MA -1'	SO d 120 IX -4.5'
24.7.70 Abreise zur Ar- mee [wird dort Opfer einer Intrige]	SO re 30 AS -4' [MC d 90 SO -12']	MC d 30 SO 1' PF c 180 IX -1' [MA re 60 MC +8']
1.2.71 mit 1.5 Mio. frc verschuldet	MO d 180 XII 4'	AS pro 0 PL 9' [AS c 60 SA -8']
17.4.71 * Madeleine- Laure	AS d 30 SO -4' JU pro 60 MA -1'	AS d 60 UR -3' MO re 0 AS +11'
20.5.71 Gläubiger ge- währen Aufschub bis 1.7.72	AS c 90 VE +3'/45 SO ex. MC c 150 SO -1'	AS d 60 UR ex. VE c 60 JU +1' VE pro 60 MO 2'

27.6.72 *Kantharidins-kandal* in Marseille	SO re 90 MC +5' UR d 0 MC -3' AS re 0 MA +6' AS pro 180 UR 6'	SO d 0 AS 7' NE d 45 XII -3'
12.9.72 Hinrichtung in effigie nach Todesurteil vom 3.9.	AS c 0 MA ex. MC d 60 UR -1.5'	PL d 90 XI -3' JU d 0 NE -8'
8.12.72 Verhaftg. in Chambéry	IX c 45 PL -3' MA pro 0 ME -3'	AS d 30 MA -3' XII c 45 ME +2'
30.4./1.5.73 Flucht aus der Festung Miolans in Savoyen	IX d 135 NE ex. SO c 0 XII +2'	MC c 90 SO ex. UR c 180 JU -4'
15.7.73 Aufenthalt in Bordeaux	AS re 135 MO -2'	IX pro 180 PF -3' XII d 45 VE 1'
6./7.1.74 Polizeiaktion auf La Coste: Schriftenbeschlagnahme/ de Sade bleibt versteckt	AS d 180 UR 2' SO pro 180 UR -1'	AS c 45 PL ex.
(15.)11.74 aus Italien zurück: wirbt 5 junge „Dienerinnen" u. 1 „Sekretär" an	UR d 120 AS -3' V d 45 MO -4' ME pro 90 XII -2' PL re 60 MO ex.	IC d 45 UR -4' MA d 60 VE 3' MK d 0 VE -6' XI c 0 SA -3'
27.1.75 wird von entlaufener „Dienerin" schwer beschuldigt	SO d 180 UR 6' MA d 120 MC -3' PL re 60 MO ex.	SA re 0 MC +2' MO pro 180 MA ex. JU re 135 IC ex.
11.5.75 „Nanon" gebiert Tochter u. behauptet S.' Vaterschaft	MO d 90 VE 4' XII d 45 SA 4.5'	SA re 0 MC ex. MO d 90 DS 4' XII c 45 MA -3'
17.7.75 nach erneuter Hausdurchsuchung Flucht nach Italien	XII d 90 MO -4' XII pro 45 MA -3'	SA re 0 MC -2' AS d 30 ME -2' MC re 90 SO -1'

(1.)8.76 zurück auf La Coste	MC d 60 ME 3' MA pro 120 IX ex.	PF c 180 JU -1' IX c 150 ME -2'
(15.)10.76 heuert die „Köchin" Trillet an	MO re 60 MK ex.	II d 60 ME 1' VE re 180 IC +11'
17.1.77 entgeht Attentat durch Trillets Vater	MA d 0 AS ex. SO re 180 PL +2'	XI re 0 SA -2' DS c 180 SO +3'
13.2.77 Verhaftg. durch Marais in Paris - kurz zuvor: erfährt vom Tod der Mutter (13.1.)	MC c 60 PL +4' PF d 0 VE +1' MA d 0 AS 5' SO re 180 PL -2'	XII d 135 JU 4' UR c 135 MC ex. XI re 0 SA -5' DS c 180 SO ex.
16.10.77 Verhör durch Le Noir / weiter Ungewißheit	AS c 90 UR +1' JU d 0 III -2' MA re 45 MC ex.	JU d 180 PF 9'
31.12.77 Tod des Abbé Jacques de Sade (Onkel und Freund)	MC pro 135 PL -1' ME d 0 NE 2'	MC c 180 MO +1' VIII c 180 ME -10' NE d 120 III -4'
14.6.78 Prozeß in Aix	JU pro 135 MC -3' MC pro 120 SA -3'	XII c 45 NE -2' SA d 45 AS -2'
16.7.78 Flucht in Valence	SO c 60 MC -5' MO re 0 XII ex.	MO d 120 SO -3' AS pro 150 ME -1'
26.8.78 Verhaftg. auf La Coste – ab n. Vincennes	JU c 0 MA ex. JU pro 135 MC ex.	IX c 150 MA -2'
13.5.79 Tod Anne-Prospère de Launays (Geliebte v. Anfang 1763)	VIII c 120 SA -4' SA pro 0 VE ex. JU re 90 V ex.	ME d 180 VIII 2' MO d 0 IC 12' UR re 45 V ex.
(15.)12.79 krank / aus formellen Gründen mehrfach von ärztlicher Betreuung ausgeschlossen	IC re 0 NE -6' JU d 0 SA 6' SA pro 45 SO 2' [IC c 0 NE -14'] [IC d 45 PL 6']	SA re 60 SO ex. SO pro 45 III 3' UR re 135 XI +1'

26.(u. 28.)6.80 Streit m. Wärtern: 8 Mon. kein Besuch, Spazier-gang u. Stubenkehrg.	UR c 135 XII +2' MC pro 30 MA ex. [MC d 120 SA 8']	DS c 135 MK -2' ME pro 180 DS 6' ME c 90 III -5' XII pro 90 SA -3'
20.2.81 Rechtferti-gungsbrief an Pélagie	MC d 135 ME -1'	VE d 0 ME -3'
13.7.81 Pélagies ers-ter Haftbesuch	V c 45 MO -4' MA c 60 XII +2' MO re 180 PF +6' / V +7'	IC c 60 ME +5' JU c 90 MK ex. MO c 120 NE -4'
20.10.81 Höhepunkt Eifersuchtskrise	V c 0 SA ex. PF c 0 SA ex. SO pro 90 XII -5'	MA c 90 JU ex.
17.4.82 Nachricht v. Tod einer Dienerin u. Zerstörg. von Bäumen auf La Coste	AS pro 0 SA -9'	III c 0 PL +2' SA c 180 MO +3' II re 0 MA +2'
31.7.82 Streit m. Wär-tern	DS pro 180 SA 5' SO pro 0 SA ex.	MO c 0 PL -8'
10.10.82 Rheuma / Kontaktsperre	MA re 120 SA ex.	SA d 0 VE -5' MO d 120 XII 5'
15.12.82 (od. später) Beginn Augenleiden infolge Ofenrauchs	AS c 45 ME +3' AS pro 45 MO 1' SO pro 45 MO ex.	MO d 180 SA -10' [AS c 90 MO +6']
7.12.83 Besuch von Minister Breteuil	NE d 180 MC ex. MK re 60 ME ex.	MC re 120 ME -1'
25.1.84 Tod einer Ver-trauten in La Coste	NE d 0 IC 7' VE re 90 XI +2.5'	VIII pro 180 MO 4'
29.2.84 wird in die Ba-stille verlegt	IX d 45 UR ex.	JU pro 30 NE ex.

17.5.84 gibt Pélagie Porträts zurück	DS d 180 SA -4'	NE c 135 ME -3' abst.MK c 90 MO -3'
17.11.85 beendet *Die 120 Tage von Sodom*	AS c 120 VE ex. VE re 45 XII ex.	MC re 120 MA ex. JU d 0 MC -6'
1.12.85 günst. Wechsel Gefängnisleitung	AS c 120 VE -4' XI c 120 ME +2'	JU d 0 MC -3'
5.10.86 Versuch zweier Notare, ihm fin. Vollmachten abzulisten	XI d 180 PL 12' ME c 120 NE +4'	XI d 90 NE ex. UR d 180 XI 5' NE c 90 XI +4'
21.6.87 Schloß La Coste unter teilweiser Zwangsverwaltung	AS d 90 MA 3.5' III c 90 MO +4'	MC d 60 PL 2' MA pro 0 II -3'
4.7.89 kommt „wegen revolutionären Verhaltens" nach Charenton	XII d 135 PL 3'	MC d 45 SA-3.5'/ 120 UR ex. PL pro 45 XII 1'
12.1.90 Beschwerden des Priors von Charenton	DS c 120 ME ex. III d 60 NE -2' PF c 180 UR +8'	DS re 150 ME-1' JU d 0 SA 9'
18.3.90 Besuch der Söhne: Freilassung	XI c 0 UR -3' VE pro 45 III 3'	SO c 60 JU -1' / 45 XII +4'
9.6.90 Pélagie setzt Scheidung durch	DS c 90 JU -2'	DS c 150 MA -5' MC re 90 VE ex.
25.8.90 trifft Marie-Constance Quesnet	AS d 0 VE -5'	IC d 150 MA 2' JU d 150 V 2'
10.8.92 Abschaffung des Adeslprädikats	ME re 90 MC +3' VIII c 120 NE +1' III d 60 PL 2'	AS d 120 SA 5' MC pro 90 JU 3'
11.9.92 wird zum Sekretär der *Section des Piques* ernannt	ME re 90 MC -3' SO re 0 XII -6' SA d 180 XI 4'	MK d 0 XII 4' XI pro 0 MA -5'

25.9.92 erfährt v. d. Zerstörg. La Costes am 17. u. 19.9.	SA d 0 PF 7' NE d 90 ME -1' MO d 135 II ex.	ME pro 0 PL 2' XI pro 0 MA -3'
13.4.93 wird Richter	MO d 180 ME 7'	VE c 0 MC +1'
23.7.(bis 2.8.)93 ... und Sektionspräsident	III d 0 MO ex. SO re 90 III -3'	III d 135 SO ex. XI c 0 NE -6' XII d 0 PL 3'
15.11.93 verliest anti-klerikale Petition u. zieht sich Robespi-erres Gegnerschaft zu	MC d 150 PL 3'	DS c 120 NE -3'
8.12.93, „10 Uhr": Ver-haftg. „wegen unrevo-lutionären Verhaltens"	MO re 150 XII -2' JU re 45 III ex.	AS d 45 MA -4' DS pro 45 NE ex. MC pro 30 MA -1'
12.1.94 Hausdurch-suchg. mit Schriftenbe-schlagnahme	AS re 90 SO ex. / 135 VE +3' PL c 45 SA -2'	AS d 45 MA ex. AS re 45 SA +2' XII pro 45 SO ex.
27.3.94 Unterschlupf i. e. sog. Privathospital	XII c 135 JU ex.	XII c 60 MA ex. IC re 120 MK ex.
13.10.94 frei	III d 0 PF 3'	III d 150 VE 2' ME d 60 XII -2'
(26.)3.95 kann Schloß Saumane verkaufen	AS c 180 MO -3'	- - -
14.3.96 mietet mit Ma-rie-Const. Landhaus	VE d 120 ME 4'	AS c 0 VE +6'
9.9.96 über La Coste m. e. Käufer einig	XI d 0 ME 6' MC pro 60 SO 5'	SO re 30 XI -2'
27.4.97 nach Erhalt des Kaufpreises Miter-	MO re 0 IC -2' UR c 180 ME -7'	MC d 45 MK 1' MO d 120 JU ex.

werb eines Hauses u.
Reise in die Provence

18.6.97 greift verbal e. Steuereintreiber an	SA d 90 DS 2' MA d 0 II ex.	DS pro 135 MA 5' SO d 0 PL 4'
13.7.97 muß vor Gericht widerrufen	MA d 0 II 3' ME d 0 III -9' NE c 45 JU +2.5'	MC d 135 ME ex. ME re 0 MC +6' SO re 0 SA -6' JU re 45 DS +1'
1.12.97 Neuregelg. d. Güterzwangsverwaltg.	UR d 120 II -2'	PL d 0 III 4' NE d 45 MC 3.5'
2.8.98 Verstimmg. m. Gutsverwalter Gaufridy	MC c 180 JU -2' MC pro 90 UR ex.	MA pro120 MC -2' III re 90 SA ex.
29.8.99 prekärer Presseangriff	DS c 135 UR -5' ME d 0 SA -2' MA pro 45 XII -4'	IC d 180 SO 8' PL c 90 III -2' SO d 45 XII 2'
22.2.1800 Gerichtsvollzieher moniert zwei Wechsel	MC re 180 JU -7' MA re 180 PF +5'	II c 60 SA -5'
15.4.00 Presseangriff / dementiert *Justine*-Autorschaft	XI d 60 SA -2' MA re 0 XI / 180 PF -1'	JU pro 90 VE 1' PL re 60 VE +2'
29.5.00 entläßt Gaufridy	XI c 180 NE +4.5' MA re 0 XI -6'	MA d 90 XI -4'
23.8.00 Beschlagnahme *Justine* -Exemplare	PF c 0 NE -8' II c 135 MO ex.	MC c 60 SA -3' / 135 UR ex.
6.3.01 wird verhaftet	XII d 90 MA -1' AS re 45 UR -2' XII pro 0 NE -1'	XII c 45 SO +3'
14.3.03 Einweisg. ins „Hospital" Bicétre	MC c 180 AS ex. SO c 60 XII +2.5'	MC d 0 XII -7'

27.4.03 Einweisg. ins „Irrenhaus" Charenton	SO re 120 MC ex. XII d 0 NE ex. XII c 180 SA -9' ME pro 180 XI -1'	MC d 0 XII ex.
20.6.04 Eingabe an den Justizminister	MC c 180 SO -5' SO pro 120 DS 4'	SA re 90 AS +1' PL d 90 SO ex.
20.8.04 Marie-Const. darf a. freie Pensionärin i. Charent. wohnen	MC d 30 ME 4' XI d 60 VE -5'	MO re 0 MK -11'
8.9.04 Bescheid von Minister Fouché: Haft bleibt bestehen	ME c 90 PL -2' ME re 90 SA +5' XII re 135 MO ex.	SA re 90 AS ex. XI d 90 SA 4' MC pro 45 PL 3'
30.1.06 Testament	III c 0 ME -6' II c 90 UR +2'	III c 60 MO ex. NE d 90 III 3.5' JU pro 135 MC -1'
5.6.07 polizeil. Durchsuchg. - (30.6.: weitere repress. Maßnahme)	VE re 90 MC ex. JU c 45 UR ex.	ME c 0 XI -6'
31.5.08 wittert hinter Bitte d. 2. Sohnes um Heiratserlaubnis eine finanzielle Intrige	IC d 90 SA -2'	V c 150 SA +2'
2.8.08 Angriffen d. Hospiz-Chefarztes gg. Theateraufführungen ausgesetzt - (3.8.: erteilt Heiratserlaubnis)	MC pro 0 MA -2'	SA c 60 MC -3'
15.9.08 Heirat d. 2. Sohnes	IC d 45 MO -4' V d 30 VE +3'	DS d 90 VE -1'
9.6.09 1. Sohn stirbt durch die Hand von	MA pro 180 DS -8' abst.MK c 0 PL -7'	IC c 30 MO +3' MA d 135 DS 1'

Guerilleros	IC re 45 MA -4'	VIII pro 0 NE 8'
[Nachricht später]	[IC c 45 SA +5.5']	UR d 180 SO ex.
28.5.10 Aufführungs-besuch durch holl. Hofdame	DS d 0 MC 8'	PF d 0 VI 6'
7.7.10 Tod Pélagies	IC d 180 MA -2'	ME pro 45 IC 4' ME d 45 IC ex. PL c 0 VE +4' VIII pro 180 UR -6'
23.10.10 Isolationshaft u. Schreibverbot	MA d 180 UR ex.	XI c 135 PL ex. NE d 0 SO -1'
12.12.10 e. Freundin interveniert erfolgreich	XII c 0 UR +3'	ME pro 90 VE 2' ME re 90 XII ex.
16.1.11 Amnestie-bescheinigung bzgl. d. sog. Emigrantenliste	VE c 60 III +1' SO d 180 MC -3' XII c 0 UR -2'	VE pro 135 MC -3'
(15.)11.11 Geburt ei-ner Enkelin	MK d 90 JU ex.	DS c 0 V +3' MA re 180 V -1'
3.3.13 wird einem scharfen Verhör unter-zogen	AS c 90 PL -4'	AS c 135 UR -5' SO re 180 UR +2' III re 0 MA -3'
6.5.13 Verbot Bälle u. Konzerte i. „Irrenhaus"	UR c 135 AS ex. XI pro 90 MO 1'	NE c 135 III -2' MO re 180 AS -2'
2.12.14 stirbt	PL d 120 AS -3'	AS c 45 NE ex. PF pro 0 SO 12'

*

| _sider. Lunare / Halblu-nare direkt u.convers (L/HL d/c)_ | _RADIX_
Datum L/HL d bzw. c – Position Achse: Position Planet(en) | _EPOCHE_
Datum L/HL d bzw. c – Position Achse: Position Planet(en) |

17.8.1744 Ankunft in Avignon als Erbberechtigter des Comte de Sade [4ö49, 43n57]	L d: 9.8.1744,17.34 MC 19♏: PL 16♏ L c: 25.3.1736,1.07 AS 30♐: UR 28♐ MC 26♎: PL 27♎	L c: 2.1.1734, 15.36 MC 12♐: JU 7♐ ... MO 13♐, UR 16♐
1.4.1757 zieht in den Siebenjährigen Krieg [2ö20, 48n52]	L c: 30.8.1723, 18.28 MC 19♐: SA 23♐ HL c: 17.8.1723, 7.53; IC 26♐: SA23♐... JU 28♐	HLd:25.3.1757,16.13 MC 11♊: MO 13♊ DS 15♓: MA 12♓ ... VE 15♓, UR 20♓ HLc:23.2.1722,15.53 DSA 19♒: VE 23♒
16.9.1762 Tod der Großmutter [5ö24, 43n43]	L c: 15.2.1718, 22.44 AS 2♏: SA 1.5♏	L c: 22.9.1716, 5.53 AS 4♎: SA 9♎
17.5.1763 heiratet Pélagie de Montreuil [2ö20, 48n52]	HL d: 6.5.1763, 21.05 IC 3♈: VE 4♈	L d: 30.4.1763, 4.52 AS 16♉: JU 20♉ Lc:20.1.1716,12.38 DS 10♐: MO 12♐
29.10.1763 für 14 Tage im Gefängnis Vincennes [2ö20, 48n52]	L c:29.9.1717, 4.25 MC 18♎: SA 19♎	L d:11.10.1763,1.26 AS 26♌: NE 28♌ HLd:25.10.1763,15.52 MC 4♑: PL 2♑ HL c:26.7.1715,13.11 AS 9♏: MA 7♏ DS 9♉: NE 11♉
27.12.1765 vorläufige Trennung von der einen und Wechsel zu einer anderen Geliebten [2ö20, 48n52]	L c: 29.11.1714, 0.37; AS 22♍: UR 21♍... SA 23♍	L d: 12.12.1765,2.18 DS 20♈: UR 21♈ HLd:25.12.1765,8.15 MC 12♏: MA 12♏

		L c: 8.6.1713, 9.46 AS 28♌: SA 23♌
(31.).1.1767 erfährt vom Tod des Vaters kurz zuvor [2ö20, 48n52]	HL d: 31.1.1767, 23.38; DS 28♈: MA 25♈, UR 26♈ HL c: 1.10.1713, 18.26 AS 9♉: NE 6♉	L c: 24.4.1712, 4.38 AS 29.5♈: MA 23♈... NE 2♉
3./23.4.1768 *Skandal* mit Rose Keller und neuerliche Verhaftung [2ö20, 48n52]	L c: 4.8.1712, 17.14 IC 7♉: NE 5♉ DS 4♋: MA 5♋ HL d: 13.4.1768, 17.18 IC 13♉: PL 14♉	L d: 11.3.1768, 2.02 MC 24♎: JU 21♎ DS 23♊: SA 27♊ L d: 7.4.1768, 8.22 AS 24♊: SA 28.5♊
16.11.1768 frei, aber unter Auflagen [5ö24, 43n43]	L d: 3.11.1768, 17.21; DS 2♐: VE 3♐, ME 5♐	L d:11.11.1768,17.11 DS 8♐: ME 11♐, MO 13♐, VE 13♐ L c: 8.7.1710, 5.21 AS 30♋: ME 29♋
27./28.6.1769 Geburt des Sohnes Donatien-Claude-Armand [2ö20, 48n52]	L d: 10.6.1769, 5.25; AS 11♋: ME 11♋; IC 11♍: NE 7♍, MO 7♍	L c:1.12.1709,14.29 MC 18♑: VE 19♑ IC 18♋: SA 15♋ DS 10♏: JU 17.5♏
17.4.1771 Geburt der Tochter Madeleine-Laure [2ö20, 48n52]	Ld:28.3.1771,11.26 DS 24♑: JU 24♑ L c: 7.8.1709, 6.54 AS 9♍: MO 7♍	L c: 15.2.1708, 2.33 MC 5♎: JU 0♎ AS 9♐: MO 12♐ DS 9♊: SA 11♊
20.5.1771 Aufschub durch die Gläubiger [2ö20, 48n52]	HL d: 8.5.1771, 15.13 DS 5♈: VE 7♈	HL c:5.1.1708,11.57 MC 14♑: SO 14♑

27.6.1772 *Kantharidin-skandal* in Marseille [5ö24, 43n18]	L d:7.6.1772, 20.38 IC 4♉: MA 2♉	L d: 14.6.1772, 14.07 AS 23♎: MK 26♎
	Lc:26.5.1708,19.57 DS 17♊: SA 19♊	L c: 5.12.1706, 8.23 AS 29♐: ME 25♐
11.7.1772 flüchtig [5ö24, 43n43]	Lc:29.4.1708,14.27 MC21♊: SA16♊,VE18♊ DS 22♓: MA 25♓ AS 22♍: JU 22♍	HLc:21.11.1706,4.38 MC 12♌: UR 13♌
3./12.9.1772 Todesur-teil u. Puppenverbren-nung / de Sade unent-deckt in der Nähe [5ö24, 43n43]	Ld:28.8.1772,19.03 IC 29♊: MA 29♊ L c: 6.3.1708, 0.48 DS 10♐: SA 11♐	L c:11.10.1706,20.20 IC28♌:PL23♌,JU25♌ HL c: 27.9.1706, 8.52 MC21♌:PL22♌,JU22♌
8.12.1772 Verhaftung in Chambéry [5ö56, 45n34]	L d: 19.11.1772, 0.01 AS 11♍: SA 12♍	L d: 25.11.1772, 12.26 DS 6♍: SA 12♍ L c: 24.6.1706, 12.31 DS 12♈: MA 17♈
30.4.1773 Flucht [5ö24, 43n43]	L d:4.4.1773, 15.51 AS 19♍: NE 16♍ DS 19♓: JU 22♓ HL d: 17.4.1773, 9.45; MC 27♓: JU 25♓ L c: 31.7.1707,7.20 AS 8♍: MO 7♍, MA 8♍	L d: 11.4.1773, 1.33 IC 20♉: UR 22♉ L c: 8.2.1706, 2.40 AS 11♐: MO 12♐ HLc:24.1.1706,13.07 IC 23♌: PL 20♌ DS 21♐: MA 26♐
6./7.1.1774 Polizeiakti-on / auf der Flucht [5ö24, 43n43]	Lc:31.10.1706,1.40 MC 11♊: MA 11♊	L d:13.12.1773,7.48 AS 0♑: MA 1.5♑ HLd:27.12.1773,0.09 IC 12♑: MA 12♑

17.1.1777 entgeht einem Attentat [5ö24, 43n43]	L c: 4.11.1703, 4.10 AS 16♎: MA 16♎ DS 16♈: SA 18♈	- - -
13.2.1777 Verhaftg. durch Marais in Paris - kurz zuvor: erfährt vom Tod der Mutter [2ö20, 48n52]	L d:26.1.1777, 9.18 DS 26♍: NE 27♍ HL d: 9.2.1777, 10.21 MC 25♉: PL 29♉	L d: 3.2.1777, 7.13 IC 6♊: UR 7♊
16.7.1778 Flucht in Valence [4ö54, 44n56]	L d:29.6.1778, 3.52 AS 5♋: MA 0♋ ... SO 8♋ IC 9♍: MO 8♍ HL c: 22.4.1702, 4.12 MC 7♑: MA 10♑ AS 15♈: NE 10♈...VE 18♈	L d: 6.7.1778, 22.09 IC 23♊: UR 17.5♊...ME 26♊ L c:12.11.1700, 15.28 IC 17♋: UR 15♋
26.8.1778 Verhaftung [5ö24, 43n43]	L d: 22.8.1778, 23.02 AS 17♊: UR 19♊	L d: 3.8.1778, 5.11 IC 7♏: SA 9♏ L c: 16.10.1700, 5.47 IC 25♑: JU 24♑ HL c:3.10.1700,12.38 AS 2♑: MA 28♐
26.6.1780 Streit mit Wärtern [2ö20, 48n52]	L d: 8.6.1780, 22.42 MC 3♐: SA 4♐	L d: 15.6.1780, 22.47 MC 10♐: SA 3.5♐ ... MO 13♐
13.7.1781 Pélagies erster Haftbesuch / Eifersuchtskrise [2ö20, 48n52]	L d: 26.6.1781, 18.27 AS 16♐: SA 15♐ L c: 7.5.1699, 22.31 AS 27♐: JU 28♐	L d: 3.7.1781, 12.56 MC 26♋: VE 20♋ IC 26♑: MA 23♑ L c: 15.11.1697, 12 AS 1♒: SA 3♒

17.4.1782 schlechte Nachrichten aus La Coste [2ö20, 48n52]	L d:27.3.1782, 5.38 MC 2♑: SA 1♑ DS 4♎: NE 7♎	HLd:16.4.1782,23.57 AS 27♐: JU 29♐,SA 1♑ DS 27♊: UR 29♊ IC 29♈: SO 27♈
31.7.1782 Streit mit Wärtern [2ö20, 48n52]	L c:20.4.1698, 9.55 MC 0♈: NE 2♈ IC 0♎: MA 29♍	L c:29.10.1696,2.41 DS 23♓: NE 26♓
1.12.1785 neuer Gefängnisdirektor [2ö20, 48n52]	Ld:24.11.1785,5.10 AS 8♏: VE 4♏ Lc:8.12.1694,22.38 IC 2♐: VE 4♐	L d:4.11.1785,20.32 AS 21♋: UR 21♋ L c: 14.7.1693, 8.45 MC 8♊: UR 12♊
5.10.1786 Intrige von Notaren [2ö20, 48n52]	L c:11.2.1694, 5.51 DS 24♋: MA 21♋	L d:28.9.1786,14.43 DS 22♋: UR 25♋
4.7.1789 wird „wegen revolutionären Verhaltens" verlegt / Verlust von Manuskripten, bes. *Die 120 Tage von Sodom* [2ö20, 48n52]	L d: 27.6.1789, 21.05 IC 27♉: MA 26♉	L c:11.12.1689,3.04 DS 28♈: MA 25♈ HL c: 27.11.1689, 9 IC 26♈: MA 23♈
18.3.1790 Besuch der Söhne: frei! [2ö20, 48n52]	L d: 1.3.1790, 1.34 IC 5♈: VE 6♈	L d:7.3.1790,14.33 AS 14♌: MA 14♌ IC 28♎: NE 25♎ L d:3.4.1790,22.29 IC 21♓: VE20♓...ME21♓
9.6.1790 Scheidung [2ö20, 48n52]	L d:22.5.1790, 5.18 MC 20♒: PL 21♒ IC 20♌: JU 23♌	L c:21.12.1688,4.52 AS 25♏: MA 23♏

25.9.1792 erfährt von der Zerstörung La Costes [2ö20, 48n52]	L d:15.9.1792, 2.33 AS 20♌: UR 21♌ L c:17.2.1688, 0.57 IC 12♓: NE 8♓	- - -
16.6.1793 vertritt situativ gefährl. Standpunkt [2ö20, 48n52]	L c:20.5.1687, 1.16 MC 20♐: JU 22♐ AS 12♓: NE 8♓	L c:24.12.1685,5.46 MC 2♎: SA 0♎
23.7. bis 2.8.1793 fungiert als Sektionspräsident [2ö20, 48n52]	Ld:12.7.1793,13.09 MC 8♌: ME 9♌ AS 29♎: NE 29♎ HL d: 25.7.1793, 18.52 MC 22♏: JU 22♏	L d:20.7.1793,2.28 AS 7♋: MA 10♋
15.11.1793 vertritt erneut einen situativ gefährlichen Standpunkt [2ö20, 48n52]	HL d: 12.11.1793, 8.42; AS 9♐: ME 7♐, JU 8♐ HL c: 20.9.1686, 6.53 AS 17♐: VE 18♐ MC 17♎: SA 12♎	L d: 6.11.1793, 6 AS 5♏: NE 2♏ L c:13.7.1685,5.15 IC 14♎: JU 14♎
8.12.1793 Verhaftung [2ö20, 48n52]	L c:7.12.1686, 7.27 MC 12♎: SA 11♎	- - -
12.1.1794 Hausdurchsuchung[2ö20, 48n52]	Lc:9.11.1686,23.10 MC 12♉: UR 12♉	HLd:12.1.1794,18.39 MC 7♉: SA 9♉ IC 7♏: NE 4♏
27.3.1794 kann sich in Sicherheit bringen [2ö20, 48n52]	Lc:19.8.1686,23.41 IC 24♌: MA20♌...SO27♌	L d: 23.3.1794, 1.13 IC 23♈: ME 20♈ L c: 26.2.1685, 8.28 AS 3♉: UR 3♉
15.6.1794 Belästi-	L c:30.5.1686, 5.13	L d: 12.6.1794, 20.12

gung durch Leichen-gruben im Garten der Pension[2ö20, 48n52]	AS 29♊: MA 28♊	MC 29♎: MA 25♎... NE 2♏
13.10.1794 auf freiem Fuße [2ö20, 48n52]	HL d: 6.10.1794, 12.21; AS 24♐: MA 24♐,JU 27♐	L c:18.8.1684,22.37 IC 7♌: MA 8♌ DS 9♐: MO 12♐
14.3.1796 mietet mit Freundin ein Land-haus [2ö20, 48n52]	L d: 23.2.1796,6.18 AS 20♒: JU 23♒	L c:18.3.1683,14.09 AS17♌: JU13♌,SA14♌ DS 17♒: VE 16♒ IC 3♏: MA 29♎
18.6.1797 beleidigt ei-nen Beamten [5ö24, 43n43]	L d:1.6.1797, 17.51 MC 13♍: UR 9♍	L d: 9.6.1797, 0.53 AS 11♈: JU 14♈ IC 6♋: MA 8♋ L c:9.12.1681,11.25 MC 16♐: MO 12♐ ... SO 18♐
13.7.1797 muß ge-richtlich widerrufen [5ö24, 43n43]	L d:29.6.1797, 0.39 IC 21♋: MA 21♋ DS 9♏: NE 8♏	L d:6.7.1797,6.57 IC 6♏: NE 8♏ L c: 12.11.1681,4.46 MC 7♌: SA 7♌
29.8.1799 Pressean-griff [2ö20, 48n52]	Ld:16.8.1799,18.01 DS 1♌: SA 3♌ L c:31.3.1681, 4.06 AS 26♒: NE 25♒	L c:9.10.1679,19.34 MC 12♒: NE 18♒
22.2.1800 Gerichts-vollzieher moniert 2 Wechsel[2ö20,48n52]	L c: 20.9.1680, 21.11 MC 19♒: NE 21♒	- - -
15.4.1800 Pressean-griff [2ö20, 48n52]	L d: 6.4.1800,19.26 MC 6♌: SA 3♌	L d: 13.4.1800,7.28 MC 13♒: MA 18♒

23.8.1800 Beschlagnahme von *Justine* - Exemplaren [2ö20, 48n52]	Lc:13.3.1680,17.01 DS 14♓: MA 18♓	L d: 31.7.1800,22.23 AS 5♉: MA 3♉ IC 16♋: JU 19♋ HL d:14.8.1800,11.55 DS 9♉: MA 11♉ L c:19.10.1678,14.17 AS 12♒: NE 18♒
6.3.1801 wird verhaftet [2ö20, 48n52]	- - -	HL d:21.2.1801,13.38 IC 28♍: UR 1♎ AS 23♋: JU 26♋ L d: 7.3.1801, 14.49 AS 16♌: SA 18♌ L c: 11.4.1678, 6.59 AS 5♊: SA 7♊
14.3.1803 Einweisung ins „Hospital" [2ö20, 48n52]	L d: 7.3.1803, 17.48 AS 18♍: SA 17♍	L d:16.2.1803, 8.29 DS 11♎: UR 11♎
27.4.1803 Einweisung ins „Irrenhaus" [2ö20, 48n52]	L d: 3.4.1803,23.51 IC 13♈: SO 13♈ MC 13♎: UR 9♎ HL c: 17.7.1677, 16.02; DS 4♊: SA 6♊	L d:11.4.1803,21.54 MC 19♍: SA 15♍ AS 28♏: NE 23♏ HL d:24.4.1803,14.24 AS 15♍: SA 14♍
20.8.1804 Freundin darf im „Irrenhaus" wohnen [2ö20, 48n52]	L c: 27.3.1676, 11.26 DS 24♑: JU 20♑	- - -
8.9.1804 abschlägiger Bescheid auf Freilassungsgesuch	L c:29.2.1676, 1.09 IC 28♓: UR 29♓	L d: 15.8.1804, 8.48 AS 5.5♎: SA 1♎

[2ö20, 48n52]

HL d:28.8.1804,16.54
MC 25♏: NE 23♏

L c: 4.10.1674, 5.24
MC 6♋: PL 8♋

HL c:21.9.1674,16.06
AS 11♒: NE 7♒

(a) 5.6. und (b)
30.6.1807 Polizeiakti-
onen [2ö20, 48n52]

(a) L d: 16.5.1807,
0.25
MC 3♐: NE 1♐

(b) L d: 12.6.1807,
5.50
IC 19♍: MA 19♍

(a) Ld:22.5.1807,17.16
AS 7♏: SA 5.5♏

(a) L c: 28.12.1671,
23.35
MC 3♋: PL 3♋
IC 3♑: SO 7♑

2.8.1808 Angriffen
ausgesetzt [2ö20,
48n52]

L d: 26.7.1808,
6.40
IC 19♏: SA 16♏

(L d 5.7.1808,18.20:
DS 22♊: MA 24♊)

9.6.1809 Tod des älte-
ren Sohnes (Nach-
richt später)
[2ö20, 48n52]

Lc:12.6.1671,22.23
AS 3♒: NE 3♒

HL c: 31.5.1671,
5.12
AS 29♊: MA 3♋

L d: 29.5.1809, 18.10
IC 10♓: PL 16♓

L c:21.12.1669,15.33
MC 24♒: SA 21♒

7.7.1810 Tod Exfrau
[2ö20, 48n52]

Lc:29.4.1670,10.22
DS 5♒: NE 1♒

HL c: 19.11.1668,
19.37
DS 21♑: NE 24♑

23.10.1810 Repressa-
lien [2ö20, 48n52]

L c:16.1.1670, 8.10
AS 27♑: NE 28♑

L d:3.10.1810,21.37
IC 7♍: MA 5♍

L c:16.8.1668,18.10
AS 5♒: SA 9♒

HL c:2.8.1668,11.45
IC 8♒: SA 10♒

3.3.1813 Repressali- en [2ö20, 48n52]	L d: 16.2.1813, 7.24; MC 20♐: MA 13♐, NE 15♐	L d: 24.2.1813, 4.39 AS 16♑: SA 16♑ L c: 25.3.1666, 14.01 DS 21♒: UR 23♒
6.5.1813 Repressali- en [2ö20, 48n52]	L c:24.7.1667, 1.39 MC 27♒: UR 27♒ HL c: 9.7.1667, 12.37; IC 27♑: NE 23♑...SA 29♑	HL d: 2.5.1813, 21.41 AS 12♐: NE 15♐
2.12.1814 stirbt [2ö20, 48n52]	L d: 6.11.1814, 16.50 MC 28♑: SA 25♑ L c: 26.12.1665, 22.58 AS 24♍: MA 28♍ MC 23♊: PL 26♊	L c: 5.7.1664, 9.52 AS 18♍: MA 22♍

einige Transitbeispie- le des Radix	*direkt* (bis max. -/+ 1° abweichend)	*pränatal* (bis max. +/- 1° abweichend)
1.4.1757 Kriegsdienst	NE 180 MC -21'	- - -
17.5.1763 Heirat	MA 45 XII -12'	SA 120 AS -3'
29.10.1763 für 14 Tage im Gefängnis	- - -	NE 90 MC +12' PL90AS(unter 1/4°)
(31.).1.67 erfährt vom Tod des Vaters	SA 0 AS 10' abst.MK180MC-57'	UR 90 AS +58' SA 135 XII -12'
12.9.1772 Hinrichtung in effigie	- - -	SA 120 MC +10' NE 0 XII +4'
8.12.1772 wird ver- haftet	MA 180 MC 8' SA 90 AS 4'	NE 0 XII -16'

30.4./1.5.1773 taucht unter	- - -	UR 180 MC +45' SA 0 AS -55'
17.1.1777 entgeht Attentat	PL 135 AS (ex.) MA 120 AS 3'	NE 60 AS -2'
13.2.1777 wird verhaftet	PL 135 AS (1°) NE 135 MC 43'	NE 60 AS +43' UR 45 AS +21' SA 0 XII -22'
16.7.1778 Flucht	UR 0 JU 34'	PL 60 AS (-1/2 °) NE 60 MC -24'
26.8.1778 Verhaftung	SA 90 MC -37'	PL 60 AS (ex.)
2.12.1814 stirbt	SA 135 AS -30'	SA 120 MO +33'

Mein Kenntnisstand zu de Sade gründete vorrangig auf der zweibändigen Biografie von Jean-Jacques Pauvert (deutsch von Friedrich Griese unter dem Titel *Der göttliche Marquis – Leben und Werk des Donatien-Aldonze-François de Sade*, München 1991). In meinem auf den 7. April 1993 datierten Typoskript, der Urfassung dieses Buches, ging ich entsprechend von der vagen Information aus, daß der Marquis „am 3. Juni 1749 getauft, aber schon am 2. geboren" sei. Isaac Starcman, Tel-Aviv, zitierte in einem Brief die Ansicht von Astrologen, der berüchtigte Namensgeber des Sadismus müsse analog dem Taufreglement der katholischen Kirche darum nach Einbruch der Dunkelheit, in der Nacht vom 2. auf den 3., geboren sein, und präsentierte eine Hypothese mit Aszendent in Steinbock und Sonne im 6. Haus.
Die lt. RR sichere Geburtszeitangabe von 17 Uhr Lokalzeit auf der Astro-Databank ergibt bei Lunarproben auf zwei herausgegriffene Kardinalereignisse eine nur verschwindend geringe Trefferquote:
1) *Skandal mit Rose Keller und neuerliche Verhaftung* (3./23.4.1768):
L d: 31.3.1768, 3.49; 0 Achsenkonjunktion
HL d: 14.4.1768, 8.45; IC 5♍: NE 5♍ (passend)
L c: 5.8.1712, 11.09; IC 1♒: JU 1♒ (analog Notiz S. 61 denkbar)
HL c: 21.7.1712, 20.42: 0
2) *Tod* (2.12.1814):
L d: 7.11.1814, 4.02: 0
HL d: 21.11., 15.11: 0
L c: 27.12.1665, 9.41; MC 6♐: VE 8♐ (unpassend)
HL c: 13.12.1665, 16.30: 0

Johann Wolfgang von Goethe

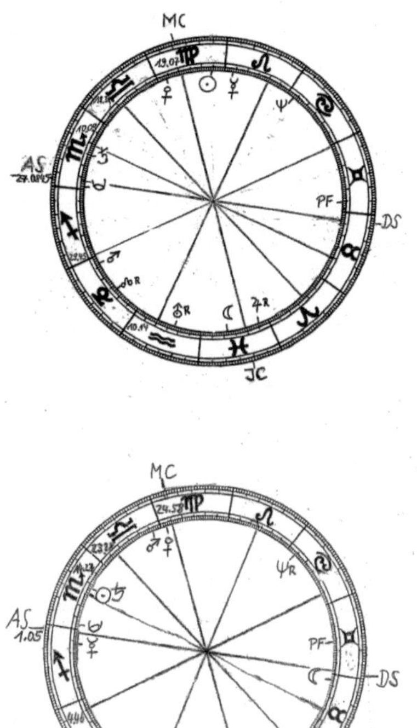

„Schlag Mittag" entspricht wohl eher einem in Goethes Autobiografie herbeibemühten Topos als seiner tatsächlichen Geburtszeit. Ausgedehnte Lunaruntersuchungen ließen eine Zeit bei zwölf Uhr Lokalzeit (= ca. 11.35 GMT) verwerfen. Das 43 Minuten spätere Radix ergibt starke Symbolketten und klassische Direktionen für Ereignisse wie Tod des Vaters, der Gattin, Entdeckungen oder gesellschaftliche Auszeichnungen.

Johann Wolfgang von Goethe	RADIX: 28.8.1749, 12.1802(27♏0845) [RAMC 169.5951] MDO NE 39.43 (4)	EPOCHE: 6.11.1748, 8.0320 (27♉08) [RAMC 175.2256] MDO MK 39.28 (2)
8ö40, 50n7 (Frankfurt / Main)		

SONNE (SO)	5♍12	14♏20
MOND (MO)	12♓26	27♉8
MERKUR (ME)	26♌1	6♐35
VENUS (VE)	26♍27	27♍57
MARS (MA)	3♑32	3♎9
JUPITER (JU)	25♓58 (r)	13♒47
SATURN (SA)	15♏12	11♏47
URANUS (UR)	18♒48 (r)	13♒33
NEPTUN (NE)	26♋37	25♋26 (r)
PLUTO (PL)	29♏11	28♏40
MONDKNOTEN (MK)	16♑56 (r)	2♒34 (r)
PARS FORTUNA (PF)	4♊22	13♊54

MEDIUM COELI (MC)	19♍7	24♍58
XI	18♎31	23♎28
XII	10♏9	14♏27
ASZENDENT (AS)	27♏0845	1♐5
II	29♐45	4♑46
III	10♒14	16♒22

Ereignisdaten	*Direktionen RADIX*	*Direktionen EPOCHE*
7.12.1750 Schwester geboren	JU c 45 III -4'	IC d 60 MO 4' SO pro 90 III 3'
1.11.55 Lissaboner Erdbeben löst religiöse Erschütterung im jungen Goethe aus	MC c 180 MO +7' III c 30 MA -2' JU pro 135 XII 3'/ 45 III ex. JU re 120 NE +1' [MC d 180 JU -14'] [XII d 180 SA -12']	MC c 135 MK -4' NE d 180 MK 2' MO d 180 ME -2' JU pro 90 XII 3'
28.8.62 legt dem Vater	MC c 0 SO +9.5'	ME pro 60 III 2'

eigene Gedichte vor	III c 120 VE -3'	ME re 0 PL +2'
19.10.65 immatrikuliert sich (nach Ankunft am 3.10.) in Leipzig	ME pro 0 VE 2' VI c 45 MO +3' XI c 135 UR ex.	AS d 60 JU ex. III c 120 VE ex.
7.5.67 übt studentische Opposition	NE pro 120 AS -2' SO d 45 VI 3' AS re 0 SA +8' MA pro 135 ME ex.	XI c 60 ME +4'
(10.)10.67 stürzt vom Pferd	NE pro 120 AS -1.5' PL d 180 PF (ex.) NE re 30 ME ex. AS re 0 SA -12'	ME pro 180 PF -6' III pro 135 NE -3'
(30.)7.68 Blutsturz / Krise	IC c 90 PL +2' NE pro 120 AS ex.	PF c 180 PL ex.
28.8.68 kehrt nach F/M zurück	VE d 0 XI -5'	MO d 60 IX ex.
18.4.70 Studium in Straßburg	AS d 90 MO -2' III c 30 UR -3'	SO d 0 AS 7' JU pro 0 III 1
25.(u.27.)9.70 Vorexamen – (1.)10.: begegnet Friederike Brion	III d 180 SO -11' VE d 0 XI ex. XI c 60 PL +5'	PF c 0 MO -4' XI d 45 VE ex. III pro 120 SO 4'
(ab) 18.5.71 bei Friederike in Sesenheim	IC d 30 MO -2' JU d 60 UR 4' SO pro 0 VE -7' MK c 90 VE +2'	IX d 150 JU -2' PL d 135 V (-3') V d 90 UR -2' SA pro 0 XII -1'
6.8.71 Dr. jur.	MC c 0 ME +7'	XI d 90 JU -4'
16.10.71 erste Anwaltshandlung	MC c 0 ME -5' / 150 JU -2' AS c 45 VE +2'	III d 120 SO -4' XI c 120 MK ex.

14.1.72 Idee zur *Gretchen*-Tragödie	III c 0 MK +7'	III c 45 ME +2' VE pro 0 XI 6'
25.5.72 Rechtsprakti-kant in Wetzlar	MO re 120 MC +5' VE d 45 SO ex.	AS 0 SO ex. XI d 0 SO 5'
7.11.75 zieht n. Wei-mar / Lebensstellung	II d 60 JU 2' PF c 180 SA -2'	AS c 0 SA +9'
11.6.76 Geheimer Le-gationsrat	XI d 120 MO 2' MO d 60 III -4'	XI c 0 VE ex. XII d 0 ME ex. SO re 120 III ex.
16.6.77 Nachricht vom Tod der Schwester	IC d 60 UR 4'	IC d 90 NE ex.
29.11.77 erste Harzrei-se	MK d 0 UR 4' MO c 180 IX +11'	JU d 60 SO 3'
(1.)1.79 Vorsitz d. Kriegs- u. Wegebau-kommission	MC c 180 UR -10' MC d 135 MA -5' ME pro 0 XI -6' III pro 0 MO -8'	ME pro 0 AS -4'
7.8.79 Autodafé	V d 180 SA 1' abst.MKpro90V ex. III pro 135 ME +2'	V c 120 NE ex. ME c 90 III -2'
5.9.79 Geheimer Rat	JU c 180 ME -3' II c 180 PF -7'	III pro 60 MO -3'
23.6.80 tritt Freimau-rerloge bei	XII d 180 PF 5' VE re 60 XI +2'	III d 120 NE 2' SO pro 60 III -2' UR pro 90 SO 1'
25.5.82 Tod des Vaters	MC c 90 SA +3' NE d 0 SO 3'	NE pro 60 MC ex. ME c 0 XII -8'/SO -1'
3.6.82 Adelsurkunde	- - -	III d 180 VE 2'
27.3.84 entdeckt den	MC d 60 ME-2' /	SO c 120 III +5'

Zwischenkieferkno-chen	150 JU ex. MO d 60 UR ex.	JU d 120 PL -1'
3.9.86 bricht überstürzt von Karlsbad nach Italien auf	MA d 0 UR ex. NE pro 135 MO 3' XII c 45 ME -5' SO c 0 NE +2' IC c 45 JU +5'	VE re 30 MC +3' UR d 135 IX 3'
18.6.88 zurück in Weimar	SA pro 30 XI / 45 MA 1'	MC c 180 JU +5' AS c 30 MA -3' ME c 45 MC -2'
12.7.88 Liaison mit Christiane Vulpius – fast ein Skandal	ME c 180 MK +5' SA pro 30 XI / 45 MA 1'	MC c 180 JU +1'
9.9.88 erstes (distanz.) Treffen m. Schiller	ME c 180 MK -5' MO pro 30 MC ex.	MC c 180 JU -8' DS d 90 MA -2'
8.6.89 letzter Brief an Charlotte von Stein	DS c 150 PL -2' XII d 135 NE 5' VE pro 0 SA -1'	IC c 135 VE -3' SA pro 90 III 1' SA d 60 JU 2' / 180 PF -5'
25.12.89 * August	AS d 30 PL 4' SO re 60 VE +1' MK re 60 IC -3'	UR re 0 JU ex. UR c 30 MK ex. V pro 120 MK ex.
21.10.90 Vorsitz Wasserbaukommission	MK re 120 MC ex. MO d 120 ME -1' III pro 180 VE -8'	MC re 180 UR -7' SO re 120 MK +3' UR re 0 JU ex.
14.10.91 Geburt u. Tod eines Sohnes	AS d 45 SA ex.	V d 120 SO -2' IC pro 90 UR 5'
17.6.92 bezieht ein neues Haus	XI d 60 VE -1' VE d 90 III -3' / 0 XII ex.	VE c 180 JU -4' II c 60 VE +4' MC pro 0 SO 4'
8.8.92 Aufbruch zur	VE d 90 IX 5' / 0	PF d 0 NE 8'

„Campagne in Frank- reich"	XII 8.5' NE d 0 MC -1' JU d 180 XII -7' VE pro 60 MC -4'	VE c 180 UR ex. MC re 90 SA +3'
24.12.92 zurück: lehnt in einem Brief an die Mutter angebotene Ratsstelle in F/M ab	DS c 90 NE +3' III d 90 MA ex.	NE c 180 PF -3' ME re 135 II +2'
21.11.93 * Tochter	AS c 60 ME +1' / 150 JU +4' SO pro 180 V ex.	V d 120 MA -2'
4.12.93 Tod der Toch- ter	SA pro 120 IC ex. MA re 180 VIII +5' ME pro 0 XII -3' VIII d 135 MA 4'	SA d 135 abst.MK 1' ME pro 135 V -3' DS pro 45 MO -3'
1.11.95 * Sohn	MO pro 0 SA ex.	IC d 180 SO -10' AS c 30 VE -1'
18.11.95 Tod dieses Sohnes	MA re 45 SA +3' IC pro 180 SA 3'	NE d 180 IC 3' IC pro 135 MA 3' IC d 180 SO -7' NE re 120 IC -3'
24.7.97 Testament / bricht in die Schweiz auf	NE d 180 JU ex. VE d 0 SA -5' MA c 60 VE +4'	NE re 120 IC -3' VE d 45 MA 4'
2.1.1801 Gesichtsrose	VE pro 0 PL 5' XII pro 45 SA 2'	XII c 0 MA +4' NE re 120 IC -1'
13.6.02 Konfirmation Augusts	MC c 120 JU ex. MC re 0 NE +8'	MO c 180 XI +6' MC pro 120 NE -5'
16./19.12.02 Geburt und Tod einer Tochter	DS d 45 ME ex. IC pro 45 JU ex. [IC d 180 SA -12']	ME d 120 DS 4' XII d 45 UR 1' SA c 120 MO +3'

20.7.03 verkauft Gut Oberroßla	UR c 120 ME +4'	SO c 120 DS -1' JU d 180 XI 10'
11.11.03 Leiter des Jenaer Museums	XI c 90 PL +1'	VE pro 0 AS 7'
3.1.04 krank	MO d 180 XII -9'	SO d 45 XII -4'
13.9.04 Wirklicher Geheimer Rat	AS c 0 XI -5' SO re 120 MO ex.	VE d 60 MC 5'
22.10.04 Präsident der Mineralogischen Sozietät Jena	AS c 0 XI -9' III d 60 UR -2' VI c 180 VE ex.	MC pro 60 VE -4'
(ab 1.)1.05 Nierensteine	SO re 135 AS ex. XII c 0 VE -8'	AS c 45 ME -5' MA d 0 PL 5'
9.5.05 Tod Schillers	VIII d 0 SO 8' NE c 90 SO -2'	UR d 90 NE 5'
19.10.06 heiratet Christiane unm. n. Befreiung durch sie aus Bredouille durch frz. Soldaten	DS c 90 MK +2' MA c 60 IC -2' IC d 90 UR -1' XII d 90 VE -2' AS d 60 SA -5'	VE d 180 MO -6' <VEd 0 DS -6' E/R> XI d 30 SO -2' XII c 135 UR +2'
10.4.07 Tod der Landesmutter Anna Amalia	MA pro 135 MC 3' SA c 90 VIII +2' MC pro 0 SA -6' ME c 0 VIII -3' SO d 0 XII -8'	SO pro 45 PL -3'
13.9.08 Tod der Mutter (2.10.: 1. Begegnung m. Napoleon)	IC c 135 SO -3' ME re 135 IC +4'	MO d 0 NE -5' XII c 120 MO -4' JU pro 120 XI 2'
31.12.08 Zacharias Werner erzürnt ihn durch Frömmelei	ME pro 180 DS ex. MO d 180 SA -2'	MA pro 135 IC ex. XII c 45 SA +4'

24.3.12 Sekretär Rie- mer kündigt Stelle	MC c 0 abst.MK -2' SA c 180 JU -2'	ME re 30 MC +2' ME d 90 VI ex. MA pro 0 SA 6'
19.7.12 Teplitz: begeg- net Beethoven	MEd 90 IX4'/0 XII8' MC re 180 MK ex.	IX c 150 SO +4'
18.2.13 Logenrede auf den am 30.1. verstor- benen Dichter Wieland	AS c 150 MO +4' SA c 135 III ex. ME d 135 JU -2'	VIII c 180 SA ex. III c 180 PF -1' MC pro 0 ME 1'
4.10.13 frz. Einquartie- rung	NE d 0 XI -8'	UR re 90 XII ex. JU re 90 XII -4' PL d 45 AS (-1')
12.12.15 Ernennung zum Staatsminister	AS d 60 JU 4'	AS c 120 JU +1'
6.6.16 Tod Christianes	DS d 0 NE 2' PL d 180 abst.MK (-2') MA pro 90 XII 1'	PLpro 180 DS (+2') VIII d 0 MA 10' MO c 135 PL +1' MApro0XII-4'/SO 3'
25.9.16 Wiedersehen m. Charlotte Buff	III d 60 MA -3' XII c 120 MK +2' MO c 0 MA -4'	MO c 60 UR -4'
31.12.16 Verlobung Augusts	AS d 45 MO -2' IC c 60 MO +5'	VE d 0 ME ex. JU d 45 IC 1'
13.4.17. muß Theater- leitg. niederlegen	UR d 0 VI 8' / 90 III 4' ME d 0 SA 7'	DS d 120 ME 3' AS c 45 PL +4' UR d 135 MC -2'
17.6.17 Augusts Heirat	MC d 0 PL -8' JU d 45 V 4' VE pro 90 IC 6'	III d 180 SA -2' SO re 90 ME +2' III re 60 JU ex.
9.4.18 Enkelkind geb.	XI d 60 UR 3' JU d 0 PF -4'	DS c 45 MO ex.

28.10.19 *Egmont* in Berlin unter Zensurverbot	VE c 90 XI -4' VE re 135 SA -2' UR c 135 NE +1'	III d 180 SO 8' MA pro 90 III 1' UR d 135 VE ex.
18.9.20 Enkelkind geb.	JU re 60 DS ex. SO re 30 DS +2' ME d 120 IC -4'	JU d 180 SO -2'
(15.)3.22 augenkrank	IC d 150 MA -2' XII c 180 MO +11' III c 45 MK +3'	AS d 90 SO 4'
12.2.23 Herzbeutelentzündung	ME pro 0 AS 6' MO pro 0 SA 2' MO d 180 PL 2' IC d 0 PF ex.	SO re 90 AS +3' AS pro 90 PL -4' XII pro 180 NE 11'
10.6.23 Bekanntschaft Eckermanns	AS c 30 SO ex. ME re 180 MK -4'	VE pro 90 MC 4' AS d 0 III 6.5' UR pro 0 III 2.5'
20.8.23 „Ulrike" / Aufbruch nach Karlsbad	VE pro 150 NE 3'	UR pro 180 IX 3' VE c 120 XII -2' PL d 120 MO (-2')
6.11.23 Krampfhusten	SO d 0 AS -6' XII d 60 MO -5' SO re 45 MA -4' MA pro 90 SA -1' [IC d 90 SO -8']	NE c 135 MA ex.
7.11.25 50jähr. Amtsjubiläum	(AS c 90 MA -2') AS d 0 III -4'	XI c 180 JU +5' UR c 0 AS -5'
2.10.26 Besuch Grillparzers	III d 180 SA ex.	IC d 120 UR ex.
6.1.27 Tod Charlotte von Steins	IC c 0 MA -7'	XI c 45 VE -5' PF pro 180 SA 9'

29.10.27 Enkelin geb.	ME d 60 VE -3’ MO pro 0 MK 6’ JU re 180 VE -2’ III c 0 AS -2’	MO d 150 IC 4’ III c 0 AS +3’
14.6.28 Tod des Lan- desfürsten und Freun- des Karl August	III c 120 NE -4’ VIII d 120 ME +4’ ME d 180 DS -7’ XII d180abst.MK 6’	DS d 30 NE 2’ MA c 45 DS ex. NE c 180 SO ex. NE c 180 XII -8’
28./29.8.29 *Faust I* in Weimar	III d 135 MA -5’ SA c 180 MO ex. XII pro 45 PL ex.	PF d 0 MC -6’ ME re 180 III +7’ SO d 120 MC -2’
10.11.30 Nachricht vom Tod des Sohnes August am 26.10. in Rom	IC d 45 NE -3’ MA c 120 VIII -4’ URc135abst.MKex. PF pro 180 SA 3’ XII re 0 SO +5’	DS c 180 MA +10’ III c 0 PL -6’ MO pro 180 PL -3’
6.1.31 Testament	IC d 45 NE 5’ AS d 0 UR -4’ MC c 0 VIII +4’	AS c 0 MA ex.
28.8.31 m. d. Enkeln in Ilmenau / Enthüllg. Büste zum 82. Ge- burtstag	XII c 0 SO -4’ <SOd60AS 3’ E/R>	SO d 120 MO 3’ NE d 0 SO -5’ NE c 180 SA -7’
22.3.32 stirbt	SA d 60 JU 5’ / 150 ME 2’ MO re 180 SO -11’ [SO pro 0 AS -13’] <PL re 0 AS -3’ R / E>	IC pro 30 NE -2’ ME re 45 MA +4’ XII d 120 VE 4’ <PL re 0 AS -3’ R/E>

Friedrich von Schiller

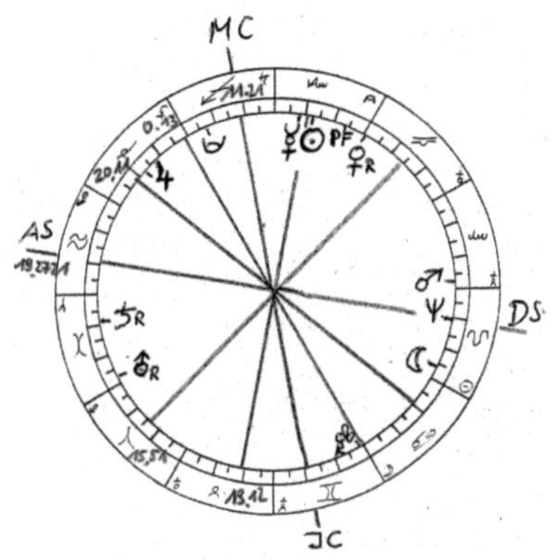

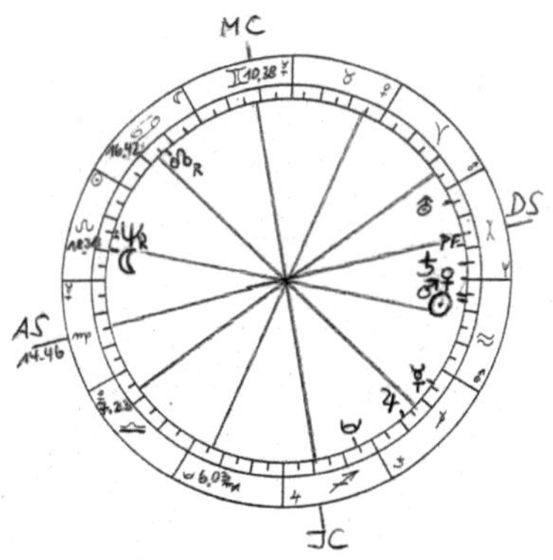

Friedrich von Schiller;   RADIX:10.11.1759,   EPOCHE: 11.2.1759,
9ö14, 48n56   12.4448   18.3310
(Marbach am Neckar)   (19♒2721)   (19♌31)
                             [RAMC 249.4746]   [RAMC 69.0148]

	RADIX	EPOCHE
SONNE (SO)	17♏52	22♒50
MOND (MO)	4♌48	19♌31
MERKUR (ME)	20♏56	26♑36
VENUS (VE)	29♎33 (r)	0♓4
MARS (MA)	1♍47	24♒31
JUPITER (JU)	18♑23	12♑16
SATURN (SA)	9♓31 (r)	4♓57
URANUS (UR)	27♓31 (r)	25♓15
NEPTUN (NE)	19♌46	16♌2 (r)
PLUTO (PL)	23♐46	24♐45
MONDKNOTEN (MK)	29♊38 (r)	14♋1 (r)
PARS FORTUNA (PF)	6♏23	11♓27
MEDIUM COELI (MC)	11♐21	10♊38
XI	0♑13	16♋42
XII	20♑11	18♌38
ASZENDENT (AS)	19♒2721	14♍46
II	15♈51	7♎23
III	19♉12	6♏3

Ereignisdaten   Direktionen RADIX   Direktionen EPOCHE

Ereignisdaten	Direktionen RADIX	Direktionen EPOCHE
24.1.1766 Schwester geboren	JU pro 150 DS 0'	III d 60 JU -2'
16.1.73 Militärschule	AS c 90 VE ex. ME pro 0 MC 6'	AS d 90 PL -1' AS c 180 SA -7'
14.12.79 per Willkürakt trotz ausgezeichneten Examens Zwangsver- bleib in der Schule	MC d 60 VE 5' AS c 60 ME -2' NE d 90 XI ex. NE re 180 AS +4'	AS c 180 VE -1.5' SA c 180 XII +5' MO d 180 SA 3'
14.12.80 bekommt schlechte Militärarzt-	AS c 150 NE -2' III c 45 SA -2'	III d 120 UR 2.5' SO pro 180 AS 1'

stele zugewiesen	XII c 0 MK ex.	
13.1.82 Erfolg UA *Die Räuber*	AS c 0 JU +6' II c 180 SO -5'	UR d 90 JU 4' JU re 90 II 4'
(15.)7.82 Arrest wg. unerlaubten Fernblei- bens vom Dienst	NE re 180 AS +1' MA re 180 AS +4'	PF c 0 MA ex. MA re 90 IX -2' NE re150 XI -1'
22.9.82 Flucht aus Württemberg	MC c 90 NE -3'	PF c 0 MA -7' SO d 0 PF -8'
7.12.82 Aufenthalt in Bauerbach (Thürin- gen) – Liebesaffäre	XII d 90 SO -2' SO pro 0 MC -8' VE pro 60 MA -2'	SO d 0 PF 2' SO pro 120 XI -2' JU pro 0 V -2'
24.7.83 plötzlicher Auf- bruch nach Mannheim	DS c 45 MA -2' NE re 0 DS ex. MO re 60 IX -2'	IX c 90 abst.MK -5' V c 0 PL +9'
1.9.83 dort unter Thea- tervertrag / Malaria	MO re 60 SO ex. / NE re 180 AS ex.	AS c 135 JU +1'
31.8.84 Vertrag läuft aus / Unterstützung von anderer Seite	NE re 180 AS -2' / MC c 0 SO -3'	MA pro 180 AS -5' ME d 0 VI -8' AS c 150 ME -2'
27.12.84 Ernennung zum „Rat"	MC re 0 SO ex.	PF c 0 SO -4' SO re 0 ME -1'
7.9.88 erstes Treffen mit Goethe	XI c 120 MO +2.5'	MC c 120 SO +4'
15.12.88 Professur für Philosophie in Jena (zunächst undotiert)	MA re 120 II +1' SA c 90 VE ex.	MC d 135 SO -4' VE pro 180 II -6'
26.5.89 1. Vorlesung – in Geschichte	XI re 120 MO -1' SO re 90 JU -2'	XI c 60 MO -3'

(1.)8.89 Verlobung	MO c 30 ME +2' SO d 30 JU 1'	PF c 180 MO -4' SO d 120 XI 2'
22.2.90 Heirat	(UR d 180 SO 6') (MA re 45 V -2')	DS c 0 SO -9'
(1.)12.90 ... Zuspit- zung Krankheit (3.1.91 Kollaps)	IC d 120 SA 3' XII c 30 ME -3'	IC d 45 MA 1' NE d 180 PF 4' PF c 180 XII -9'
(1.)7.91 krank / Kur	MA c 180 XII -2' JU pro 45 SA -1'	XII c 150 SO +2'
(15.)10.91 erhält wg. revolutionärer Gesin- nung frz. Bürgerrecht	JU d 120 MK 4' XII d 180 MA 2'	SO c 0 ME -8' VE d 0 UR -1' XI d 0 NE 2'
(1.)12.91 erhält groß- zügiges Stipendium	SO re 180 II ex.	SO re 150 MO ex. MO d 0 AS -11'
14.9.93 * Karl in Lud- wigsburg während Rei- se nach Schwaben	AS d 30 UR 3'	AS d 135 MA 1.5' JU c 0 IC -6' VE re 0 V -3'
15.5.94 zurück in Jena (zuvor letztes Wieder- sehen m. d. Eltern)	NE re 90 IX ex. NE d 60 abst.MK 1' / 0 VE 6'	PF c 180 NE -2' MA c 0 ME +2'
September 94 ... bei Goethe in Weimar	DS d 0 VE ...	AS c 0 MO ... SO re 180 XI ...
3.3.96 Vater leidend	NE c 45 DS +3' MC c 0 PF -3' VIII c 0 NE +6'	(MC c 60 SA -9.5')
11.7.96 * Ernst	MA pro 120 JU ex. SO re 60 IC -3'	SO re 120 AS +4' V d 180 MO -9'
7.9.96 Tod des Vaters	MO d 90 XII -4' MA re 120 MC+1.5'	NE re 150 abst.MK -1.5'

11.10.99 * Caroline	JU pro 135 IC -2' DS re 60 MA 0'	UR d 135 IC 4'
3.12.99 Umzug nach Weimar	IC d 60 SO -4.5' JU pro 135 IC 0' ME pro 0 JU -3'	AS d 90 MK -1.5' MO d 135 IX -2'
19.3.1802 Vertrag über ein Haus	III c 0 UR -4' VE pro 45 XI 0'	VE c 0 ME -2'
29.4.02 Einzug – zeit- gleich Tod Mutter	SO d 0 XI -3' – XII c 180 IC -1' VIII d 180 IC 1' DS re 180 abst.MK +2'	III c 120 ME +5' VE c 0 ME -7' MO re 0 JU +1' – IC d 45 SA 2' XII c 180 abst.MK -5'
16.11.02 wird in den Adelsstand erhoben	MC c 0 VE -4.5'	VIII d 120 JU 3.5' (AS d 60 NE 4')
25.7.04 * Emilie	V c 180 ME +5' IC re 180 VE +1' / 60 MK -4'	V d 30 ME -4' MK c 135 V -4'
9.5.05 stirbt	NE pro 180 AS 2' SA re 90 IC 0' AS d 180 SO 2'	IC d 30 SO -2.5' SA c 135 AS -5' AS pro 60 NE 2'

*

sider. Lunare / Halblu- _nare direkt u.convers_ _(L/HL d/c)_	_RADIX_ Datum L/HL d bzw. c – Position Ach- se: Pos. Planet(en)	_EPOCHE_ Datum L/HL d bzw. c – Position Achse: Position Planet(en)
21.1.1766 Schwester geboren [9ö, 49n (gerundet)]	L d: 29.12.1765, 16.49; DS24♑: ME 27.5♑	L c: 26.3.1752, 3.29; IC 7♐: JU 7♐, MA 6 ♐

	Lc:26.8.1753,14.54 MC 29♎: MK 29 ♎ AS 28♐: SA 30♐	
16.1.1773 Internat Militärschule [9ö, 49n]	Lc:11.9.1746,23.54 AS 23♋: NE 20♋	L c: 15.3.1745,10.51 AS 13♋: NE 14♋
14.12.1779 muß trotz exzellenten Examens weiter studieren [9ö, 49n]	HL d: 12.12.1779, 0.13 IC 2♑: VE 2♑ AS 2♎: NE 3.5 ♎	HL d: 13.12.1779, 6.03 AS 6.5♐: SA 2♐ MC 2♎: NE 3.5 ♎
	HL c: 11.10.1739, 5.32 AS 15♎: VE 12♎ MC 20♋: SA 24♋	HL c: 13.4.1738, 10.45; MC 12.5♈: JU10.5♈…ME16♈
Juli 1782 Arrest [9ö, 49n]	HL d: 27.6.1782, 11.18 AS 3♎: NE 5 ♎ MC 4♋: UR 3♋ (… folgt:) L c: 13.3.1737,4.20 IC 6.5♊: SA 6♊, MA 4♊	HL d: 28.6.1782, 12.44 MC 25♋: MA 24♋ L d: 13.7.1782, 2.22 AS 5♋: UR 4♋
22.9.1782 Flucht [9ö, 49n]	L d: 4.9.1782, 14.54 DS 6♋: UR 7♋	L d: 5.9.1782, 17.53; MC 23♐: JU 20♐…SA 25♐ DS 13♍: MA 9♍… SO 13♍, ME 13♍
14.9.1793 Geburt des ersten Sohnes [9ö, 49n]	L c: 5.1.1726,7.17 MC 15♏: UR 12 ♏ AS 13♑: SO 15♑	L c: 22.7.1724,0.18 MC 11♒: JU 8.5♒
29.4.1802 Tod der Mutter (Nachricht später) [11ö20, 51]	L d:11.4.1802, 8.37 MC 8♓: PL 6.5♓, MA 4.5♓	HL c: 2.12.1715, 6.47 MC 4♎: SA 5.5♎

HL d: 25.4.02, 7.36;
MC 6♓: PL 7♓
IC 6♍: SA 1 ♍

16.11.1802 wird ge-
adelt
[11ö20, 51]

L d: 15.11.1802,
17.43
DS 3♑: VE 6♑

L c: 6.6.1715, 16.39
DS 16♉: JU 13♉

9.5.1805 stirbt
[11ö20, 51]

L d: 5.5.1805, 7.08
MC 9♓: PL 10♓

L d: 6.5.1805, 8.51
IC 8♎: SA 10♎

L c:19.5.1714, 6.10
IC 9♍: PL 4♍,
SA 5♍… UR 13♍

Ludwig van Beethoven

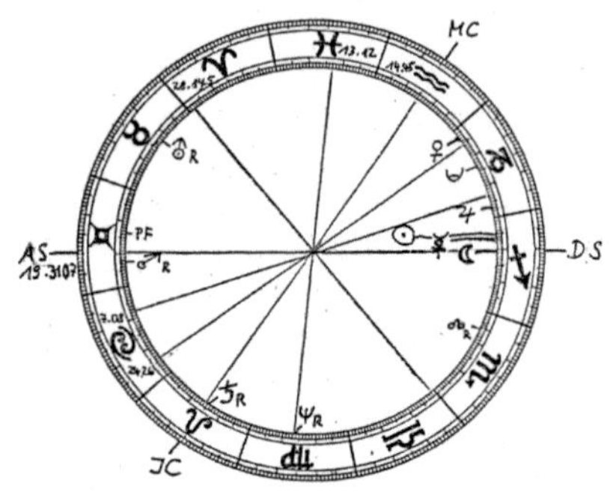

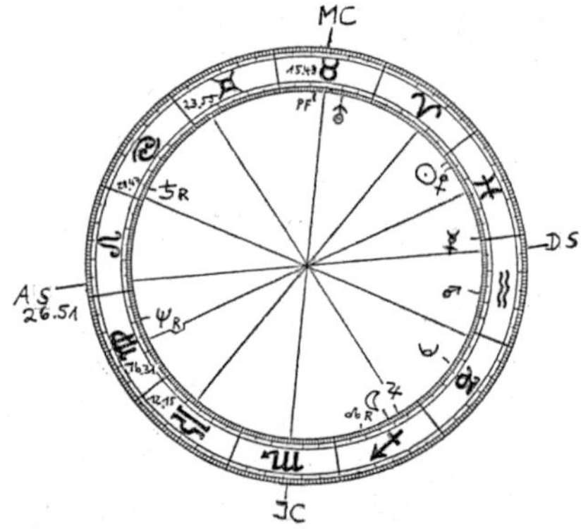

Ludwig van Beethoven 7ö5, 50n44 (Bonn)	RADIX:16.12.1770, 14.5930(19♊3107) [RAMC 317.1339]	EPOCHE: 18.3.1770, 14.3955 (19✗34) [RAMC 43.1412]
SONNE (SO)	24✗48	28♓4
MOND (MO)	19✗3	19✗34
MERKUR (ME)	22✗44	0♓54
VENUS (VE)	26♑47	26♓
MARS (MA)	22♊28 (r)	12♒52
JUPITER (JU)	3♑15	23✗29
SATURN (SA)	15♌47.5 (r)	25♋23 (r)
URANUS (UR)	12♉8 (r)	9♉7
NEPTUN (NE)	13♍59 (r)	9♍56 (r)
PLUTO (PL)	16♑34	17♑24
MONDKNOTEN (MK)	24♏57 (r)	9✗25 (r)
PARS FORTUNA (PF)	13♊45.5	18♉21
MEDIUM COELI (MC)	14♒45	15♉43
XI	13♓12	23♊55
XII	28♈14.5	28♋47
ASZENDENT (AS)	19♊3107	26♌51
II	7♋8	16♍31
III	24♋26	12♎15

Ereignisdaten	_Direktionen RADIX_	_Direktionen EPOCHE_
8.4.1774 Br. Carl geb.	DS d 0 ME 8'	III d 135 ME 1'
2.10.76 Bruder Johann geb.	ME re 180 PF -7' SO c 0 MO +1'	IC c 180 UR +4' DS pro 0 ME 8'
26.3.78 erster öffentlicher Auftritt in Bonn	MO c 60 MC +3' AS d 150 VE -5'	MC d 150 JU 3' III d 60 MO -3' JU pro 180 XI 3'
17.7.87 Tod der Mutter	IC d 135 PL -1'	IC d 45 PL ex.
14.7.89 Frz.Revolution	MC c 0 VE +5' AS c 120 VE +4'	AS d 45 SA -5' MC c 30 VE +5'

20.2.90 krank / Tod Josephs II. / Auftrag Trauerkantäte	XII d 0 abst.MK -9' XII c 45 UR +2' AS d 180 VIII 6'	AS c 180 MA +8' IC c 90 SA +5'
25.12.90 Haydn macht Station in Bonn	PF d 180 JU 6'	III d 120 ME 3'
2.11.92 endgültig Wien	XII c 90 ME -3' IX re 0 JU ex. IX pro 180 SA -3'	NEpro90abst.MK 2'
18.12.92 Tod d. Vaters	SA c 150 SO ex. XII c 90 MA +1' MA pro 60 SA 4'	NEpro90abst.MK 2'
29.3.95 erster öffentlicher Auftritt in Wien	III c 180 JU -4' VE re 30 MC -3'	MC d 180 MK 10' AS c 120 MK ex.
(1.)5.99 Josephine von Brunswick wird seine Schülerin ...	IC d 0 NE -4' III d 120 MO 3'	IC re 90 PL +4' [SOpro 60 DS -8']
16.11.1801 bekennt Gehörleiden / lenkt sich mit Affären ab	AS d 180 PL 3' IC d 120 PL 4' UR re 120 V +1'	XII d 120 JU 4.5' NE c 90 IC +2'
6.10.02 *Heiligenstädter Testament*	MA pro 120 MC 3' AS re 135 NE -2' ME c 60 VIII ex.	AS d 90 MO 1'
1.1.07 Familie von Brunswick will Trennung von Josephine erzwingen	MA pro 60 IC ex. PF d 180 PL -6' III c 180 MA ex.	XII c 135 MA +1' SA c 180 JU -2'
(1.5.) Trennung	IC d 90 MA ex. MA pro 60 IC ex.	DS c 30 ME -3'
26.2.09 erhält eine Jahresrente	MO d 180 III -4'	JU pro 180 XI ex. VE c 60 JU ex.

1.8.11 Teplitz: Rahel Levin – Affäre negativ	DS c 90 PL -5' SO d 135 V ex. / 90 XII -3'	XII c 180 JU +7'
7.7.12 *Brief an die unsterbl. Geliebte* / trifft Josephine	VE c 0 DS +7' XII d 0 AS -6'	IC d 150 SA -2' VE pro 0 PF 2'
8.4.13 * Minona (Tochter von Beethoven u. Josephine)	VE c 0 MO -7.5' SO c 45 V +1' V pro 180 UR ex.	IC d 90 VE 2' MA pro 120 IC ex. IC pro 0 JU -2'
25.1.15 letzter öff. Auftritt als Pianist	MC d 135 SA -2' JU c 90 MC -3'	AS c 0 SA -8' DS d 0 SO 7'
20.7.15 trifft Josephine	DS d 0 VE 3' XII d 0 MA -6'	AS c 45 NE -4' AS re 120 VE ex.
15.11.15 Tod Bruder / B. wird Mitvormund d. Neffen Karl	III c 90 NE +3'	IC c 180 SO ex. III c 180 ME -6' SO re 120 III -1'
2.2.16 trifft Jos. / Karl Internat	JU c 60 V +2' XII d 180 ME 8'	IC c 135 MA -1' VE re 180 XII -4'
25.12.16 krank	XII c 180 SA -2'	AS re 45 NE -3'
23.6.17 Josephines Mann taucht in Wien auf	V d 180 UR -8' DS c 90 JU -3'	DS c 30 JU ex. IC re 135 MA +2' AS pro 135 MA 4'
1.1.18 Karl wohnt bei Beethoven	IC d 45 SA ex. XII d 180 SO -7' DS re 90 SO -1'	PF c 0 SO +2' MC c 0 VE -13' DS pro 0 SO 5'
8.4.20 erkämpft gegen Schwägerin Alleinvormundschaft über Karl	AS 60 VE +1' JU re 0 ME -2'	XI c 60 ME +1' III c 0 AS +2' [MC c 90 JU -8']
28.11.20 unterstützt	II c 120 NE +3'	XI d 135 JU -1'

Josephine finanziell		SO c 90 IC -4'
31.3.21 Tod Josephine	V c 180 PL ex.	SA pro 30 DS 3'
(15.)4.25 schwerkrank	NE pro 135 XII ex.	AS c 180 PL +12'
30.7.26 Selbstmord-versuch Karls	NE pro 180 XI ex. NE d 120 III -4'	DS re 0 PL +6' SA d 0 NE ex.
20.12.26 erste Punkti-on (Wassersucht)	SO re 180 XII ex.	- - -
3.1.27 Testament	IC c 180 ME -6'	JU re 150 IC ex. UR pro 150 III ex. VE c 135 XI ex.
26.3.27 stirbt	IC c 0 MA -1'	SO d 180 IC 6' MO pro 0 PL 10'

Heinrich von Kleist

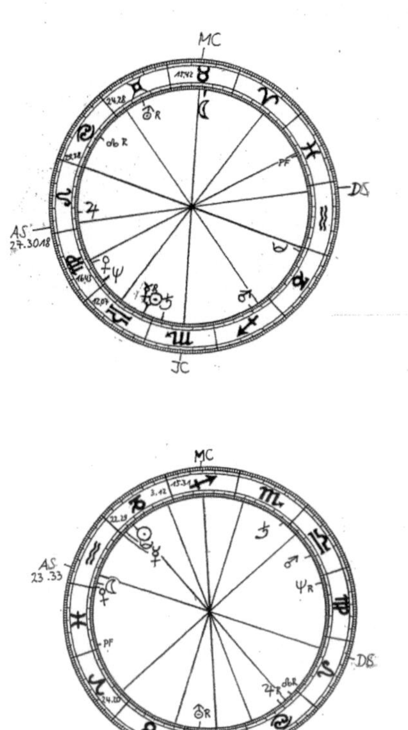

Die positiven Lunare beider Karten zur „Kant-Krise" und mehr oder weniger des Radix zum Doppelselbstmord am 21. November 1811 ließen die genau überlieferte Geburtszeit zunächst anzweifeln. Aber Kleist bauschte zuweilen Ausreden zu Krisen auf. Umgekehrt könnte er die aus seinen Briefen hervorgehende euphorische Stimmung vor seinem Ende tatsächlich so erlebt haben.

Heinrich von Kleist	RADIX:18.10.1777,	EPOCHE: 12.1.1777,
14ö33, 52n20	0.0728 (27♌3018)	8.3015 (27♒34)
(Frankfurt/Oder)	[RAMC 43.1320]	[RAMC 254.16]

SONNE (SO)	24♎57	22♑35
MOND (MO)	13♉21	27♒34
MERKUR (ME)	24♎52 (r)	29♑57
VENUS (VE)	18♍10	29♒50
MARS (MA)	20♐49	11♎13
JUPITER (JU)	22♌22	19♋54 (r)
SATURN (SA)	4♏50	2♏41
URANUS (UR)	14♊59 (r)	7♊23 (r)
NEPTUN (NE)	27♍53	27♍4 (r)
PLUTO (PL)	27♑44	27♑54
MONDKNOTEN (MK)	12♋42 (r)	27♋27 (r)
PARS FORTUNA (PF)	15♓57	28♓32

MEDIUM COELI (MC)	15♉42	15♐31
XI	24♊28	3♑12
XII	29♋38	22♑29
ASZENDENT (AS)	27♌3018	23♒33
II	16♍43	24♈20
III	12♎7	25♉13

Ereignisdaten	*Direktionen RADIX*	*Direktionen EPOCHE*
18.6.1788 Tod Vater –	MC c 180 SA +10'	– MC c 135 JU +3'
Kleist zieht zu e. Onkel	AS d 60 SA -3'	
1.6.92 Eintritt ins Gar-	SA c 60 MA +2'	AS c 0 PL -3'
deregiment Potsdam –	IIIpro 0ME2'/SO -4'	XII d 120 MA 2'
(20.6.: Konfirmation)	UR pro 45 XII -3'	AS d 0 PF 3'
3.2.93 Tod der Mutter	PF d 180 NE -7'	PF c 0 MO +4'
	VIII c 120 SA ex.	VE d 180 MA -5'
	VIII pro 45 MO ex.	NE c 180 VE +3'
	NE pro 135 MO 1'	[AS c 120 NE -9']
14.5.95 Portepeefähnr.	VE re 0 AS -8'	SO d 60 MC 2'

7.3.97 Leutnant	MO c 180 SO ex.	XI d 0 SO -6' JU re 120 XII +2'
4.4.99 quittiert Militär- dienst u. stud. Mathe- matik u. Naturwiss.	DS c 135 NE ex.	III d 135 SA 4' ME c 135 DS +2' ME pro 60 XI ex.
(1.)1.1800 Verlobung bei gleichzeitiger Fluchttendenz	DS d 120 MK -3' / 45 PL-4' SO d 0 IC -4' AS re 90 MO +4'	MK c 180 XI +4' MO c 180 MK -1'
28.8.00 Würzburgreise	MC c 120 JU ex.	IX c 120 MO +3'
(n. d. 1.)11.00 Volontär Berliner Staatsdienst	XI d 30 UR 1' SA d 45 III 3'	SO d 0 AS -5'
22.3.01 sog. Kant-Kri- se	SA d 90 AS 2' SA c 0 III -9'	MC d 150 UR 4' XII d 0 AS 8'
4.5.01 Dresden	IX c 90 MA +1' AS pro 120 MO 3'	MO d 60 VE 3'
10.7.01 Paris	ME re 60 AS -4'	MC c 60 SO -3' IX d 150 JU ex.
23.12.01 Schweiz – Lohse und (abwes.) Braut distanzieren sich	JU c 90 SA +3'	XI c 60 MA -5' XI d 0 abst.MK -4' MA d 180 III -7'
20.5.02 bestätigt Ent- lobung	SO re 45 IC -2' MC re 120 JU +2'	DS d 135 UR 3' XI d 0 PL -6'
15.3.03 verläßt flucht- artig Familie Wieland	ICd 45 ME 3'/SO-3' IX d 180 SA -4'	VE d 180 SA -4' DSpro90abst.MK -3'
15.7.03 Fußreise mit- Pfuel	AS d 90 UR 5' IX pro 180 SA 4'	VE d 120 XI 4' SO d 0 MO ex.
nach dem 14.10.03	(VE d 180 DS ex.)	XII d 0 MO -2'

Paris: dramat. Trenng. von Pfuel / verbrennt MS / Suizidgedanken		MA c 180 VE ex. MOc 0SO ex./XII+6'
22.4.04 Audienz	III c 0 VE ex.	MC c 120 JU -3'
1.5.05 im Staatsdienst in Königsberg	SO re 0 NE -7' / 120 PL +2' NE c 60 SA -2'	MC d 90 MA -2' VI d 180 VE -6' VE re 60 IX -1'
1.8.06 quittiert den Staatsdienst	UR c 0 MC -7'	JU pro 30 DS ex. SO re 150 VI ex. II d 45 JU -3'
30.1.07 gerät in frz. Gefangenschaft	XII d 0 JU -7'	AS d 180 SA -3' XII d 120 SA ex. SA re 45 MC +2' MA re 180 PF +9'
10.8.07 frei / geht nach Dresden	MC c 60 UR +3' MA re 120 XII ex.	VE re 0 XII -6' JU d 180 VE 2'
15.1.08 gründet Zeitschrift *Phöbus*	AS d 0 VE ex.	ME d 0 PF 8'
2.3.08 Goethe inszeniert im entfernten Weimar *Der Zerbrochne Krug*: UA neg.	XII c 120 SA -3'	SO c 30 XII +2' SA re 45 MC -4'
25.5.09 Scheitern kriegsjournalistischer Pläne / anschl. bis 23.11.09 verschollen	AS c 135 MA +4.5' JU c 0 XII -5' MO c 0 180 III ex.	AS d 30 UR -3.5' MC d 45 VE 3' JU d 60 SA -3'
30.3.11 letzte Ausg. der *Berliner Abendblätter* n. endlosen Komplikationen	II c 120 MA ex. MA re 45 III +1' [DS c 90 SA -13']	PF c 0 ME +4' II c 0 MO -9' SO re 45 SA +3'

| 21.11.11 Selbstmord mit Henriette Vogel am Wannsee | AS d 90 MA ex. | AS d 135 NE 2'
VE d 135 XI 2'
NE d 90 VE 2' |

*

sider. Lunare / Halblunare direkt u.convers (L/HL d/c)	*RADIX* Datum L/HL d bzw. c – Position Achse: Position Planet(en)	*EPOCHE* Datum L/HL d bzw. c – Position Achse: Position Planet(en)
1.6.1792 Garderegiment Potsdam [13ö20, 52n30]	Ld:19.5.1792,12.45 AS24.5♍: MA 19♍ Lc:18.3.1763,20.04 DS 28♈: MA23.5♈,SA24♈	L d: 13.5.1792, 15.46 DS 22♈: SA 26♈ HL c: 29.8.1761, 7.54 DS 13♈: SA 10♈
3.2.1793 Tod der Mutter [14ö33, 52n20]	L d:20.1.1793, 4.43 IC 27♈: SA 26♈	L c: 9.1.1761, 18 AS 21♌: NE 21♌ HL c: 26.12.1760, 3 MC 26♌: NE 22♌
22.3.1801 sog. Kant-Krise [13ö20, 52n30]	Ld:18.3.1801,10.59 MC 24♓: SO 27♓ AS 23♋: JU 24♋	L d: 12.3.1801, 19.26 MC 24♋: JU 24♋
(n.d.) 14.10.1803 Paris: dram. Trenng. von Pfuel / verbrennt Text/ Suizidged. [2ö20, 48n52]	L d: 3.10.1803, 10.12 AS 25♏: NE 22♏ Lc:3.11.1751,14.40 AS 19♓: MA 19♓	L d: 28.9.1803, 9.42 AS 16♏: NE 22♏ IC 2♓: PL 7♓ HL d: 11.10.1803, 5.22 AS 8♎: UR 12♎ HL c: 16.4.1750, 8.04 MC 25♒: UR 24♒ IC 25♌: MO 27♌

1.8.1806 quittiert den Staatsdienst [20ö30, 54n43]	L d:11.7.1806, 4.39 IC 20♎: UR 22♎, SA 22♎ L c: 26.1.1749 AS 17♏: SA18.♏, MA22♏	L c: 23.7.1747, 23.15 MC 8♒: UR 12♒ HL c: 11.7.1747, 4.23 DS 13♒: UR 12♒ IC 21♎: SA 20♎ L c: 26.6.1747, 13.22 AS 0♏: MA 3♏ IC 13♒: UR 13♒ L d: 1.8.1806, 8.27 MC 6♋: VE 2♋
30.1.1807 gerät in französische Gefangenschaft [(ca.)13ö20, (ca.)52n30]	Ld:18.1.1807,10.32 DS 11♏: SA 10♏	L d: 12.1.1807, 4.09 AS 7♐: NE 2♐ L c: 13.1.1747, 16.57 DS 11♒: UR 8♒ IC22♎:SA26♎,MA27♎
2.3.1808 *Der Zerbrochne Krug*: UA neg. [13ö44, 51n]	L d: 3.3.1808, 0.05 AS 0♐: NE 4♐ IC 23♓: MA 23♓ L c: 5.6.1747, 7.37 IC23♊: SA 20♊	L d: 25.2.1808, 16.07 IC 22♏: SA 22♏
21.11.1811 Selbstmord mit Henriette Vogel am Wannsee [13ö20, 52n30]	L d:1.11.1811, 3.39 IC 16♑:...MA 24♑ MC 16♋:... JU 6♋ HL d: 15.11.1811, 10.59 MC 24♏:MO 14♏, UR 19♏, ME 20♏, SO 22♏ ... VE 1♐	L d:26.10.1811,23.36 IC 14♏: UR 18♏ HL d: 9.11.1811,3.49 IC 26♑: MA 30♑ HL c:18.3.1742,12.56 AS 14♌: SA 16♌

Franz Grillparzer

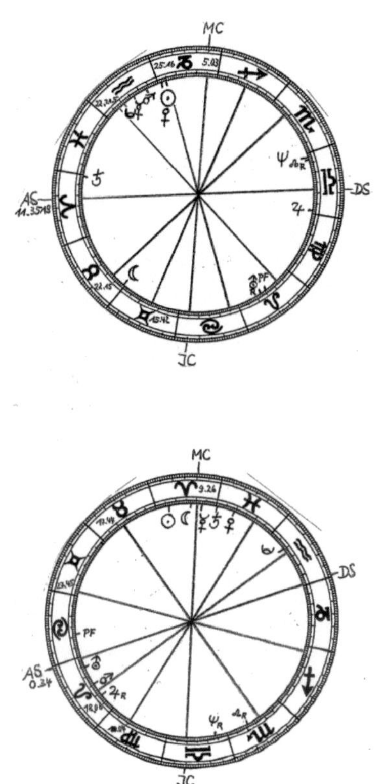

Der österreichische Dramatiker teilt interessanterweise bis auf zwei Bogenminuten genau den Radix-Sonnenstand mit Molière.

Franz Grillparzer	RADIX: 15.1.1791,	EPOCHE: 13.4.1790,
16ö21, 48n13	9.3731 (11♈3518)	10.0212 (11♈42)
(Wien)	[RAMC 275.3004]	[RAMC 8.3952]

	RADIX	EPOCHE
SONNE (SO)	25♑18	23♈38
MOND (MO)	29♉27	11♈42
MERKUR (ME)	13♒18	7♈
VENUS (VE)	28♑27	20♓39
MARS (MA)	6♒41	14♌54
JUPITER (JU)	1♎32	21♌16 (r)
SATURN (SA)	0♈50	29♓24
URANUS (UR)	12♌56 (r)	5♌26
NEPTUN (NE)	27♎37	24♎8 (r)
PLUTO (PL)	19♒30	20♒21
MONDKNOTEN (MK)	26♎33 (r)	11♏13 (r)
PARS FORTUNA (PF)	15♌45	18♋37

	RADIX	EPOCHE
MEDIUM COELI (MC)	5♑3	9♈26
XI	25♑16	17♉44
XII	22♒21.5	27♊45
ASZENDENT (AS)	11♈3519	0♌34
II	22♉15	18♌6
III	15♊42	10♍4

Ereignisdaten	*Direktionen RADIX*	*Direktionen EPOCHE*
1.3.1792 Bruder Karl geb.	ME d 180 PF 10' ME c 180 UR +10'	III pro 150 MO -1'
15.8.93 Bruder Kamillo geb.	III c 120 ME -4'	III c 150 ME +1' MO c 0 ME ex.
12.10.1800 Bruder Adolf geb.	SO c 150 III -1' IC re 150 SO +3' ME re 0 VE ex.	IC d 150 VE -4' SO c 0 MO +6' MA c 0 UR +5'
22.11.04 Beginn Vor-studium	AS c 150 UR +2'	AS d 90 MK -2' SO c 0 ME +6' SO re 0 MC -9'

(15.)7.05 Bekanntschaft Beethovens	PF d 180 VE +1' MA re 0 XI +1' / SO ex.	AS d 120 MO -2' PF d 0 AS -5' MK c 180 SO -8'
24.11.07 Beginn Jurastudium	AS d 90 UR 2' XI d 0 ME -9' SO c 0 ME -5'	MC d 0 VE -7' VE d 0 ME 9'
14.5.08 initiiert Gesellsch. zur gegenseitigen Bildung	III c 120 VE -3' PF c 180 XI +6' / SO +4'	III c 120 SO +4' SO pro 180 MK 1'
10.11.09 (plötzl.) Tod des Vaters / Famiile mittellos	PL pro 45 MC ex. VIII c 180 abst.MK +8'; UR c 120 VIII ex.	AS d 0 MA -9' NE pro 180 SO -1'
12.1.11 erhält Absage für Praktikum Hofbibliothek	MA pro 180 VI 7' MO d 120 XII 1'	AS pro 0 MA -4' SA d 120 JU -4'
18.3.12 findet Arbeit bei Graf von Seiler	MC c 0 IX +9' XI c 0 MC -8' SO c 0 MC -7'	IX c 0 PL -4' MK pro 60 III ex. UR d 0 JU -6' PF d 0 UR 7'
(1.)10.12 Typhus	XII c 0 SO +8' JU pro 180 SA ex.	NE c 180 SA +8'
26.2.13 unbesoldeter Praktikant Hofbibliothek	MC d 0 SO 2' / XI 4' JU d 150 III 3'	MC c 150 MA +3' JU d 150 MC 3' SO d 90 II ex.
26.11.13 Aufnahme ins Finanzministerium	AS d 0 II ex. SO d 45 MC 1'	JU d 0 III 4' II d 150 ME -1'
2.3.15 Konzeptspraktikant	MC pro 0 VE -7' ME re 0 MC +3' [MC c 60 ME -9'] XII d 0 SA ex.	MC d 90 UR 4' SO pro 0 XI 4' MK c 180 MO +6'

5.6.16 ohne Wissen in Intrige gg. Joseph Schreyvogel verwickelt	NE c 90 III +3' SA re 60 MO -1'	XII d 150 PL -4' SA re 135 MK ex.
22.6.16 Beginn der Zusammenarbeit mit ihm	MC d 0 VE ex.	ME c 180 III +3'
31.1.17 *Die Ahnfrau*	AS pro 120 VE -4'	MK c 180 MC +3'
30.6.17 auslösende Idee für *Sappho*	MC d 120 MO -2'	AS re 120 MK +1' VE pro 120 UR 1'
14.11.17 Selbstmord des Bruders Adolf	VIII c 135 MO +3' IC pro 120 SA 4' MA re 150 III -2' SO pro 0 XII 10'	DS d 0 PL 8' NE d 45 IC 4' VE re 0 SA ex. MA re 45 XII ex.
1.5.18 Hofdichter auf 5 Jahre (21.4.: *Sappho*)	AS d 120 VE ex. AS re 0 ME -7'	MC re 30 MO ex. III c 0 MA -3'
23.1.19 Selbstmord der Mutter	IC d 120 SA 4' AS d 0 MO -1'	DS pro 0 PL 12' IC c 135 SO +3'
24.3.19 Italienreise	AS d 0 MO 12' JU c 180 ME -4'	AS d 0 JU 11' SO c 0 VE +1'
(31.)7.19 verspätet zurück / Probleme i. Amt	NE c 45 XI ex. / SO -1'	IX d 0 ME 4'
(ca. 1.10.)19 Charlotte von Paumgartten wird heiml. seine Geliebte	IC d 60 JU 1' VE re 60 XII -1' [AS c 45 SA +6']	VE re 60 DS -2' MO d 180 MK 8'
1.12.19 Rechtfertigungsbrief an die Zensurbehörde	DS c 0 PF -6' XI c 135 UR ex. SA c 0 ME +4' MA pro 90 MO 3'	AS d 135 ME -3' MA pro 135 MC 1'
2.8.20 Erholung in Gastein	AS d 120 JU -5'	AS c 90 ME -2' IX pro 0 ME -2'

26.u.27.3.21 UA *Das Goldene Vließ* – (ca.) März: Verlobg. m. Kathi Fröhlich	UR pro 120 AS 2'	ME pro120 MC (60 IC)-4' UR d 120 VI -3'
17.6.21 Probleme im Amt und mit Kathi	DS c 180 ME -5' III d 150 ME 3' SA d 0 MO -2'	DS c 135 JU -3' ME pro 90 III 1' SA pro 135 V -2'
10.8.21 Graf Stadion gibt ihm eine bessere Stelle	DS c 0 UR +3' III pro 45 MO 3' UR pro 120 AS 1'	MO c 30 ME -2'
17.3.22 Tod Marie von Piquots, die ihn heimlich liebte	IC d 120 MA -3' III c 90 ME +2' AS re 0 MA -2' UR pro 120 AS ex.	IC c 30 UR -3' SA c 120 XII -1' MA c 0 PF -7' SA pro 45 XI 2'
9.7.23 Konzipist	SO re 120 II -2' MO re 60 VE -2'	SO re 0 VE +10' VE re 45 XI -4'
(15.)12.23 verlangt von der Zensur vergeblich Auskunft	MC pro 0 MA -1' ME d 0 SA 9'	MC d 45 SA -4.5' NE d 120 AS -1'
19.2.25 UA *König Ottokars Glück und Ende* – böhm. Gegnerschaft	MC d 0 MA 2' VE re 180 III -9' MO d 180 MC 11'	VE d 0 SO 10.5'
(15.)11.25 erste Affäre mit Marie v. Smolenitz	AS c 0 MA -5'	V d 120 SO -4'
19.4.26 Hausdurchsuchung (Affäre „Ludlamshöhle")	ME d 45 PL ex.	NE re 45 III -1.5
21.8.26 Deutschlandreise	ME d 90 MC -2' ME pro 0 MA -5' MA c 90 JU +3'	AS d 135 MO 4' JU d 180 VE -4' SO re 60 XI -2' JU re 120 SO ex.

29.9./2.10.26 Treffen mit Goethe in Weimar	MC re 60 VE -1'	JU d 180 VE 2' JU re 120 SO ex. XI pro 0 ME ex.
29.3.27 hält Grabrede auf Beethoven	JU d 30 MC 4' JU re 120 MO -2' MO pro 120 XI -2' / SO -4'	III c 120 ME +1' SO pro 60 SA 2'
16.9.27 Tod Charlotte von Paumgarttens	VE d 135 NE ex.	XII d 120 SA ex. MA pro 60 XII ex. VE c 45 SA +5' DS pro 45 MO 4'
(10.)11.27 Rede zum Beethoven-Denkmal	AS d 135 SO 1' JU re 120 MO -2' ME c 0 MC -5'	MA pro 60 XII 4'
28.2.28 UA *Ein treuer Diener seines Herrn*: Erfolg, doch am 4.3. will Kaiser das Manuskript exklusiv für sich erwerben	JU re 120 MO 2' ME d 45 XII -4' / 45 II 3' II d 90 SA 4' II c 45 ME -3' DS re 90 NE -1'	ME pro 60 JU -2' III d 60 MA 4' NE re 45 III ex.
(1.)8.30 Erkrankg. Kathis	DS d 45 VE -3' IC pro 0 UR ex. SA c 0 VE -6'	IC c 135 MO +1' MO pro 180 SA -3' MO re 0 NE ex.
(1.)12.30 neue Wohnung, v. d. Schwestern Fröhlich entfernt	IC c 120 VE ex. IC pro 180 ME -3' IX re 0 NE ex.	AS c 0 XII +6' JU re 60 NE ex. [IC d 90 JU -7']
5.4.31 UA neg. *Des Meeres und der Liebe Wellen*	NE d 120 VI 1' VI pro 90 SO ex.	MA d 45 AS ex. SA d 180 MK -1'
16.7.(bis 26.8.)31 strapaziöse Fußreise, um von Marie von Smole-	IC d 0 UR 1' MA re 180 IC +4' SA d 120 DS 5'	JU re 60 NE ex. VE pro 150 V ex.

nitz loszukommen	MA d 180 JU ex.	
13.11.31 beantragt neuen Posten	MC d 0 ME -2' AS c 0 VE -2' UR d 180 AS 6'	MC d 45 ME 4' VE pro 120 II -3' VIII pro 0 VE 1'
23.1.32 Direktor des Hofkammerarchivs	MC d 0 ME 10'	MC pro 90 JU 1' III re 0 UR +1' ME d 60 VE ex.
10.4.33 Audienz beim Kaiser / Krise	AS c 90 MK +4' MK c 60 AS -3' SA pro 90 IC -4'	PF d 0 JU 2' VE c 120 DS -3'
4.10.34 UA pos. *Der Traum ein Leben*	MO pro 90 AS -2' JU c 30 VI ex.	MO pro 120 AS ex. MO re 0 JU -6' SO d 60 MC -1' JU pro 120 SO 1' ME c 180 JU +5'
30.3.36 Reise n. Fkr. u. Engl. nach Trenng. von Heloise Hoechner	[AS d 120 PL -6'] V c 135 VE +2' NE c 180 ME -2'	UR c 0 XII +7' XII pro 0 UR 7'
28.6.36 zurück/Proble-me Br. Karl, der sich des Mordes bezichtigt	IX c 0 MK -3' JU d 0 IX -4' NE c 0 UR -1'	MC c 30 VE +4' UR c 0 XII -7' XII c 45 VE +3'
6.3.38 UA neg. *Weh dem, der lügt* - Rück-zug vom Theater	MC d 0 PL 3'	III d 0 NE ex. AS re 120 NE -1' VE pro 180 NE ex.
27.8.43 Reise nach Griechenland	MO pro 60 IC -1'	SO d 30 XI ex.
13.10.43 wg. Revoluti-on in Athen vorzeitige Rückreise	AS c 135 MO -4' ME re 45 MC ex.	AS d 45 NE -5' NE c 45 IC +4'
15.3.45 unterschreibt Petition zur Aufhebung	DS c 30 UR -3' NE d 0 MC 5'	AS d 0 III 1' SA d 45 MC ex.

der Zensur

27.6.47 Mitglied Akademie der Wissenschaften	XI d 180 JU -3' MK d 0 MC 8' ME d 120 MC -3'	DS d 30 MO 2' SO d 60 JU ex.
2.(bis 28.)9.47 Reise nach Deutschland	XI d 180 JU 11'	MC d 60 ME 3' ME d 60 UR 1'
5.11.47 Brief von Heloise Hoechner aus Rumänien (s. 30.3.36)	IC d 90 MO -5' XII c 45 MA -4' NE d 45 XII 3'	DS pro 30 MO ex. XI re 120 MK +2'
13.3.48 Revolution in Wien (Ende März: letzter Brief Heloises)	DS d 90 SA ex. III d 180 MA ex. VIII c 60 NE -2'	MC c 180 PF +8' UR d 120 XI 1'
1.7.48 wird v. Revolutionären verspottet wg. Radetzky-Ged. v. 8.6.	III pro 180 MA 10' MO c 90 III ex. MA d 90 SO ex.	III c 0 PF -8' NE d 120 SO 4'
15.3.49 Ritterkreuz d. Leopoldsordens	UR d 0 III -3'	MC re 60 MO -1'
26.1.50 Heinr. Laube bereitet m. e. Zeitungsbeitrag Neuaufführungen vor	XI c 60 JU -5' SO re 60 XI ex. SO c 60 JU -3' III re 180 JU -1'	PF c 0 XI +8' SO pro 60 JU 1'
9.5.55 Ehrenmitglied des Leipziger Schillervereins	III d 0 UR ex. XI d 0 AS -4' SO d 0 AS 9'	VE re 120 AS -1'
17.4.56 Pensionierung / Ernennung zum Hofrat	SO pro 0 SA 9' MC re 180 abst.MK +10' III c 180 JU ex. VE c 180 MO ex.	[MC d 60 MA 6.5'] VE pro 135 VI 1' III c 90 MO -1' ME c 0 DS -9' XI d 120 VE ex. VE c 180 PF +5'

10.11.59 Dr. h. c. anl. Schiller-Säkularfeier	ME re 0 MK +9'	DS d 0 VE ex.
15.4.61 widerwillig Mitglied d. Herrenhauses	MC d 45 VE ex. VI c 135 SO +2'	ME re 150 AS -1' III d 90 MA -3'
25.10.61 peinl. fam. Lage durch Dienstvergehen des Neffen	IC c 180 NE +7'	MA d 0 IC 12'
16.6.63 stürzt von der Treppe	SA d 90 AS 4.5'	MA pro 45 AS -4' III c 135 PL -1'
15.1.64 Wiener Ehrenbürger	[MC c 90 SO +7'] III c 45 MA -3' MA c 180 MO -4'	DS d 30 SO 2' MC c 90 NE -4'
18.10.65 Badener Ehrenbürger	PF d 180 MO 4'	MC d 60 SO 2'
21.3.68 stimmt gg. das Konkordat d. Regierg. u. für Meinungsfreiheit	XI d 180 NE -3' MA pro 45 XII -2' UR d 180 MO 1'	SO d 60 III -1' SA d 135 DS -2'
15.1.71 Verdienstorden und (geringe) Ehrenpension	II c 0 VE -7' (II d 180 MA -8')	ME pro 30 AS -3' SA d 60 II -1'
21.1.72 stirbt unerwartet	NE pro 180 abst.MK 2' abst.MKre30SA ex. abst.MKc 45ME ex.	AS d 180 SA 4' IC d 90 SA -4'

Franz Schubert

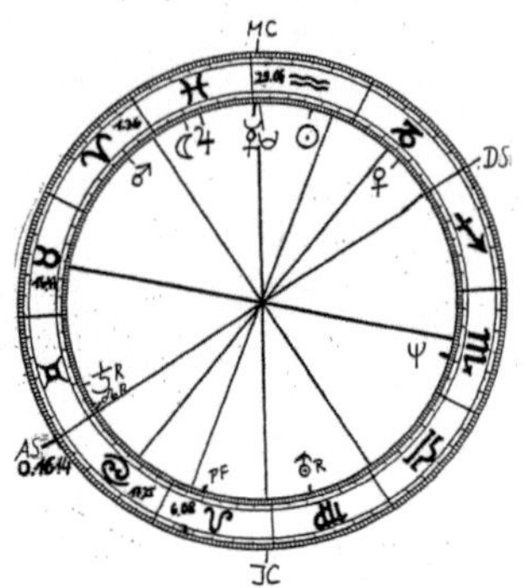

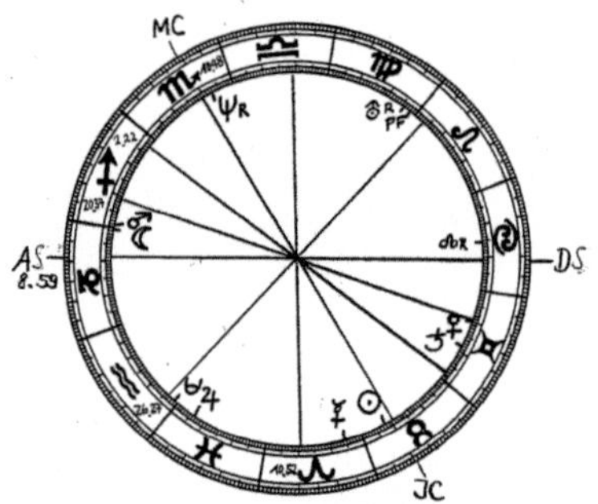

Franz Schubert	RADIX: 31.1.1797,	EPOCHE: 26.4.1796,
16ö21; 48n13	12.1446 (0♋1614)	23.0530 (0♑21)
(Wien)	[RAMC 331.1350]	[RAMC 218.2241]

	RADIX	EPOCHE
SONNE (SO)	12♒13	7♉21
MOND (MO)	20♓29	0♑21
MERKUR (ME)	29♒50	24♈33
VENUS (VE)	12♑55	20♊12
MARS (MA)	10♈15	29♐5
JUPITER (JU)	15♓42	6♓48
SATURN (SA)	21♊17 (r)	12♊2
URANUS (UR)	11♍53 (r)	3♍55 (r)
NEPTUN (NE)	10♏42	7♏11 (r)
PLUTO (PL)	28♒12	28♒55
MONDKNOTEN (MK)	29♊37 (r)	14♋25 (r)
PARS FORTUNA (PF)	8♌33	1♍58
MEDIUM COELI (MC)	29♒6	10♏48
XI	1♈36	2♐22
XII	16♉47	20♐37
ASZENDENT (AS)	0♋1614	8♑59
II	17♋35	26♒27
III	6♌8	10♈52

Ereignisdaten	_Direktionen RADIX_	_Direktionen EPOCHE_
17.12.1799 Geburt und Tod einer Schwester	III d 180 PF 6' MA d 135 IC 3' MO c 90 SA -1'	IC d 60 MK 1' IC c 180 NE -3'
17.9.1801 Geburt einer Schwester	III d 120 MA -4' MK re 120 ME +2	DS d 0 MK 10' MK c 0 DS -6'
6.8.06 Tod einer Großmutter	AS c 0 SA -2'	AS c 0 MA +10' SA d 0 VE 3' XII c 180 SA -3'
(1.)10.08 Internat	AS d 90 MA 2' JU d 90 AS -1'	MO d 60 MC 5' / 90 III 1'

28.5.12 Tod der Mut- ter	AS d 135 PL 3'	AS d 135 SA 2' MO pro 90 IC 1'
25.4.13 2. Heirat Vater	VE c 60 MC +5'	IC re 0 ME -10'
4.10.13 Lehrerkolleg	MC c 0 SO +7' JU d 120 III 4' SO pro 0 MC -2'	VE pro 180 AS ex.
22.1.14 Geburt einer Halbschwester	IC c 180 SO -10' III re 120 MO -4'	MO re 60 JU -3'
19.8.14 Hilfslehrerdi- plom	ME re 180 III +5'	VE d 180 AS -6' MO pro 60 MC -4'
16.10.14 UA Messe / verliebt	MA c 60 XII -1' IC re 120 MA -2' MK c 90 UR -4'	MC c 135 JU +1' VE d 0 DS 3' AS c 45 NE -1'
8.4.15 Geburt einer Halbschwester	SO d 180 IC -8' VE re 90 MO ex.	AS pro 30 MO -1'
(1.12.)15 berufl. Ent- täuschg. / eine Heirat finanziell nicht möglich	MC c 60 MA -2'	MC re 135 JU +3' AS re 45 NE ex.'
30.12.17 verläßt El- ternhaus	ME c 180 PF -6' JU pro 0 MO 2'	IX d 180 SO 5' MO c 60 IX +1'
1.11.18 Ende erster Ungarnaufenthalt	XII d 90 UR 3'	UR d 90 AS -4' MA c 60 IX +2'
(seit [ca.]15.3.)23 Sy- philis	VE pro 135 AS -2' [MA re 90 SA +7.5']	SO d 90 UR -2' [AS d 120 SA 9']
ab (15.)5.23 im Hospi- tal (bis Nov.)	MA re 90 SA ex. JU c 90 XII +3'	AS pro 120 SA 2'
19.11.28 stirbt	PL pro 180 IC ex. SO d 180 UR -4'	IC d 0 SA -3'

Hector Berlioz

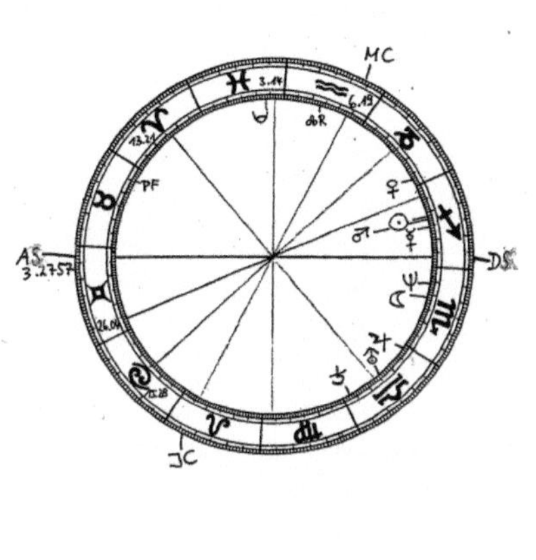

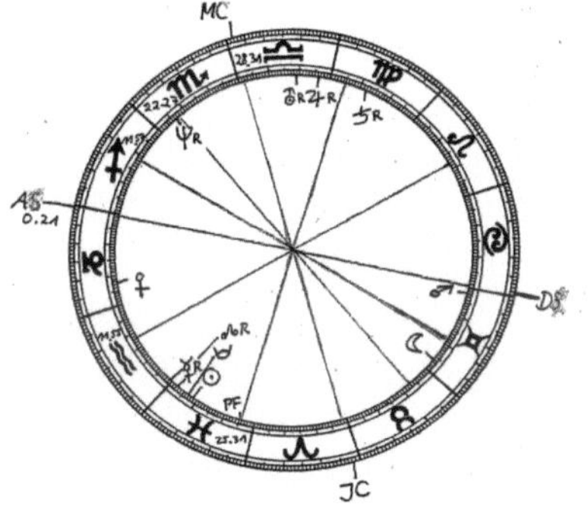

Hector Berlioz	RADIX:11.12.1803,	EPOCHE: 28.2.1803,
5ö15, 45n23	14.5623 (3♊2757)	2.5703 (3♊24)
(La Côte-St.-André)	[RAMC 308.4222]	[RAMC 206.2907]
	MDO VE 50.47 (4)	MDO ME 50.51 (2)

SONNE (SO)	18♐41	8♓37
MOND (MO)	19♏36	3♊24
MERKUR (ME)	14♐31	29♒54 (r)
VENUS (VE)	3♑2	22♑40
MARS (MA)	17♐45	28♊6
JUPITER (JU)	28♎52	3♎43 (r)
SATURN (SA)	2♎37	18♍1 (r)
URANUS (UR)	15♎26	10♎40 (r)
NEPTUN (NE)	24♏25	23♏46 (r)
PLUTO (PL)	6♓16	6♓40
MONDKNOTEN (MK)	17♒1 (r)	2♓11 (r)
PARS FORTUNA (PF)	4♉23	25♓8

MEDIUM COELI (MC)	6♒19	28♎31
XI	3♓14	22♏27
XII	13♈21	11♐57
ASZENDENT (AS)	3♊2757	0♑21
II	26♊4	11♒55
III	15♋28	25♓31

Ereignisdaten	*Direktionen RADIX*	*Direktionen EPOCHE*
(30.)10.1821 Paris: studiert Medizin	MO d 180 AS 8' [SA pro 120 AS -5']	MC c 45 NE +2' XII d 0 MA -5'
28.8.26 Immatrikulation für Musik	MC d 120 JU 5'	MC c 0 JU -5' AS c 60 UR ex.
11.9.27 wirbt vergebl. um Harrieth Smithson	DS c 0 JU -8' SA pro 120 AS 2'	DS pro 120 NE 3'
10.7.28 kein Rompreis	SA c 45 III -1'	MC d 0 NE 6'
21.8.30 gewinnt ihn	MC d 60 VE 2'	JU pro 90 AS -1'

2.5.32 bricht vorzeitig Romaufenthalt ab	AS d 90 SA -5' UR c 90 AS +1'	XI d 90 SA 3'
9.12.32 Harrieth kontaktiert ihn nach *Symphonie fantastique*	DS d 0 VE 2'	IC d 30 MA -1'
3.10.33 sie heiraten	VE c 0 DS +6' (MC d 0 PL 3')	DS d 60 MO ex.
14.8.34 * Louis	AS d 135 MO -3.5'	IC c 0 PF -4'
16.12.38 *Harold in It.* / 20.000 frc v. Paganini	ME d 180 III ex. SO d 60 MO 3'	MC d 60 JU 4'
24.11.39 erfolgreiche UA *Romeo und Julia*	MC c 0 VE -2'	SO c 60 III ex.
(15.10.)41 Ehe zuende	DS c 0 SA +7'	SA d 120 SO ex.
20.12.46 fin. Rückschlag (*Faust*) zwingt ihn zu Dirigiertourneen	II d 135 MA -2' SA pro 120 AS 2'	(AS d 30 VE 4') [ME re 90 MC +7']
4.8.48 erfährt vom Tod des Vaters	SA pro 120 AS ex.	AS c 0 NE +8'
3.3.54 Tod Harrieths	NE c 180 XI +6'	SA d 0 XI 5'
19.10.54 heiratet 2. x	JU re 60 SO ex.	IC c 150 JU -2'
13.6.62 Tod d. 2. Frau	SA pro 90 VE -1'	MA re 0 DS ex.
19.12.64 Besuch des Sohnes	AS d 90 JU ex.	JU c 120 III ex.
5.6.67 Fiebertod des Sohnes in Übersee	DS c 0 abst.MK +5' VIII c 45 NE +1'	SO pro 90 VIII 2'
8.3.69 stirbt	IC c 90 PL ex.	XII c 30 SA ex.

Robert Schumann

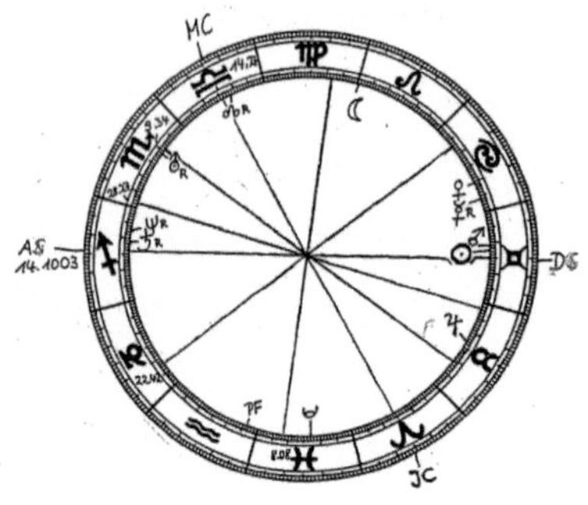

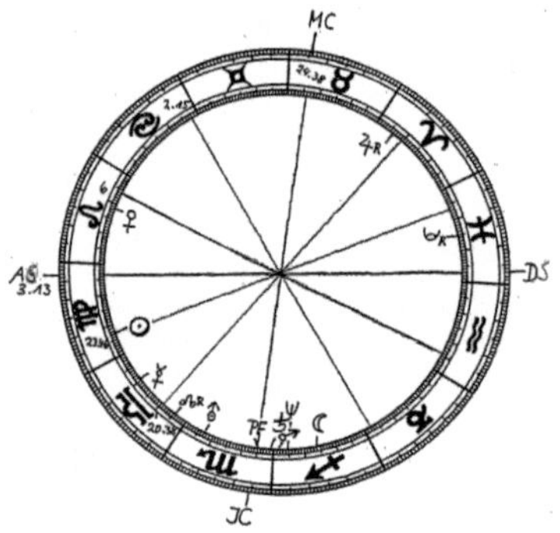

Die akribischen Nachforschungen des Kölner Psychiaters Uwe Henrik Peters legen den Schluß nahe, daß Schumanns „geistige Umnachtung" ab 1854 in den Bereich der Legende gehört. Die Schwierigkeiten, denen sich der Komponist in seiner Stellung als Düsseldorfer Musikdirektor und in seiner Ehe gegenübersah, bilden sich im Radix unter anderem in einer länger anhaltenden Sekundärdirektion Saturn zu Medium coeli/Imum coeli ab.

<u>Robert Schumann</u>
12ö29, 50n44
(Zwickau)

RADIX: 8.6.1810,
18.5717(14♐1003)
[RAMC 193.1757]

EPOCHE: 16.9.1809,
3.0033 (14♐7)
[RAMC 52.1552])

	RADIX	EPOCHE
SONNE (SO)	17♊14	22♍48
MOND (MO)	29♌45	14♐7
MERKUR (ME)	3♋52 (r)	9♎44
VENUS (VE)	9♋19	11♌39
MARS (MA)	19♊6	1♐46
JUPITER (JU)	17♉25	23♈15 (r)
SATURN (SA)	11♐36 (r)	28♏51
URANUS (UR)	10♏52 (r)	7♏14
NEPTUN (NE)	7♐24 (r)	4♐21
PLUTO (PL)	17♓5	14♓37 (r)
MONDKNOTEN (MK)	11♎27 (r)	25♎31 (r)
PARS FORTUNA (PF)	26♒41	24♏33
MEDIUM COELI (MC)	14♎27	24♉38
XI	9♏34	2♋15
XII	28♏27	6♌
ASZENDENT (AS)	14♐1003	3♍13
II	22♑42	23♍46
III	8♓8	20♎38

Ereignisdaten	*Direktionen RADIX*	*Direktionen EPOCHE*
(10.)4.1820 Abschluß am Lycäum	MC c 90 ME +3'	AS d 45 MK 4' XI d 30 VE -2'
19.5.25 gründet Schülerverbindg. gg. einengende geistige Schulzustände	MA d 90 III -2' SA c 0 XII +10'	AS d 90 MO 2' AS re 120 JU ex. ME d 180 JU -3' SA d 0 MO -3'
12.12.25 gründet weitere Schülerverbindg.	PF d 0 PL 4' XII d 30 UR ex.	DS d 0 PL -4' <XI c 0 SO +1' E/R>
(15.3.)26 (März/April) verliebt in 2 Frauen	VE pro 120 XII ex. MA pro 0 MO ex.	DS d 0 PL 6' V d 45 MA 2'

10.8.26 Tod des Vaters	MC pro 135 SO 2' UR c 45 SA -1'	MC d 45 abst.MK ex. abst.MKpro30MCex.
22.4.27 Heirat des Bruders Carl	XI d 135 VE -1.5' VE pro 30 MO 1.5'	IC c 0 UR +3'
15.3.28 Reifezeugnis m. Auszeichng.	ME d 30 JU +2'	VE pro 0 AS 1' JU re 30 MC -1.5'
29.3.28 geht n. Leipzig (Immatrikulation Jura)	AS pro 120 MO -1'	IX d 180 UR -8'
20.10.29 nach länge- rer Reise in Heidelberg	AS c 90 MO +1' SO d 0 ME 6'	SO re 0 AS +4'
10.(bis 13.)6.30 Zwi- ckau: Mündigsprechg. u. Auszahlg. d. väterl. Erbes (begleicht an- schl. seine Schulden)	JU d 30 ME ex. VIII d 90 JU -3'	IC d 0 MO -4' SA c 135 VIII ex.
30.7.30 Brief a. d. Mut- ter: Musik studieren	UR c 45 III -5' <MCc0SO+4' R/E>	MC d 180 MO 3.5' PF d 0 MO -2'
20.10.30 Leipzig: Mu- sikstud. / Hausnachbar von Familie Wieck	VE re 120 MC ex. MA d 60 IX -4'	SO re 60 XI +4'
12.7.31 erste Theo- riestd. b. Heinrich Dorn	AS c 180 VI +6' MK d 120 ME 2'	JU c 30 DS ex.
21.9.31 vorläufig letzte Klavierstd. bei Wieck / Lähmung rechte Hand	AS c 0 XII -2'	SO c 45 III -2'
7.11.31 Publikation der *Abegg-Variationen*	ME c 120 MC +2'	JU pro 180 III 3' VI d 60 JU 2'
24.2.32 erste Rezensi- on dazu erscheint	AS d 135 JU 2' ME c 0 DS ´5'	JU pro 180 III ex.

25.4.32 verläßt Theorieklasse	ME c 0 DS -3' MA d 120 XI 1'	ME d 45 MO ex. JU pro 180 III ex.
22.5.32 Finger „wirklich incorribile" / versucht eine „Cigarrenmechanik"	MA pro 0 ME 1' XII re 0 UR -5' XII re 90 PL 2' / 180 SO -8'	SA d 60 III -2'
6.11.32 keine Besserung der Hand	XII c 0 UR +3'	ME re 90 SA ex. SA d 135 XII -4' MA d 90 SO 4'
28.6.33 erfolglose Handbehandlung	XII d 90 PL -1' XII d 180 SO -10'	III c 60 SA +4'
1.8.33 Clara Wieck widmet ihm ihr Opus 3	DS d 0 ME -4' SO pro 0 VE ex. II c 120 MO +1'	XI d 90 JU -4' SO d 60 VE ex.
17.10.33 n. d. Tod der Schwägerin (Cholera) Zuspitzung Krise	XII d 180 SO 5' <PL pro 90 AS ex. E/R>	MA d 90 VIII -3' XII c 135 MA ex. PL pro 90 MO 3' <IC d 90 PL +2' E/R>
18.11.33 Tod des Bruders Julius	SO c 45 IC +4.5' MO pro 90 IC -2' <PL pro 90 DS ex. E/R>	MA d 90 VIII 2' XII c 135 MA -4' MA c 0 UR -2'
1.1.34 bezieht Wohng. m. Louis Schuncke	ME re 60 IC -4'	ME pro 90 VE ex.
3.4.34 gründet *Neue Zeitschrift für Musik*	MO re 0 MC -7' VE pro 150 III 2'	MO re 120 SO ex. VE c 60 SO +2'
2.7.34 teilt Mutter Absicht mit, Ernestine v. Fricken zu heiraten	[IC d 60 VE 6'] III d 90 VE -2' AS c 45 ME -2'	SO c 0 AS +7'
7.12.34 Tod Schunckes (TBC) / Probleme	JU d 45 VIII -3' JU c 135 SA -3.5'	ME re 90 MC +4' SA d 90 SO 1'

wegen Ernestines in Asch	IXpro180abst.MK3' XII c 120 VE -3'	<NE c 0 XI +5' E/R> <IX d 0 ME 7' R/E>
10.4.35 Clara Wieck in L. zurück / Annäherg.	V c 30 JU -2' SO d 0 VE ex.	IC c 45 MO ex. V c 135 JU -5'
(n. d.) 30.8.35 Freundschaft m.Mendelssohn	MC c 120 JU ex.	ME re 120 JU -1' MO re 180 XI +10'
25.11.35 erster Kuß mit Clara / (4.12.:) gibt Ernestine den Laufpaß	MC d 0 UR -2' XII d 180 MA ex. IC c 90 SO -4'	SO c 120 V ex. MO pro 0 SA -4'
4.2.36 Tod der Mutter	IC c 0 PL -7' <ICd180MA 7'E/R>	MO d 45 IC -2' MO pro 0 MA -9'
8.4.36 Wieck spricht Besuchsverbot aus	III d 120 SA -2' / 0 abst.MK 7'	SO pro 135 DS 4' MO pro 180 MC 6' / 0 PF11' / 45 ME ex.
9.9.37 Aussprache m. Clara n. langer Trenng.	DS pro 0 VE -6' NE d 30 XII -2'	AS d 0 SO -2' VE d 0 AS ex.
15.10.37 Clara fährt nach Wien ab	MO re 135 IC -4' ME re 90 III (IX) -5' NE re 90 III (IX) ex.	UR d 90 DS -3'
11.3.38 Wieck unter Konditionen zu Eheerlaubnis bereit/Pläne,m. Clara in Wien zu leben	XI c 45 MO -2'	MO c 135 XI +2'
22.5.38 Besuch Wieck	XI d 150 ME ex.	DS d 30 JU ex.
8.6.38 Geburtstg.m.Cl.	VE d 120 AS ex.	DS d 30 JU 3'
8.8.38 Wieck erneut gegen d. Heiratspläne	MA c 180 XII -8' NE re 90 III ex.	MA c 120 XI ex. VE c 135 NE +1'
3.10.38 Schumann	IX d 45 MO 1'	MC c 180 MK ex.

geht nach Wien		PF c 0 MK -6'
18.10.38 Verhandlun- gen bzgl. Übernahme der Zeitschrift durch Haslinger scheitern	JU re 180 UR ex. MA pro 120 III ex. SA c 135 ME -1' NE re 90 III +1'	MC c 180 MK -3' VE re 45 MC -1' SO re 90 IC -1.5' II d 45 MA 4'
(15.)12.38 Krise	SO pro 90 MC ex. SA d 180 ME -4' NE re 90 III +1'	XII d 90 SA ex. XI c 180 NE +6'
8.4.39 zurück in Leip- zig	AS d 180 VE 4' VE pro 120 AS 2'	UR d 0 NE 9' AS pro 45 UR 2'
16.7.39 gerichtl. Hei- ratsgesuch m. Clara	III d 135 MA ex.	AS re 120 MO -4.5' <AS c 60 SO +3' R/E>
2.10.39 Wieck bleibt der Verhandlg. fern	III c 150 ME ex. NE re 90 III +2' JU d 180 SA 7'	III c 150 JU -2' SA c 45 MO -3'
18.12.39 Wieck beleid. Schumann vor Gericht	ME c 90 III -4' NE re 90 III +2.5'	MC d 90 SO -4'
24.2.40 Dr. h. c. der Uni Jena (für musik- journalist. Leistg.)	VE c 120 MC +4'	III c 0 SO +2' AS pro 0 SO 3' SO re 120 JU +3'
1.8.40 gerichtl. Hei- ratserlaubnis	VE c 0 DS ex. VE d 60 SO 1' MA pro 0 VE 1'	MC d 60 JU 3' SO pro 180 JU -2' MO re 180 JU -8'
12.9.40 Heirat	AS d 60 UR ex. VE c 0 DS -6'	AS c 0 VE +1'
1.9.41 * Marie	V c 180 MK +7' VE pro 150 PL ex.	AS d 30 MK 3' V c 0 MA -6' <V c 120 VE -4' R/E>
11.3.42 Clara von Kiel	IX d 60 MA 4'	XII c 90 ME +1'

aus allein weiter auf Konzertreise	VE re 180 XII -4'	abst.MK d 180 IC 4' UR re 90 XII ex.
5.4.43 Dozentur	MC c 60 VE +3'	AS d 45 VE 2' MC re 0 JU +6'
25.4.43 * Elise	IC c 120 VE ex.	MA d 0 V 6' AC re 0 VE -6' AS d 45 VE 5'
25.1.44 begleitet Clara auf Konzertreise	MC d 135 ME 3' MO re 180 AS -4'	MO d 45 MA -3'
10.4.44 Station Moskau	MC d 150 MA 1'	XI c 180 SA +5' MA d 120 AS ex.
30.5.44 zurück in Leipzig	MC c 0 IX +1' JU re 180 XI -2'	MO re 60 XI +1' ME re 0 XII -2'
1.7.44 gibt Redaktion der Zeitschrift ab	MC c 180 III -5' MA d 135 III -2'	XI c 180 SA -9' VE d 0 SO ex.
20.11.44 Verkauf der Zeitschrift / Nachricht vom Tod Ernestines	AS c 150 MA ex. SA c 150 IC ex. SA d 60 XI 1'	JUd0MCex./180PF6' MAc180abst.MK +3' NE c 45 MO -3'
13.12.44 Übersiedelg. n. Dresden	AS c 150 MA -3' AS pro 120 JU -3' MK d 180 JU 7'	VE re 60 AS +3' JU d 0 MC 4' SO d 180 IX 2'
11.3.45 (7 h LZ) * Julie	JU re 60 VE +2' AS c 135 ME ex. IC c 90 NE -4'	<Vd 120 ME 2' R/E>
4.12.45 UA *Klavierkonzert a-Moll* / Krise Claras	JU c 60 SO -4' NE c 180 V -5'	[VE pro 120 MC -6'] VE re 0 XI +2' AS re 60 ME +3' XII d 90 NE -3'
8.2.46 (13.15 h LZ)	JU d 0 SO -5'	AS c 45 SO +4'

* Emil	MK pro 150 V ex.	V pro 60 MA +1'
1.5.46 Clara entdeckt R.s Sex-Eintragungen im Haushaltsbuch	DS d 60 PL -5' V c 120 NE -4'	DS d 120 SA ex.
15.7.46 langw. Bäder-urlaub auf Nordernay	AS d 150 SO ex.	XI d 120 NE 2'
1.1.47 neg. Resonanz in Wien	SO d 135 NE -3' SA re 0 AS -2.5'	AS c 90 UR ex. MK d 0 SA 5'
24.3.47 aus Berlin zu-rück	AS c 180 JU +3' UR c 30 IX -3'	UR d 120 VE ex.
22.6.47 Tod des Soh-nes Emil	V d 180 SA 8.5' SA re 180 DS ex.	SA pro 30 V -1' MA d 30 SO ex.
27.7.47 mit Hebbel am *Genoveva*-Textbuch	AS c 150 SO -1` / 180 JU -12'	SO c 120 JU -5'
5.11.47 Nachricht vom Tod Mendelssohns	AS c 120 PL +3' SA re 180 DS ex.	SA c 0 III -6' SA pro 150 XI 1'
20.1.48 * Ludwig	MO d 30 DS ex. IC re 120 ME +2'	<ICd120SOex.R/E>
9.6.48 Streit mit Liszt	MA pro 90 MC 4' SA re 0 AS +2'	III d 45 ME 1' XII c 150 NE ex.
9.4.49 Tod des Bru-ders Carl	abst.MKc 45 IC +1' MA d 45 DS ex. [SA re 180 DS +5']	III c 180 PL -4' VIII re 135 ME -1'
3.5.49 flieht vor polit. Unruhen aufs Land	UR d 60 MC -3' ME d 60 MA 1'	IX d 150 MK ex. ME d 135 IX +4'
16.7.49 * Ferdinand	SO re 0 V +3'	MC c 120 MO ex. JU pro 135 AS ex. V c 150 JU +3'

29.8.49 dir. Abschnitt a. d. *Faust-Szenen*	MC d 135 VE 1' VE pro 180 PF ex.	III c 90 MO +4' JU pro 135 AS ex.
17.11.49 Zusage DÜ	SO re 60 VE -1'	MO re 30 MC ex.
5.1.50 dir. *Peri*: Erfolg	JU re 60 III +3'	XI c 120 SO -1'
25.6.50 dirigiert *Geno-veva*-Premiere in Leip-zig	JU re 60 III -3' III re 45 NE ex.	AS c 60 MA ex. MC d 0 XI ex. XI d 45 SO ex.
2.9.50 Generalmusik-direktor in Düsseldorf	SO c 0 JU +7'	SO pro 60 AS 3' PF d 180 XI 5'
24.10.50 leitet 1. Abo-Konzert (neg.)	AS d 45 NE +4' III c 45 NE +1'	MA re 90 VI ex. ME c 90 NE ex.
4.3.51 erste Mißstim-migkeiten mit Orches-ter und Chor	VI c 135 SA -1' ME c 135 MC +2' VE pro 90 VI 2' ME re 180 UR +3'	DS c 60 NE -4'
19.7.51 Schweizurlaub	MO c 120 UR -4'	MK pro 180 JU 3' <ASd 90 JU ex.R/E>
25.8.51 Probleme m. Musikverein eskalieren	SA c 0 XI +2' [SA re 60 MC -4']	MA c 135 DS +2'
Nacht 30.11. auf 1.12.51 * Eugenie	IC d 135 MK 3' V pro 0 SO ex. MK c 180 PF +2'	IC c 60 VE -2'
15.4.52 Umzug	IC re 180 MO -5'	ME c 0 AS -8'
13.6.52 Uraufführung *Manfred* in absente unter Liszt in Weimar	MC c 0 MO +2' JU c 180 MK +6'	III c 30 VE +2' SO re 0 VE -9' MK re 180 JU ex.
9.9.52 (evtl.) Fehlge-burt Claras in Sheve-	SA re 120 IC -1' XII d 180 ME 4'	V d 120 ME ex. VE d 180 PL 8'

ningen	UR d 180 SO 5' IX d 135 SO -1'	IC pro 30 MA -3' V pro 90 UR 3'
30.9.53 Brahms' Be- kanntschaft	XI d 180 SO -2' VE d 180 III -8'	IC c 0 ME -5' MA pro 120 AS ex.
9.11.53 lehnt Vor- schlag des MV ab, nur noch eigene Werke zu dir. (beendet damit fakt. Dienstverhältnis)	SA re 60 MC +2' MC d 180 VI -6'	MC c 180 ME -12' XII d 135 abst.MK 2' AS re 120 NE ex. ME d 135 XI ex.
6.2.54 von Hannover- gastspiel zurück	IX d 120 ME 3' ME d 180 PF 6'	AS d 60 NE -4'
27.2.54 Krisis – Resul- tat: private Nervenheil- anstalt Endenich (4.3.)	AS d 45 SA ex. III c 150 MA ex. SA re 120 IC +3'	AS d 60 NE -1' (ex.) NE pro 45 III -2'
25.5.54 Liszts Wid- mung Sonate (in abs.)	MO c 120 III -3'	JU re 30 MC +2'
11.6.54 * Felix (Nach- richt lange später)	SO pro 135 AS 3' SO d 135 PL -2'	JU re 150 IC +2'
24.12.54 Besuch von Joseph Joachim	SO c 150 MC +3'	JU re 30 MC ex. MO pro 0 XII -4' XI d 0 VE 5'
2.4.55 Besuch von Brahms	VE re 150 MC -1' SO re 45 MA -1'	JU re 30 MC ex. XII d 30 VE ex.
5.5.55 letzter Brief an Clara	IC d 90 MO ex. MO c 45 SA 1'	NE pro 45 III ex. VE pro 60 XII 1' UR c 0 SO -4'
10.9.55 Anstaltsarzt bezeichnet Zustand Roberts gegenüber Clara als aussichtslos	AS c 30 SA -3'	MA re 60 AS +4' MA c 45 SA ex.

| 8.6.56 Geburtstagsbe-
such von Joachim | JU c 30 III -1' | IC re 0 ME +2'
III d 0 MA -6' |
| 29.7.56 stirbt | AS c 0 UR +5'
XII c 45 NE -4'
SA d 45 NE -2' | SA pro 90 AS ex.
SO d 135 PL 2' |

Franz Liszt

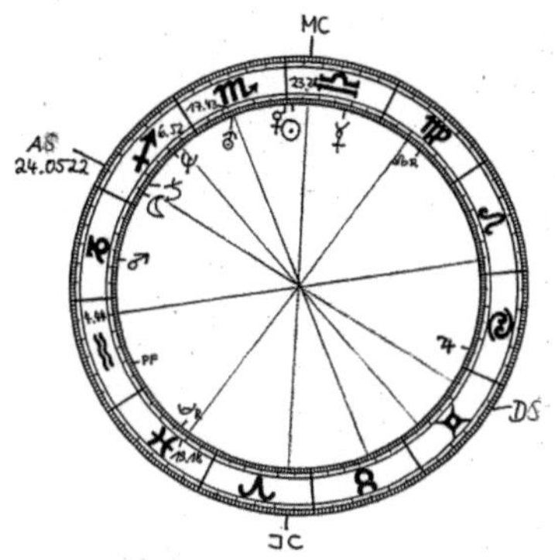

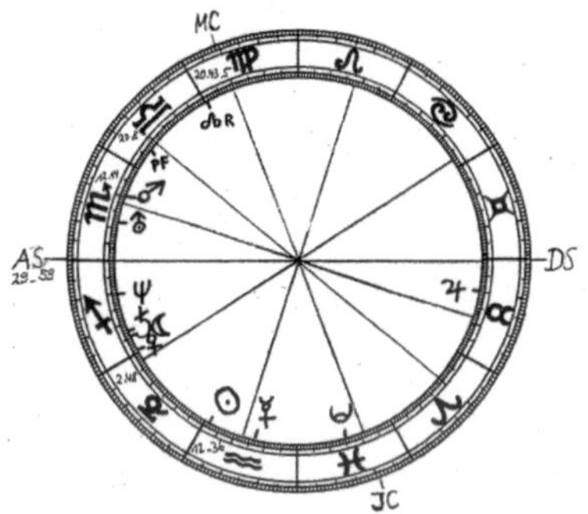

Das nächtliche Erscheinen eines Kometen im Herbst 1811 paßte zur Geburt eines Megastars und wurde entsprechend kolportiert, doch muß Franz Liszt den hier in Betracht kommenden Untersuchungen und aussagekräftigen Symbolabfolgen nach gegen Mittag geboren sein. Eine langanhaltende Sekundärdirektion Neptun in Spannung zu Medium coeli/Imum coeli im Radix scheint sinnfällig seine ziellos getriebenen Altersjahre und ihre unauflösbare Spannung zwischen Öffentlichkeit und Rückzug in ein katholisch-frommes Eremitendasein zu beschreiben.

<u>Franz Liszt</u>
16ö32, 47n34
(Raiding im Burgen-
land)

RADIX:22.10.1811,
10.2054(24♐0522)
[RAMC 201.4234]
MDO MA 69.36 (2)

EPOCHE: 22.1.1811,
2.1738 (24♐3)
[RAMC 171.2848]
MDO SA 69.21 (2)

	RADIX	EPOCHE
SONNE (SO)	28♎8	1♒14
MOND (MO)	25♐33	24♐3
MERKUR (ME)	11♎31	17♒4
VENUS (VE)	0♏46	29♐28
MARS (MA)	17♑17	9♏40
JUPITER (JU)	6♋15	21♉26
SATURN (SA)	22♐37	22♐32
URANUS (UR)	17♏52	18♏25
NEPTUN (NE)	9♐26	10♐30
PLUTO (PL)	16♓27 (r)	15♓31
MONDKNOTEN (MK)	14♍56 (r)	29♍25 (r)
PARS FORTUNA (PF)	21♒31	22♎48
MEDIUM COELI (MC)	23♎28	20♍43.5
XI	17♏43	20♎8
XII	6♐52	12♏14
ASZENDENT (AS)	24♐0522	29♏59
II	4♒44	2♑48
III	19♓18	12♒36

Ereignisdaten	*Direktionen RADIX*	*Direktionen EPOCHE*
26.11.1820 Konzert Preßburg / Stipendium	JU d 60 MK 1'	MC d 120 SO 4' II c 0 MO -4' VE d 0 II 3'
8.5.22 Umzug nach Wien	ME pro 0 SO 7'	SO pro 180 IX 7' IX c 135 PL -1'
1.12.22 Konzert in W.	MC c 0 ME +11'	AS c 180 JU -9'
19.12.23 Paris: v. Cherubini abgelehnt, Privatstudium	ME pro 0 VE 6'	AS d 30 MA 4' XII d 30 SA 1'

7.3.24 großer Erfolg	MC d 120 JU -1'	- - -
(ca.)15.5.24 die Mutter geht n. Ungarn zurück	XII d 30 MA ex. MA d 180 VIII -6'	AS pro 0 NE 2' SA c 0 NE -6'
21.6.24 London: Erfolg	MC pro 120 JU 1'	JU d 120 SO 3'
17.10.25 Paris: UA *Don Sanche*	AS d 180 JU 8' VI c 150 MO +1'	JU c 180 MA +3' III re 45 NE +4'
28.8.27: auf der Rückreise in Boulogne-sur-mer: Tod des Vaters	SA pro 0 AS -1' VIII c 180 MA -6' IX d 60 NE 2'	SA re 90 MC +2' UR re 135 VIII +2' SA pro 0 MO 2'
4.12.30 begegnet Berlioz	MO re 180 MC ex. XI c 0 VE -7' UR c 0 VE +2'	AS c 120 PL -2' SO d 60 MO -4'
9.3.31 begegnet Paganini	III c 60 MO -3' VE c 0 ME -4'	MC c 120 VE +4' MK d 0 XI -5'
18.12.35 Genf: * Blandine	IC d 180 UR 7' AS d 0 MA 5' MA re 60 VE +2'	ME c 90 V -2' MA c 30 VE -2'
31.3.37 Paris: Pianistenduell mit Thalberg	VI c 60 PL -2' MA c 0 MO -2' MC re 30 SO +1'	NE d 30 SO -2'
25.12.37 Bellagio: * Cosima	IC c 90 MO -1' NE c 180 V -8'	V d 135 VE -3' AS pro 150 JU 4' IC c 60 SA +3'
13.4.38 Wien: Benefizkonzert / erneut als Virtuose unterwegs	ME pro 30 AS -1' SO d 30 AS -1' UR c 60 AS +2'	MO re 45 III -2'
5.1.39 Eintreffen in Rom: erkaltete Beziehung zu Marie d'Agoult	UR c 0 MC ex. MA c 180 DS -6' IX c 150 PL ex.	DS c 180 MA -2'

9.5.39 * Daniel	IC d 45 JU 2' AS c 45 MA +1.5'	[SO pro 90 AS -6'] JU c 120 VE -5'
3.10.39 vorläuf. Trenng. – Bürgschaft f. Beethovendenkmal BN	V c 120 SA ex. – XII d 60 VE -2' – JU re 150 II ex.	DS d 180 SA -7'
12.4.44 Paris: erneu- tes Zerwürfnis	MA re 0 MO -5' ME d 180 V +6'	IX d 90 SA ex. UR re 90 ME ex.
18.5.45 fordert ggüb. Marie Vaterrecht ein	III c 60 NE -2'	MA re 150 IC ex. ME d 135 XII ex.
13.8.45 BN: Enthüllg. Denkm./ Hautkrankheit	XII d 180 JU -5' MC c 120 MA +5'	ME d 45 III -3' XII pro 0 NE -5'
8.5.46 kündigt Freun- den Ende der Virtuo- senlaufbahn an	MC c 180 PL +8'	VI d 180 NE 10' PF c 0 MC -4' MA re 0 XI +1'
14.2.47 Kiew: begeg- net Carolyne von Sayn-Wirttgenstein	AS d 90 VE 5' MC c 45 VE ex.	MC pro 60 VE ex. UR c 0 XI +8'
18.9.47 vorerst letzter Auftritt als Virtuose	UR d 90 III -3'	ME re 45 III -2' SO d 0 PL -6'
2.2.48 Weimar: Dienst- antritt a. Musikdirektor	MC c 0 MK -12' VE c 90 AS ex.	AS d 0 VE 12' VE d 0 SO -2'
13.5.49 verhilft Wag- ner zur Flucht	SO c 0 IX -7'	SA c 60 MC -2' MA d 0 NE -3'
28.8.50 leitet UA von dessen *Lohengrin*	JU d 60 MC -2'	AS c 90 SO +1'
18.12.53 wird bekannt m. Agnes Street-Klind- worth	MO re 60 IC +4' MO c 0 XI -5' DS d 135 MO -5'	- - -

17.2.55 UA *1. Klavier-konzert* / Berlioz dir.	MC d 150 JU 2' JU d 60 VE -2'	VE c 0 UR -1'
29.7.56 Tod Schu-manns	abst.MK c 90 MC ex.	NE d 120 MC -3'
31.8.56 UA der *Graner Messe* in Eszergom	XII c 0 VE +6' MO re 180 XI -4'	MC re 60 MK -4' XII re 120 SO ex.
(15.)5.57 Presseangriff Ferdinand Hillers nach Dirigat in Aachen	MA d 90 AS ex.	MC d 0 MA -8'
7.11.57 künstler. Nie-derlage in Dresden	AS d 30 PL ex.	MC pro 0 MA 8'
15.12.58 *Kalif von Bagdad* von Cornelius/ Protest/Liszt designiert	AS c 0 UR +3' NE re 45 MC +2'	MO pro 135 III -2' DS pro 120 MA 4'
13.12.59 Berlin: Tod des Sohnes	IC c 45 MA ex. NE re 135 IC +2'	IC c 0 SO -10'
14.9.60 seel. Tief / ver-faßt Testament	IC d 120 ME -4' NE d 90 IC -4' NE re 135 IC +1.5'	AS c 60 MO -3' III c 0 MO -1' XII c 135 ME +3' SO d 90 VIII ex.
12.10.60 Enkelin Dani-ela geb.	DS d 45 VE ex. XI d 60 VE 2'	- - -
17.8.61 verläßt Wei-mar	DS d 120 SA 3'	IC c 60 abst.MK +4' MA c 45 IX -2'
21.10.61 Rom: nach päpstlichem Veto kei-ne Heirat m. Carolyne	NE re 135 IC +1' JU pro 135 UR ex. VIII d 90 MA 4'	ME pro 90 DS -3' MO c 0 MA -4' UR d 0 VE 4'
11.9.62 Tod der Toch-ter Blandine	NE re 135 IC ex. abst.MK c 0 MA -6'	DS c 120 SA +1'

29.3.63 Enkelin Blandine geb.	[DS d 120 MO -6'] JU d 0 MK -1'	MO pro 120 IC 2' MK d 180 JU 3'
11.7.63 Papstbesuch	DS d 45 ME ex.	VE d 90 JU -4'
10.4.65 Enkelin Isolde geb.	VE re 60 DS +3' PF c 0 MO -7'	ME re 180 DS -4'
25.4.65 Rom: bekommt die Tonsur	NE re 45 MC ex. ME pro 180 JU -1'	PF d 0 NE -7' SO c 0 NE -7'
10.6.65 München: hört Wagners *Tristan*	MC d 45 VE 2' MC re 60 VE +3'	VE d 60 MO 4'
30.7.65 Rom: empfängt d. Niederen Weihen (15.8.: Budapest: UA *Die hl. Elisabeth*)	JU d 180 III -4' (-2') SO d 90 III -3' NE re 45 MC ex.	AS d 30 ME -3' MO re 0 VE -2'
6.2.66 Tod der Mutter (Nachricht in Rom)	IC d 90 PL -3' VIII re 135 VE -2' NE re 135 IC ex.	MO d 90 UR 1'
15.3.66 Paris: Mißerfolg m. d. *Graner Messe* / letztes Treffen m. Marie d'Agoult	MC d 90 PL 2' ME d 0 NE -6' DS d 60 VE -3' SA d 120 DS -2' NE re 45 MC ex.	MC d 0 UR -7' SO re 45 XI -2' VE d 0 MA +6'
17.2.67 Enkelin Eva geb.	MO pro 180 JU -8' SO pro 0 AS -8'	IC pro 180 UR -4' VE c 45 MO ex.
8.6.67 Budapest: UA *Ungar. Krönungsmesse*	SO pro 0 AS 11' VE re 180 PF -2' XII re 60 MO +4'	MC c 150 MO -2'
21.6.68 spielt Papst vor / Pilgerreise	VE d 0 AS -7' NE c 0 MC -3'	AS c 30 UR -3' ME pro 180 IX 8.5'
11.4.69 begegnet So-	DS c 135 MO -5'	IC d 0 JU -8'

phie Munter; mit ihr zusammen n. Budapest	IX d 30 SO ex.	
6.6.69 Enkel Siegfried geb.	IC c 60 SA -4' MO c 120 JU -2'	IC d 0 JU ex. DS d 60 JU -2' SO pro 60 DS -1'
29.5.70 Weimar: Beethoven-Feier	MA c 180 PF +3' JU re 120 VE -4' DS pro 0 MK -3'	AS d 30 SA 1' III d 135 NE -1'
25.8.70 Cosima, geschiedene von Bülow, heiratet Wagner	AS c 30 NE +2.5' MO d 120 SO ex.	IC pro 0 JU 9' AS pro 120 JU 3' ME re 180 JU +1' XII c 90 MO -3'
25.3.71 Erfolg als Komponist	MO re 0 MC -8' JU c 180 XI -3'	MK c 120 AS ex.
13.6.71 „Kgl.-ungar. Rat": 4000 Gulden p.a.	II pro 60 JU 4'	VE c 60 MC -3'
16.11.71 Wohnung in Budapest / skandal. Auftritt Olga Janinas	IX d 30 VE 4' DS d 45 ME -4.5' NE re 45 MC -1'	XI re 90 UR +3'
(22.)5.72 Nachricht vom Tod der 1. Jugendliebe	XI d 90 ME ex.	DS c 30 PL ex. abst.MK d 0 DS 3' XII c 90 SA +3'
29.5.73 Weimar: Uraufführung *Christus*	XII c 90 MA +4'	MC c 120 UR +4'
25.10.73 Gründg.Liszt-Gesellsch. in Budapest	SO pro 60 VE ex.	SO d 180 PF ex.
22.5.74 Tod einer wichtigen Freundin und Helferin	AS d 0 PL -3' SA d 45 IC -2' NE re 135 IC -1'	abst.MK re 90 VIII -2'

30.3.75 Präsident der neuen Ungarischen Musikakademie	AS c 120 JU -5' MC pro 60 SO 3'	III pro 120 VE 3'
5.3.76 Tod Marie d'Agoults (liest es in der Zeitung)	IC d 180 MO ex. NE re 135 IC -1' MA pro 150 VIII ex.	NE c 0 XI +5' III c 0 NE -5'
13.8.76 b. d. 1. Bayreuther Festspielen	SO c 180 PF -4' MO c 0 VE +8'	IC c 120 PL +1' VE pro 90 JU 1'
5.3.77 *Die hl. Elisabeth* in Budapest	SO re 120 AS +4' JU pro 120 VE 2' III d 30 JU -2'	AS d 0 SO -12'
8.2.79 Tod Eduard Liszts (wicht. Freund u. Berater)	NE re 45 MC -1' MC re 90 UR -4' VIII pro 0 UR -6'	PF d 0 SA -5'
2.4.79 Wien: Audienz b. Kaiser Franz Jos.	SO pro 180 JU 3'	AS pro 0 SO 9'
12.10.79 Ernenng. z. *Titular-Kanonikus von Albano*	AS pro 90 JU 3' SO pro 30 XII -1'	XI c 180 ME +7' SO re 180 JU -3' III re 60 SO +3'
2.7.81 Weimar: stürzt von Treppe in Hofgärtnerei (Wohnsitz st. '67)	NE re 135 IC ex. IC c 45 MO ex.	MA re 0 MK -1' MO d 120 XII 4'
26.7.82 b. d. 2. Bayreuther Festspielen	AS c 0 VE +7' IX d 60 ME 1'	JU pro 0 DS ex.
13.2.83 Tod Richard Wagners	NE re 45 MC ex.	MC c 120 MA -4' NE c 135 DS +1'
1.3.83 *Hl. Elisabeth* in Marburg	MC pro 180 JU -1'	XI d 0 MO ex.
(1.8.)84 Bayreuth: wird	IC c 45 SA -3'	UR c 0 MC +10'

von Cosima abgewie-
sen

28.3.85 spielt zum letzten Mal im Budapester Mädcheninternat	MA d 45 DS 2'	AS d 0 III -5' SA c 0 PF +4'
21.6.86 bricht zum letzten Mal von Rom auf	IX d 90 MK -1'	MK d 120 IX -3'
31.7.86 stirbt in Bayreuth an einer Lungenentzündung	AS c 0 SO -8' XII d 60 SA -2' NE re 135 IC -1' MO c 180 IC +5'	MO d 0 IC 8'

Richard Wagner

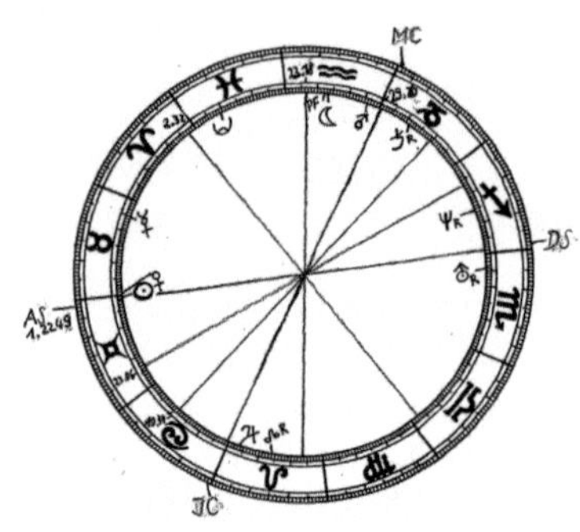

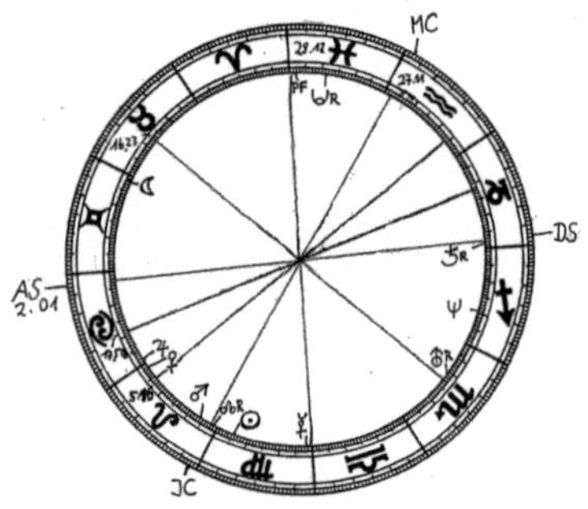

Richard Wagner	RADIX: 22.5.1813,	EPOCHE: 28.8.1812,
12♉20, 51n19	3.1909 (1♊2249)	22.4016 (1♊25)
(Leipzig)	[RAMC 301.2914]	[RAMC 329.2336]

SONNE (SO)	0♊35	5♍23
MOND (MO)	16♒10	1♊25
MERKUR (ME)	5♉34	28♍56
VENUS (VE)	29♉42	1♌44
MARS (MA)	3♒52	24♌48
JUPITER (JU)	3♌41	28♋37
SATURN (SA)	18♑55 (r)	1♑25 (r)
URANUS (UR)	25♏44 (r)	19♏46 (r)
NEPTUN (NE)	14♐34 (r)	10♐37
PLUTO (PL)	20♓1	18♓41 (r)
MONDKNOTEN (MK)	14♌21 (r)	28♌27 (r)
PARS FORTUNA (PF)	16♒58	28♓2

MEDIUM COELI (MC)	29♑20	27♒11
XI	23♒18	29♓12
XII	2♈32	16♉22
ASZENDENT (AS)	1♊2249	2♋1
II	23♊6	17♋50
III	10♋44	5♌16

Ereignisdaten	*Direktionen RADIX*	*Direktionen EPOCHE*
16.8.13 Taufe in der Thomanerkirche	MC d 45 NE -1'	PF d 0 XI 6' VE pro 30 AS -4'
23.11.1813 Tod Vater	DS c 180 SO +6'	MC d 0 abst.MK ex.
19.1.14 Tod der Schwester Theresia	PF c 0 MO +4' UR pro 135 III -1.5'	IC d 180 abst.MK 10' IC pro 180 abst.MK 4'
28.8.14 zweite Heirat der Mutter	MC d 120 SO -3' AS c 0 VE -5'	ME pro 180 XI ex. MA c 0 IC ex.
16.2.15 Halbschwester Cäcilia Geyer geboren	DS d 120 JU 3' MK d 180 MO 4'	IC c 0 MA -8' VE d 0 III 5' ME re 180 PF +6'

30.9.21 Tod des Stiefvaters	NE pro 45 MC 1' [AS c 120 SA -7']	UR d 180 MO 8' SA pro 135 XII ex.
22.12.22 Kreuzschule	III d 180 SA 10'	AS d 150 NE 4'
8.4.27 Konfirmation in der Dresdner Kreuzkirche	SA d 120 AS ex.	JU d 120 NE 3' JU pro 60 MO ex. JU re 135 NE -1'
21.3.28 Leipziger Nikolai-Gymnasium	MC c 135 SO -2' MO c 120 SO -2'	PL c 60 XII (-1')
16.6.30 Thomasschule	ME pro 0 AS -3' XI d 90 NE -2' XI c 0 MA +6'	JU pro 30 AS -1.5' SO c 90 XII -1'
30.12.30 UA einer Ouvertüre	[MC d 0 MO 13'] JU re 60 AS ex.	XI c 180 SO +7'
23.2.31 Musikstudent in Leipzig	JU re 60 AS +2'	AS c 45 JU +1' XI c 180 SO -4'
(30.)7.34 Musikdirektor in Lauchstätt / lernt Minna Plauer kennen	[XI c 120 VE -6'] ME c 120 JU +3' V c 135 NE +2'	DS d 60 UR -4' MO d 0 AS 2' IC c 30 SO +2'
12.10.34 Musikdirektor in Magdeburg	AS d 150 UR -5' II c 0 SO -6'	AS d 120 UR 5' MC c 0 IX -2'
24.11.36 heiratet Minna	MC pro 180 V -6' MA re 150 V +3'	PF c 180 IC +8' MK pro 0 IC -1'
31.5.37 Minna türmt	III c 150 SA +2' DS re 90 SA ex.	XII re 120 NE -4'
21.8.37 Musikdirektor in Riga	III c 45 JU +3'	III d 180 MC -5' VE d 0 MA -3' XI c 0 MC +7'
12.10.37 Tod der	VIII d 30 NE 3'	SA pro 150 MO ex.

Schwester Rosalie	III re 135 MA +2' / 150 SA ex. MO pro 180 III 4'	
19.10.37 Minna kommt zurück	MC d 0 XI -5' JU c 0 III +6'	XI d 30 MO -1' JU c 0 MK +9'
14.7.39 nach einem Kutschenunfall evtl. Fehlgeburt Minnas	NE d 180 III -1' ME c 150 V +3' MO re 90 AS ex.	abst.MK c 180 VE -3' ME d 30 V -1' IC re 0 VE +10'
4.(-8.)8.39 Überfahrt n. England: Seesturm	NE d 0 IX 2'	XII c 135 UR +5'
17.9.39 Ankunft in Paris	IX d 180 JU -9'	IX d 150 ME ex. XI c 180 MA ex. MC re 180 VE ex.
15.4.40 teure Wohnung in Paris	IC d 90 UR ex. IX c 60 MO +3'	VE d 0 IC -8'
20.9.40 Schuldgefängnis droht	AS c 135 UR +1' AS d 135 MO -2'	AS c 60 VE ex. XII d 90 PL ex.
1.4.41 Freikarte Liszt	MC c 150 JU ex.	MK c 0 ME ex.
29.4.41 Umzug in billigeres Quartier	IC c 30 JU -3.5'	IC c 60 ME +4' SO c 180 IX +4'
12.4.42 Ankunft in Dresden	IX c 120 MK -3' MO d 0 PL -3'	AS re 0 MO -2' IC d 30 MK 1'
22.6.42 beginnt in Teplitz *Tannhäuser*	AS pro 30 JU 3'	MC d 120 JU 3'
20.10.42 UA *Rienzi* in Dresden: großer Erfolg	XI d 60 SO 3'	MC d 180 ME 6' III d 30 VE -3'
2.1.43 UA *Holländer*	VE re 60 XI -4' MC pro 90 VE 5'	MC re 180 JU +2' ME re 180 MC -7'

2.2.43 Königl. Sächs. Hofkapellmeister	VE re 60 II +1'	MC d 0 XI 8' MC re 180 JU -3'
1.10.43 bezieht eine komfortablere Wohng.	AS c 120 JU +2'	JU c 0 AS -8' ME pro 60 II ex.
7.(u. 9.)1.44 anl. *Holländer* Presseangriffe	MC c 45 MO +1' VI c 120 NE ex.	NE d 45 MC 4' XI c 90 UR -4'
25.6.44 ruinöse Druckspekulation	SA d 0 PF 6' AS pro 60 ME -2'	ME c 90 VI +2'
(15.)4.45 ruinöse Druckspekulation	V d 120 MA 2' V c 180 SA -11'	MC d 120 VE -2' SO d 135 MC -1'
19.10.45 *Tannhäuser*	AS d 60 ME -1'	MC d 150 MA ex.
(1.)4.47 billigere Whg.	II c 150 NE +3'	AS d 60 ME 4'
26.11.47 Meyerbeer verweigert neuerliches Darlehen	SO c 90 II -4.5' VE c 90 II +4' NE c 30 DS +3'	SA pro 0 DS ex.
9.1.48 Tod der Mutter	abst.MK re 0 MO ex.	SA pro 0 DS ex. MA d 90 DS ex. MO c 90 VIII -2' IC re 90 SA ex.
9.7.48 Erkundungsfahrt n. Wien / Eheleben fürs erste fakt. aus	MO c 0 IX ex. V c 135 SO ex.	VE c 0 AS +10' JU d 0 MK ex. SA pro 0 DS ex.
5.5.49 Revolutionsaktivist: muß aus Dresden flüchten (19.5.: wird steckbrieflich gesucht)	AS c 0 PL +7'(+2') / 45 ME +4' (-1')	ASc 60 PL+5'(+3') MEre 90 XII+1'(+3') SA pro 0 DS 3' SA c 0 UR +5'(+3')
6.7.49 landet n. Weimar u. Paris in Zürich	XI c 135 VE -4' / 30 NE +3'	VE c 180 SA -8'

6.2.50 Paris: Aussicht auf Unterstützg. Jessie u. Eugène Laussots	AS c 45 MA +1' / 60 SA -2' JU re 60 VE ex.	AS pro 0 JU 9' DS re 0 UR -6' III pro 0 SO ex.
16.3.50 beim Ehepaar Laussot in Bordeaux	DS c 45 JU -2'	IX pro 180 SO 2' AS pro 60 ME -5'
14.5.50 erneut in Bordeaux: hinterlegt seinen Abschiedsbrief	MA re 45 DS ex. XI re 135 VE +3'	SA d 180 VE -5' SO pro 45 IC 3' SO d 90 II 1'
3.7.50 zurück in Zürich	JU c 150 MC -3'	MO re 180 AS ex.
28.8.50 UA *Lohengrin* unter Liszt in Weimar	JU re 60 VE -3' XII pro 0 VE 6'	AS c 60 MO/30 SA ex. JU pro 0 III -2'
11.2.51 Tod des Papageis	III c 30 ME -2' SA d 0 XI -3'	MA d 60 III ex. NE d 0 VIII 5'
16.3.52 begegnet Otto u. Mathilde Wesendonck nach e. Konzert	AS d 0 III 6' III d 0 MK 2' XII c 0 MA +6' XII d 0 VE ex.	DS c 45 ME -2' ME pro 180 XI 3'
18.(bis 22.)5.53 Erfolg Konzertzyklus-Dirigat	VE c 120 III ex. MO pro 180 PF -2'	MC c 180 II -4' MO d 0 II -8'
5.9.53 beginnt in La Spezia, angebl. in Trance, *Rheingold*	XII d 0 AS 3' VI re 0 JU -3'	MC d 120 NE 4' V d 0 UR 10' MA re 0 JU -3'
10.10.53 Paris: begegnet erstmals Cosima bei Liszt	UR c 120 ME -1'	AS d 135 PL -3' ME pro 60 VE 4' JU re 120 UR +2'
29.9.54 Kredite von Freunden	XI d 60 MO 1'	III c 60 MK ex. PL pro 120 II -1'
25.6.55 London: Abschluß Konzertdirigate	SO pro 180 IX 4' JU re 180 MC +3'	VE re 45 AS +1' UR d 30 IX ex.

10.7.55 Tod d. Hundes	III pro 150 SA ex.	SA d 180 III 3'
ab 15.3.56: Streit m. Otto Wesendonck / Gnadengesuch wg. Steckbriefs / Wundrose/ beg. *Walküre*	UR d 90 SO +1' SA pro 135 AS ex.	MC pro 135 MA -3' AS d 30 SO 4.5' JU c 45 III -2'
28.4.57 bezieht „Asyl auf dem grünen Hügel" (bei Villa Wesendonck)	XII d 30 ME 2' JU re 0 IC -2'	V pro 0 UR 10' MC pro 120 NE 4'
31.8.57 Besuch Hans u. Cosima Bülows; zuvor: Streit m. Minna wg. Briefs an Mathilde	JU re 0 IC -3' IC c 135 MA -3'	MO c 0 XI +4' MA d 45 IC ex.
2.6.58 O. Wesendonck bittet um Distanz	MC d 90 NE 5' DS c 90 SO +4'	- - -
5.7.58 pro forma Eheantrag an Mathilde	ME pro 0 IC -1' SO c 90 VE +3'	NE c 120 MO -2' / 135 XII ex.
17.8.58 verläßt „Asyl", erneut Besuch Cosima	MO d 90 IX / 135 UR ex.	DS c 90 VE +4'
24.3.59 verläßt nach Bekanntwerden des Steckbriefs Venedig	ME c 0 MO -1' MC re 45 MA ex. / 30 SA -3'	SA c 120 AS +5' MC re 45 abst.MK ex.
20.10.59 Paris: teure Whg. + Dienstpersonal	IC d 150 MO -3' VE d 45 AS 2'	II d 0 MA 5'
17.11.59 Eintreffen Minnas: Streitigkeiten	IC d 150 MO 2' SO d 135 DS 1'	ME pro 45 IC ex. DS re 60 SA +4'
17.6.60 erfolglose Verhandlung wg. Defizits	III c 180 UR +2' DS pro 0 SA -1'	XI c 30 SA -2'
11.8.60 Teilamnestie bzgl. Steckbrief	MC c 60 MO -2' III c 180 UR -8'	SO d 150 XI -2' MO re 0 MK ex.

(31.)10.60 fieberkrank	AS d 90 UR +4'	UR d 135 MA 4'
13.3.61 sog. Pariser *Tannhäuser*skandal	MK d 90 III 4'	MC d 30 PL ex. MC c 30 NE ex.
19.10.61 München: *Tristan*einstudierg. scheitert	II d 180 MA -1' MO pro 180 AS 7' MC pro 45 ME -1'	III d 180 PL 6'
2.1.62 Wohnsitz in Biebrich am Rhein	VE pro 0 IC 5'	AS c 120 MA ex. XI d 120 ME 1'
21.2.(bis 3.3.)62 Minna bei ihm: „die Hölle"	MC c 0 NE +10'	IC c 45 MA -2' IC d 30 UR -5'
18.3.62 Amnestie	MC d 135 JU ex. JU d 60 UR ex.	VE d 120 XII 1'
(15.)7.62 kommt Cosima näher	IC c 60 MK +2' MK re 180 PF ex.	PF c 180 JU -4'
(3.)8.62 Biß v.e. Hund: Komplikationen	AS d 180 SA ex.	MO d 30 MA 4' AS re 135 NE +4'
1.11.62 Leipzig: Empfangskonzert / letztes Treffen m. Minna	DS d 0 SA 12'	IC d 45 SO 2' IX d 120 UR -2' XI c 120 ME -2'
11.1.63 Wien: Konzertdefizite (ab 5.2.: Rußlandtournee [bis 17.4.] aus Geldnot)	NE d 0 MC ex. UR d 135 AS 3' VE d 180 SA -3' SO d 180 SA -7'	MA d 90 II -2'
28.11.63 Berlin: Verlobg. mit Cosima	MC d 0 PL ex. V c 135 MO ex.	MO re 0 JU +9' UR c 0 ME ex.
1.12.63 Wien: verschuldet sich mit Wohnung	MC d 0 PL ex. / 45 ME -4' II d 90 ME -4.5'	XII d 45 MA 3'
23.3.64 flieht aus Wien	MA d 60 MC -1'	ME d 90 MC -3'

vor dem Schuldturm	MC re 0 NE +5' MO re 90 IX -1'	
4.5.64 München: erstes Treffen mit Ludwig II.	MK d 60 NE 2' MC re 0 NE -1' II c 90 SA +3'	AS c 150 UR -3' XI d 0 MO -1' II d 0 MK -2'
29.6.64 „erste Vereinigung" mit Cosima in Abwesenheit Bülows (bis 7.7.) in Haus Pellet / Starnberger See	AS c 30 SA -3' V c 30 SO +4' MA d 60 VE -5' VE pro 120 XII -4' MC re 0 NE -9'	V d 180 MO 9' XII c 180 MA -10' ME re 60 XII -3'
30.8.64 Zerwürfnis mit Liszt	DS d 60 PL -2' SO re 90 III ex.	UR c 180 MC +6'
15.10.64 Umzug n. München / Hämorrhoiden / (18.10.) Vertrag m. d. bayr. Kabinett üb. *Ring*-Honorar	AS d 120 PL 4' ME d 180 IX 11'	AS c 30 PL +2' UR c 0 IC -5' XII d 150 NE -2' SO d 135 PL -1'
6.12.64 Jahresrente	ME re 90 MC +2'	MO re 0 AS +2'
10.4.65 * Isolde (weiter „Skandal")	VE c 0 PF ex. VE re 120 UR -1' XII c 0 SA +5'	MK d 60 MA -4' MA pro 180 PF 8' NE d 180 JU 10'
10.6.65 UA *Tristan*	JU d 120 MC 1' VE pro 0 JU -3'	PF d 0 MO -5' SO pro 120 MC ex.
6.12.65 reist auf Bitte Ludwigs n. Marseille („Skandal" Cosima)	AS c 0 MO +8' MA d 45 MO 4' SA c 180 SO -10'	XI c 45 NE +4' NE c 45 VE ex.
25.1.66 Nachricht, daß Minna in Dresden gestorben sei	DS c 180 MO -6' MA d 60 DS ex. XI re 45 MO -1'	XI c 45 NE -4'
15.4.66 Wohnung in	UR d 0 SA ex.	SO d 90 IX ex.

Tribschen bei Luzern | | MA pro 0 ME -7'

17.2.67 * Eva	DS c 0 MK -8' JU c 45 IC -3'	AS c 135 MK ex. VE re 45 AS -4'
21.6.68 München: Er- folg *Meistersinger* un- ter Bülow / peinl. Lage	PF c 180 II -6' ME pro 180 MO -6' XII c 135 SO +4'	AS d 45 ME -2' ME d 180 MO 9' XI pro 0 MO -4'
14./15.9.68 reist m. Cosima üb. den St. Gotthard nach Genua	MC d 120 UR -5' V d 90 JU -2'	ME pro 120 MC 3' ME d 120 VE 3' AS c 135 MA +2'
8.11.68 Bekanntschaft Nietzsches in Leipzig	MC d 120 UR 5'	ME d 30 DS -4' XI pro 60 VE ex.
6.6.69 * Siegfried	ME re 120 V +3' JU d 120 MA -3' AS pro 120 UR 1' DS re 0 MK +2'	AS re 135 MA ex. MA c 30 VE -1'
22.9.69 *Rheingold* / Unstimmigk. m. Ludw.	XII d 45 JU ex. MC pro 135 MK -2'	MA c 180 SA +2' / 45 XII +4'
26.6.70 UA *Walküre*	ME c 120 VE -2'	MC d 120 MK -2' III c 45 JU +4'
18.7.70 Cosimas Scheidung von Bülow	III d 90 SO -4' III c 150 NE ex. SO c 45 VIII ex.	IC d 120 abst.MK 3' UR d 0 VIII 4'
25.8.70 heiratet Cosi- ma in Luzern	ME c 0 MC +7'	IC d 90 JU -2' DS c 30 SO -5'
20.4.71 Bayreuthplan b. Durchreise zu Bis- marck-Audienz (3.5.)	ME d 150 MO -2' JU pro 120 NE -2'	MC c 150 MO / 0 SA +3' JU c 120 IX ex. VE c 180 NE +8'
7.11.71 Zusage aus Bayreuth	AS d 120 UR 3' UR c 0 JU +4'	XI c 60 UR -2' VE pro 60 II 3'

3.1.72 Tod der Schwester Luise	IC c 30 ME +3'	DS d 45 SA -4' NE c 30 III ex. IC re 180 SA -4'
1.2.72 Formierung Bayreuth-Komitee	MC c 150 ME -2'	MA d 120 MC ex.
28.4.72 siedelt nach Bayreuth über	SO d 120 UR -3' VE d 120 UR ex.	AS c 60 MO / 90 SA ex.
22.5.72 Grundsteinle-gung Festspielhaus	MC d 60 VE -5' SO d 120 UR ex.	III d 30 MK -2' XI re 60 UR ex.
8.8.(u.17.9)72 Herzan-fall (Roemheld)	- - -	MA re 60 XII -4'
12.5.73 Herzanfall	XII c 45 UR -2' SO c 0 MA -4'	IC d 60 SA -2' AS c 180 ME +1'
2.8.73 Richtfest Fest-spielhaus	[AS c 180 JU +13'] II c 120 JU ex. ME pro 180 XI 6'	DS d 30 MK -1' JU d 60 UR ex.
30.8.73 Weiterbau gefährdet	AS c 0 MA -5'	III c 180 NE -3' SO c 135 UR ex.
13.9.73 Bruckners Widmg. der 3. Sinfonie	AS c 180 JU +3'	MC d 90 VE ex. AS c 0 PF +7'
(15.)12.73 Maximili-ansorden – m. Brahms	MC c 60 MA -4' MO d 90 MC -3'	AS re 120 JU +5' NE d 180 III ex.
6.1.74 Finanzgarantie aus München	MC c 120 JU +3'	AS re 120 JU -4' VE pro 45 III -1'
3.2.74 Dankschreiben an Ludwig	MC c 120 JU ex. SO re 120 DS +3' III d 30 JU ex.	MC c 90 ME ex. NE d 180 III 6'
28.4.74 bezieht Haus	IX d 30 MA 2'	VE d 30 IC 1'

Wahnfried	MA d 90 IX -4'	JU c 30 AS +1'
31.10.74 Tod des Bruders Albert	SO pro 0 IC -4' ME d 180 SA -2' IC re 30 ME +2'	PF d 180 NE 12'
21.11.74 Abschluß *Ring*	AS pro 60 VE ex. SO pro 180 MC ex.	MO c 0 MC +5' JU c 0 MO ex.
17.3.75 Tod der Schwester Klara	VIII d 0 abst.MK -4' VIII pro 0 MO 2'	VE d 180 PF -2'
13.8.76, „16 h": Eröffng. erste Bayreuther Festspiele – bis 30.8. drei *Ring*-Zyklen; am Ende gewaltiges Defizit / Liebesaffäre m. Judith Gautier	MC c 0 DS -5' VE c 0 MC -8' AS c 45 NE -2' AS re 0 MA -5' / 180 JU +6' ME pro 90 III ex. / 135 UR ex.	SO c 0 AS +4' MO d 0 III 10' VE d 180 XI 4' NE c 0 IC -8' MO pro 90 DS 4'
7.(-29.)5.77 Dirigate i. d. Londoner Albert Hall zw. Abtragg. Schulden (17.5.: Audienz bei Queen Victoria)	MC c 180 SO +1' AS d 60 VE 3' SO d 180 MC ex. VE d 180 MC 4' VE re 60 IX +/-ex.	MC d 120 SO 4' SO c 180 SA ex. / 135 VI +2'
20.2.78 delegiert Korrespondenz m. Judith Gautier an Cosima	PF c 0 NE -6' III c 0 ME +8' NE d 150 III -2'	IC pro 90 VE 4'
31.3.78 Ludwig hilft m. e. starken Kredit	MC c 180 VE +4'	[SO d 120 II -6'] SA c 60 UR ex.
(30.)1.80 Neapel: Gesichtsrose	ME pro 90 AS -3'	XII c 45 PL -5' SO d 0 UR -9'
7.8.80 Allergie / Weiterreise nach Siena	[UR d 180 IC 11'] AS pro 180 MA -2' / 0 JU 9' MA re 150 IC -1' IC re 0 SO +2'	UR c 180 IX -9'

11.5.81 pos. *Ring*-Auff. in Berlin	JU c 0 AS -7'	(AS c 90 NE -3')
30.6.81 Hermann Levi bittet infolge anonymer Briefe um Dispensierg. von Bayreuth-Dirigat	ME c 45 DS ex.	XII c 180 VE +9' abst.MK pro 180 MA ex.
12.11.81 letztes Treffen mit Ludwig II.	SO d 120 XII 1' MA pro 45 VIII -3'	ME pro 45 DS 1' JU c 90 MA -1'
17.12.81 Tod des techn. Leiters der Festspiele Carl Brand	MA c 0 DS +4'	MA c 45 III +4' abst.MK pro 180 MA ex.
26.7.82 UA *Parsifal*: zweite Bayreuth. Festspiele – bis 29.8. 16 Aufführungen; Wagner verliebt sich in eines der „Blumenmädchen"	MC c 0 UR -5' V c 180 NE +5' JU pro 180 PF ex. [JU re 180 MC -5'] MO pro 60 III 3' II c 135 JU -3'	III c 0 MO +9' VE c 60 XI -3' ME pro 0 UR -3'
14.9.82 Aufbruch nach Venedig	AS d 0 JU -8' IC d 45 UR -4'	IX c 180 MO / 30 SA ex. VE c 120 ME +4'
13.2.83, nachmittags: Venedig: stirbt an einem Herzinfarkt unm. nach Streit mit Cosima wg. Besuchsanmeldung des „Blumenmädchens"	AS d 180 MA -1' (AS pro 90 ME 1') (III re 90 MA -3') (AS d 0 JU 10')	UR c 30 AS -2' NE c 135 SA -2' / 90 XII ex.

Gottfried Keller

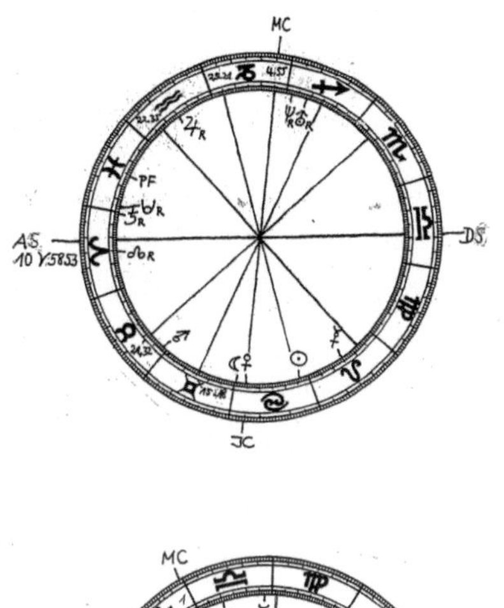

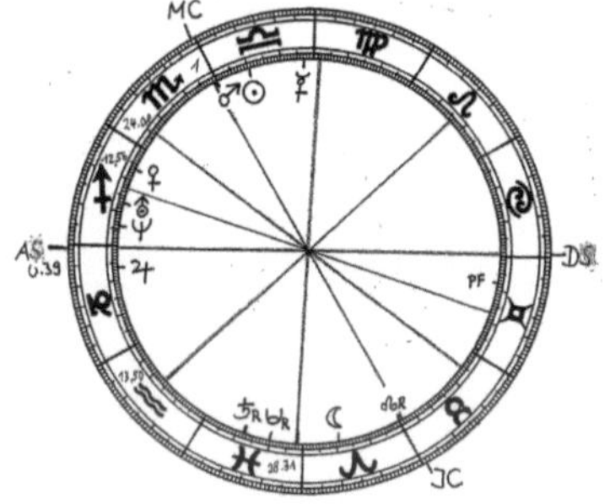

Die Tageszeit „abends" ist bekannt, die Symbolabfolgen verwei-
sen, im Gegensatz zu einem alternativ kursierenden Horoskop mit
Steinbock-Aszendenten, auf den späteren Abend. Nahezu alle
Wendepunkte in Kellers bewegter Biografie vom verarmten Halb-
waisen und Schulabbrecher zum exponierten Politikbeamten und
angesehenen Schriftsteller werden im Radix mit Widder-Aszen-
dent durch eindrucksvolle primäre Achsendirektionen gespiegelt.

<u>Gottfried Keller</u>
8ö33, 47n23
(Zürich)

RADIX: 19.7.1819,
21.5947(10♈5853)
[RAMC 275.2101]

EPOCHE: 13.10.1818,
11.5527 (10♈57)
[RAMC 208.5127]

	RADIX	EPOCHE
SONNE (SO)	26♋18	19♎33
MOND (MO)	0♋49	10♈57
MERKUR (ME)	14♌54	2♎26
VENUS (VE)	4♋31	6♐20
MARS (MA)	28♉51	0♏41
JUPITER (JU)	14♒21 (r)	6♑1
SATURN (SA)	0♈42 (r)	12♓25 (r)
URANUS (UR)	21♐12 (r)	17♐8
NEPTUN (NE)	26♐32 (r)	24♐7
PLUTO (PL)	27♓31 (r)	24♓55 (r)
MONDKNOTEN (MK)	15♈13 (r)	0♉1 (r)
PARS FORTUNA (PF)	15♓30	22♊3
MEDIUM COELI (MC)	4♑55	1♏
XI	25♑21	24♏8
XII	22♒35	12♐56
ASZENDENT (AS)	10♈5853	0♑39
II	21♉32	13♒50
III	15♊18	28♓31

<u>*Ereignisdaten*</u>	<u>*Direktionen RADIX*</u>	<u>*Direktionen EPOCHE*</u>
26.4.1822 Schwester Regula geboren (Mai: Tod v. 2 Schwestern)	MK re 60 III +3' ME pro 45 VE ex.	IC c 45 SA -4' VE d 120 MO 3'
12.8.24 Tod des Vaters – (Ende Juli: Tod einer Schwester)	AS c 0 SA +1'	MC c 150 PL +3' PF c 180 UR +2' UR c 90 SA -2'
(15.)10.24 Schwester geb., die nur ein J. lebt	DS d 60 UR 4' MK c 90 IC +1'	DS d 30 VE -3' JUd60MA-2'/180DS ex.
9.7.34 wird von der Schule verwiesen	MC c 0 UR +9' MA d 0 III -1'	DS c 180 UR +4'

(15.)11.37 studiert b. d. Maler Rudolf Meyer	AS c 120 VE ex. XI d 180 ME -4'	MC c 180 MO -2'
26.4.40 geht m. H. väterl. Erbes n. München	IX d 0 VE -4'	VE re 135 IX ex.
(15.)8.40 Typhus	XII c 30 NE-1' / 180 SO+12'	AS c 90 SA -4'
(15.)8.41 in finanzieller Not / handelt mit der Mutter	SO c 180 MC +6' IC c 60 ME ex. [AS c 90 PL +12']	SO pro 120 SA -4' SA re 30 II +3'
(15.)2.42 e. z. Verkauf best. Bild verkohlt	SO re 180 MC -8' MA d 120 XII 3'	II d 90 UR ex.
(10.)11.42 kehrt verarmt n. Zürich zurück	MC d 180 SO ex.	MC d 120 PL 2' SO pro 45 IX 4'
3.2.44 erste Publikation: *Jesuitenlied*	VE re 150 MC ex. MA pro 0 III 1' MC d 60 PL -3'	III d 0 MK 8' MC re 60 VE +5'
(15.)12.44 kämpft als Freischärler gegen Luzern	XII d 0 SA -5'	XII d 0 JU -7' XI d 0 UR -7' VEd 0AS ex./60MA -3' SO pro 45 AS 3'
(15.)3.45 dito / lernt Marie Melos kennen	XI c 180 MO +7' SA pro 135 ME ex. MK pro 45 MA ex.	XII d 0 JU 7' XI d 0 UR 7' MA re 120 XII +2'
(1.2.)46 wird vertrauter mit ihr (liebt sie ohne ihr Wissen)	DS d 120 SO -3' VE d 60 MA 3' SO c 0 MO +7' UR c 60 XI -2' VE c 135 XI ex. JU pro 120 DS ex.	[VE pro 120 IC -8'] DS d 90 MK 4'
(15.)5.47 verliebt sich	MK c 0 XII -7'	IC c 150 MA +3'

heiml. in Luise Rieter		XI re 0 MA +4'
(nach dem) 8.10.47 gesteht Liebe – Korb	SA d 60 V 5' V re 90 PL +2'	NE pro 90 PL -3'
26.9.48 Stipendium üb. 600 Franken – muß dafür länger von Zürich wegziehen	AS c 135 MO ex. JU d 120 SO -2'	AS c 30 JU +3.5' [AS c 0 VE -15']
19.10.48 Heidelberg	DS c 135 SA ex.	AS c 30 JU ex. XI c 135 SA -2'
13.10.49 Stipendium üb. 1000 Fr. – Bekanntschaft m. Johanna Kapp	AS c 0 JU -10'	JU pro 90 MO ex.
(1.)11.49 Liebesgeständnis – Absage	VE pro 135 NE ex. [V c 180 NE +13']	NE pro 90 PL 2'
(15.)4.50 Berlin	V c 180 NE -11' SA d 0 MA -2' ME d 180 SA -9'	XII d 90 MO 4' XII c 45 ME ex.
(15.)3.51 500 Franken	ME re 60 AS -2' VE re 60 SO +5'	SO d 0 XI -4' AS re 0 VE -7'
(15.)5.52 600 Franken, doch weiter stark verschuldet	II d 30 SO 1' VE d 150 MC -2'	II pro 180 ME 4'
7.2.54 Stellenangebot Polytechnikum in ZH	VI d 60 ME -2'	MO c 60 AS ex. JU c 0 VE +7'
2.5.61 wird von Ludmilla Assing porträtiert, die ihn m. ihrer Liebe verfolgt	XII d 0 MK ex. MK c 45 NE ex. VE re 90 XII +4'	MO re 135 IC +3' VE re 45 XII -2'

14.9.61 wird z. Ersten Stadtschreiber gewählt (Dienstantritt: 21.9.)	MC d 0 JU 5' JU c 180 MO +1'	SO c 60 MC -3' JU c 30 AS ex. ME d 0 XI -9' VE re 0 SO -2' III re 60 MO +3'
15.12.61 Wahl in die kanton. Volksvertretg.	AS d 0 III 5'	ME d 0 XI 7'
5.2.64 Tod der Mutter	MA c 180 SA -8' VE re 30 DS +2'	MA re 90 DS ex.
(1.7.)65 Schmähartikel i. d. Ztg. (u. a. wegen angebl. Alkoholismus)	III d 150 NE 1'	MA d 45 MC -4' NE d 60 XII 3' ME pro 0 UR -4'
(1.1.)66 Verlobg. m. Luise Scheidegger	SO pro 30 DS -2' MA re 90 XI +2' MK d 180 UR -3'	XI d 0 JU -8'
13.7.66 Selbstmord der Braut – sie entdeckte die Artikel vom (1.7.)'65	XII c 90 SA -4'	IC d 180 UR -5' XI c 180 MO +9' III c 45 UR -4' VIII c 180 NE ex.
4.5.68 Zweiter Sekretär im neugegründ. Verfassungsrat (lästig)	MO d 60 III -1' NE d 60 AS 5'	SO re 60 MC +5' MC re 180 SA +10'
9.5.69 im Stadtschreiberamt bestätigt	SO c 135 XI ex.	MC d 60 SO 4'
19.7.69 Dr. h. c.	DS pro 0 UR -2'	MA pro 0 VE 2'
2.8.71 Ferdinand Weber unterbreitet Angebot vom Stuttgarter Göschen-Verlag u. fördert damit K.s Pensionierungspläne	MC re 90 JU -4.5' ME pro 30 DS 5' III re 0 MK -1' MA re 120 UR ex. SO d 180 PL -8'	XI c 60 VE +5' SO d 60 II -4'

(15.)7.74 Wienbesuch	IX c 120 JU ex.	ME pro 0 AS 11'
		SO c 120 UR +4'
15.7.75 Pensionierung – Rückkehr zur Literatur	AS d 30 MA -4' XI d 0 SA 3' AS pro 180 NE -5' JU d 120 MC 3'	MO d 180 XII -4' SO re 90 XI ex. JU d 0 III -6' III pro 180 VE ex.
3.10.76 erster Brief an C. F. Meyer	AS d 45 ME ex.	III d 150 JU ex.
6.10.88 Tod der Schwester Regula	VIII c 135 NE +4' PF c 0 UR ex. IC re 120 NE +5'	IC c 135 ME ex. NE c 150 III +2' MA re 45 abst.MK-1.5'
30.6.89 absentiert sich vom Geburtstagstrubel durch Reise allein an den Seelisberg	VE re 0 AS +5' JU d 90 XII ex. VE pro 180 SA 2' MA re 45 XII +3' IX pro 0 JU -2'	SO pro 0 AS 11.5' NE c 45 XII +3'
12.9.89 weiterer Kuraufenthalt	SO c 90 XII +4' IX pro 0 JU 7' VE re 0 AS -9.5'	AS c 60 JU +3'
26.11.89 zurück in Zürich	MO c 120 UR -1' MK c 180 MO ex.	SO d 0 AS -5'
11.1.90 Testament	NE c 120 III ex. abst.MKc 90 SA ex.	SO d 0 AS 2' / 60 MA ex. XII re 0 SO -6'
15.7.90 stirbt nach langem Leiden (Schlaganfälle / Raucherbein)	AS c 90 PL -2' SO pro 90 IC ex. SA re 0 PL ex.	AS d 180 SO -7' SO c 90 IC ex. AS re 45 NE -4'

*

sider. Lunare / Halblunare direkt u.convers (L/HL d/c) [alle auf 8ö33, 47n23]	*RADIX* Datum L/HL d bzw. c – Position Achse: Position Planet(en)	*EPOCHE* Datum L/HL d bzw. c – Position Achse: Position Planet(en)
26.4.1822 Schwester Regula geboren (Mai: Tod zweier Schwestern)	L d: 25.4.1822, 16 IC 10♑: UR 7♑, NE 5♑ DS 9♈: ME 15.5♈ L c: 12.10.1816, 19.11 MC 15♒: SA 17♒	L d: 20.4.1822, 8.24 MC 11♓: VE 18♓ DS9♑:UR7♑,NE5♑
12.8.1824 Tod des Vaters (Ende Juli: Tod einer Schwester)	HLd:5.8.1824,23.03 AS 6♊: SA 6♊ HLc:1.7.1814,21.38 MC 14♐: NE 16♐	L d: 18.7.1824, 1.59 DS 2♑: NE 7.5♑ HLc:26.12.1812,5.23 AS 10♐: NE 14♐
9.7.1834 Schulverweis	L c: 2.8.1804, 15.34 MC 14♎: UR 13♎ DS 17♊: MA 15♊	L c: 28.1.1803, 1.34 AS 21♏: NE 24♏ IC 7♓: PL 6♓
26.4.1840 geht mit Geld aus dem väterlichen Erbe nach M.	HL d: 22.4.1840, 4.52 DS 12♏: JU 16♏	L c: 24.4.1797, 23.43 MC 10♏: NE 9♏ IC10♉:SO5♉,ME8♉
3.2.1844 erste Publikation: *Jesuitenlied*	L d: 1.2.1844, 0.55 IC 0♓: JU 3♓	L d: 25.1.1844, 9.20 AS 5♈: UR 29♓, MA 2♈... MO 11♈
26.9.1848 Stipendium üb. 600 Franken	L c: 17.5.1790, 3.53 AS 26♉: SO 26♉	L c:10.11.1788,14.16 DS 6♎: VE 4♎
19.10.1848 geht nach Heidelberg	L d: 17.10.1848, 11.37 IC 1♉: PL 27♈ DS 1♋: MO 1♋	L d:12.10.1848,2.58 DS 18♓: SA 20♓,abst.MK 20♓ L c:14.10.1788,5.27

		AS18♎:NE21♎ MC 22♋: JU 28♋
7.2.1854 Angebot für Stelle am Polytechnikum in Zürich	Ld:12.1.1854, 11.36 MC 22♑: SO 22♑ L c: 9.1.1785, 14.45 MC 7.5♓: JU 7♓	L c:22.6.1783,12.12 MC 11♋: SO 1♋, UR 7♋ ... ME 17♋ IC 11♑: SA 10♑ AS 8♎: NE 7♎ DS 8♈: MO 10♈
14.9.1861 wird zum Ersten Stadtschreiber gewählt	HL d: 12.9.1861, 11.28; MC21♍: SO20♍...ME26♍ HL c: 25.4.1777, 19.16; DS 7♊: SO 4♊...UR 10♊	L c: 2.12.1775,7.30 DS 16♊: JU 17♊
15.12.1861 Wahl in die kantonale Volksvertretung	HL d: 3.12.1861, 12.49; MC 3♑: MO1.5♑... MK6♑	L c: 14.8.1775,19.14 IC 21♊: JU 17♊
5.2.1864 Tod der Mutter	L d: 21.1.1864, 6.09 IC 13♉: PL 10♉ HLd:4.2.1864,15.42 IC 20♎: SA 18♎	L d:14.1.1864,23.02 AS 13♎: SA 18♎ HLd:29.1.1864,15.10 MC 5♈: NE 4♈
13.7.1866 Selbstmord der Braut	Ld:10.7.1866, 23.48 AS 15♉: MA 20♉ IC 22♋: SO 18♋ Lc: 27.7.1772,14.52 DS 5♊: MA 8♊	L d: 5.7.1866, 11.15 DS8♈:abst.MK 7♈... MO 12 ♈, NE 13♈ L c: 22.1.1771, 4.11 DS 17♊: MA 15♊
9.5.1869 Wiederwahl als Stadtschreiber	HL c: 6.10.1769, 18.30 IC 0♌: SA 1♌ DS 26♏: JU 23♏	L d: 8.5.1869,11.57 MC 26♉: ME 28♉

19.7.1869 Ehrenpro-motion der Universität Zürich	L d: 8.7.1869, 10.25 MC 1♋: ME 29♊… MO 1♋	L c: 24.1.1768, 16.04 MC 14♈: MO 10♈ DS 3♒: SO 4♒ HL c: 11.1.1768, 5.22 MC 21♎: JU 22♎
2.8.1871 Ferdinand Weber unterbreitet ein Angebot vom Stuttgarter Göschen-Verlag	Ld:15.7.1871, 19.15 DS 23♋: SO 23♋, UR 27♋, ME 28♋ HLd:29.7.1871, 9.35 MC 8 ♋: JU 15♋	L d: 9.7.1871, 3.19 AS 11♋: JU 10♋ … ME 13♋ L c: 16.1.1766, 13.02 IC 17.5♌: JU 20♌
15.7.1875 Pensionie-rung	L d: 2.7.1875, 14.30 IC 24♒: SA 25.5♒	L d: 27.6.1875, 13.14 MC 30♒: SA 26♒ DS 30♐: MA 26♐
3.10.1876 erster Brief an Conrad Ferdinand Meyer	Lc:25.5.1762, 15.26 DS 24♈: SA 20♈ … JU 24♈ HL c: 11.5.1762, 11.22 MC 20♉: SO 20♉	L c: 22.10.1760, 23.18 DS 16♒: JU 18♒ IC 2♏: SO 0♏… ME 5♏
6.10.1888 Tod der Schwester Regula	L d: 28.9.1888, 0.50 AS 14.5♌: SA 17♌	L d: 21.9.1888, 8.54 MC 19.5♌: SA 16♌
15.7.1890 stirbt nach langem Leiden (Schlaganfälle / Raucherbein)	L d 17.6.1890, 21.15 MC 26♏: MA 30♏ L c: 18.8.1748, 22.43; MC 14♒: UR 15♒, JU 16♒ IC 14♌: MA 13♌ L d: 15.7.1890, 3.24 AS 17♋: ME 13♋…SO 20♋	L d: 8.7.1890, 20.01 MC 28♏: MA 28♏

César Franck

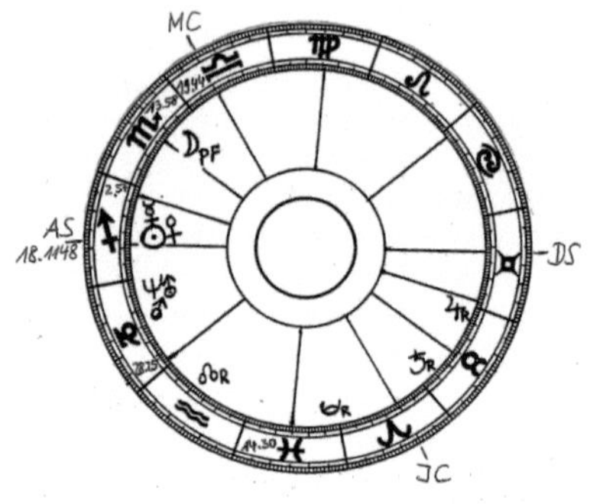

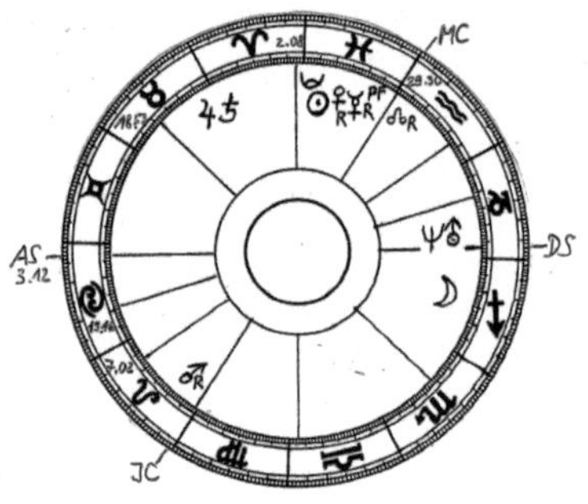

Bei diesem 59 Minuten später als die standesamtliche Angabe „sieben Uhr morgens" Lokalzeit herauskommenden Radix steht nicht nur die Sonne in einem auf Bogenminuten genauen Aspekt zum Radix-Merkur des Verfassers (17Ⅱ57), sondern auch die Aszendenten-Deszendenten-Achse. Der Verfasser hat über César Franck publiziert und interpretiert seine Werke immer wieder auf eigene, sehr persönliche Weise.

César Franck	RADIX: 10.12.1822,	EPOCHE: 15.3.1822,
5ö34, 50n38	7.3645 (18♐1148)	10.1424 (18♐13)
(Lüttich)	[RAMC 198.1314]	[RAMC 331.3658]

	RADIX	EPOCHE
SONNE (SO)	17♐45	24♓18
MOND (MO)	12♏57	18♐13
MERKUR (ME)	4♐48	10♓46 (r)
VENUS (VE)	14♐30	15♓43 (r)
MARS (MA)	11♑29	22♌3 (r)
JUPITER (JU)	29♉22 (r)	1♉40
SATURN (SA)	3♉54 (r)	25♈20
URANUS (UR)	6♑21	7♑3
NEPTUN (NE)	4♑19	5♑7
PLUTO (PL)	28♓54 (r)	29♓13
MONDKNOTEN (MK)	9♒35 (r)	23♒52 (r)
PARS FORTUNA (PF)	12♏57	7♓8
MEDIUM COELI (MC)	19♎44	29♒30
XI	13♏58	2♈8
XII	2♐27	18♉53
ASZENDENT (AS)	18♐1148	3♋12
II	28♑25	19♋16
III	14♓30	7♌2

Ereignisdaten	*Direktionen RADIX*	*Direktionen EPOCHE*
29.9.1824 Bruder geboren	IC c 120 SO +5' MO d 120 III ex.	JU c 120 IC +3'
23.11.24 Tod des Bruders	NE d 30 ME -2'	III d 135 SO 5' SO pro 0 PF -10'
31.10.25 Bruder geboren	VE pro 0 AS -3' UR d 30 MK ex.	NE c 180 AS +9' SA pro 45 ME ex.
23.5.31 besucht das Musikinstitut in Lüttich	ME pro 0 SO ex.	ME re 120 VI +4'
25.8.32 Erster Solfeggio-Preis	ME pro 60 MC -1'	JU re 60 MC ex. XI d 30 JU -3'

22.2.34 Erster Klavier-Preis	AS c 60 MK -4'	DS c 120 MA +3' VE d 0 SO -6'
29.1.35 Abschluß Harmonielehre	III c 90 JU -5' VE re 180 JU -9'	III d 120 MO 3.5'
1.5.35 Konzert in Aachen / Familie zieht nach Paris	ME d 90 IX / 0 VE -4' VE c 0 ME +3'	MO re 0 AS ex. PF c 0 ME -8' ME d 0 SO -3'
30.4.37 lernt Liszt kennen	ME re 0 XI +6'	VE c 0 MK -1' UR d 120 XII ex.
4.10.37 Kompositions-studien bei Leborne	VI d 180 VE -5'	MC d 0 VE 5'
2.8.38 Erster Klavier-Preis	III d 120 ME 1' XI pro 180 JU -8'	MC d 45 JU 2'
(20.)7.39 Zweiter Preis f. Lyr. Komposition	VI c 135 NE +3' AS pro 0 NE 5'	III c 30 MA -1' MK c 180 III +7'
27.2.40 UA *Trio fis-Moll* op.1,1	XI d 120 PL 2'	AS c 90 VE +5' MA d 180 ME ex.
19.7.40 Erster Fugen-Preis	AS c 0 ME -2' XI d 180 JU -6'	MO pro 180 MC 3'
21.7.41 Zweiter Orgel-Preis (Verkennung d. originellen Leistung)	AS d 0 NE 2' JU c 180 XI +4' XII d 0 SO -10'	III d 180 MK 7' ME re 135 III -2'
22.4.42 Abmeldung vom Konservatorium / Rückkehr nach Lüttich	MC c 180 PL +9' IX d 120 MK 4'	MC c 45 SO +4'
2.11.42 Vater veran-staltet Subskription für Opus 1	JU c 180 PF +4' VE c 180 JU -6' UR d 0 II 2'	II c 60 JU +5' XI re 60 UR -1'

12.9.43 wechselnde Resonanz auf Konzert-tätigkeit	AS d 0 UR 5' III d 90 MA -2' URd 45 III/45 VE 1' MC c 45 MO +4'	SA c 0 PF +2' VE c 45 XI -4'
8.12.43 belg. König bedankt sich mit Goldmünze für Widmg. Op.1 / endgültig Paris	II c 0 UR +7' VE c 60 II +3' UR c 0 AS -2' [MC d 60 MA -8']	IX c 30 MO ex. MK d 0 VE ex. AS pro 0 II 7'
10.1.45 Korrepetitions-job in Orléans	MC d 0 MO -4'	ME pro 120 II 1' MA re 180 MC +5'
24.5.45 Nebenorganist in Notre-Dame de Lo-rette	MC d 0 PF -8' MO d 0 XII 3' PF d 0 XII 6' JU re 180 XII -4'	XI d 0 JU -3' MO d 0 DS 9'
1.11.45 UA *Ruth*, 1. Fassung	JU d 180 SO -3' AS re 180 JU +7'	MC d 0 SO 10'
(nach dem) 7.2.46 Streit m. d. Vater / Zu-flucht bei Félicité Des-mousseaux	MA pro 45 III 2' III d 120 VE 3' DS re 0 JU -6'	NE d 90 SA -1' JU pro 90 III / 120 UR ex. VE re 0 PF -8'
1.6.46 Matinee mit Schülerinnen / weiterer Trennungsschritt von den Eltern	ICc135abst.MK +4' JU d 0 DS ex. VE pro 120 V 5' ME pro 0 MA ex.	JU c 0 PF +10' SO pro 120 MO ex. VE re 0 PF -6' XII d 45 JU -4'
10.12.47 kündigt Vater per Brief Heirat an (f. d. 9. bzw. 22.2.48)	DS c 0 JU ex. PF d 0 ME -2' MO d 0 ME -5'	XII d 180 MO -5' VE re 0 PF -6'
22.2.48 kirchl. Heirat inmitten Revolutions-wirren	DS c 0 JU -7' VE re 0 PF -8' MO d 0 ME 5'	VE re 0 PF ex. MO pro 60 V -4' XII d 180 MO 7'
27.11.48 * Georges-César	[AS d 0 MA 15'] MO c 0 MC -5'	AS d 120 SO 4' SO c 180 MA +5'

	PF c 0 MC -3'	
21.12.49 * Marie-Joseph	V c 0 IC +11' MA c 0 AS +7'	PF d 0 JU -1' V d 60 UR -1' VE re 0 PF -3'
21.11.50 Tod der Tochter	VE pro 90 IC -4' MO re 180 SA +5'	AS d 135 ME 2' PF c 180 MA -4'
20.7.56 nach Intendantenwechsel keine Aussicht auf Aufführg. einer '51 bis '53 komponierten Oper	SA d 180 ME 11' XII pro 0 NE ex. XII re 60 NE -1'	MC c 45 ME ex. III c 180 UR +8' SA pro 60 MC 4' .
6.11.56 * Paul	NE d 90 MO -3' MO re 120 AS +10' [= ca. 5 Tage]	ME re 150 V +1' MK pro 45 UR / 180 MA ex.
30.11.57 Einweihung Basilika St. Clotilde	III d 30 JU 1' SO re 0 MO -7'	SO pro 60 MC -2'
22.1.58 *Maître de Chapelle* in St. Clotilde (28.2.: Erwerb einer Pedalklaviatur)	XI d 0 VE -4' UR d 120 MC -1' ME c 0 NE -7'	MC c 60 SO +4'
24.5.59 Tod des Sohnes Paul	AS c 45 UR -5' IC d 135 MA -1' SA c 45 V +2'	SA c 45 VIII ex.
19.12.59 Orgelweihe in St. Clotilde	ME re 120 III -2' NE c 0 XII +6'	MK d 0 XI 8' JU c 60 UR -3'
21.7.60 Tod der Mutter	ICc 30 abst.MK ex. NE d 120 DS -4' XII d 0 NE ex.	IC c 30 MA ex. MO c 45 IC +2'
2.4.61 UA *Messe* op. 12	MC re 120 UR +4' MK d 120 ME 4'	AS d 135 MO 4' JU c 60 NE +1'

26.4.63 UA Opus 17 bei einer Orgelweihe: schwache Resonanz	DS d 120 PL 2' VE c 120 III -3' MO d 0 AS -6'	AS c 45 PL -3' MA c 135 MC +3'
(30.) 11.63 Hauptorganist von St. Clotilde	VE c 0 XI +4' UR c 0 XII ex.	XII d 0 AS -9' III re 60 JU +2'
17.11.64 spielt die *6 Stücke* opp. 16 bis 21	JU re 135 MC ex. / 180 ME -3'	VE c 45 ME -2'
26.4.65 beendet *Turmbau zu Babel* (ca. zeitgleich: Umzug)	VE c 0 PF +4' JU re 180 ME ex. ME re 30 MC -1.5'	[AS c 60 ME -7'] JU c 180 IC -8' VE re 135 III ex.
27.11.70 Beginn der *Paris*-Komposition	III c 45 ME +4'	III c 90 SO ex. SA c 90 XII -1'
22.1.71 Tod des Vaters	abst.MK d 0 MC 7' SA d 180 SO 10'	PL d 180 MO (3') XIII re 60 SA -4' SO re 30 NE ex.
8.9.71 bewirbt sich um Direktorenposten des Lütticher Konservatoriums (24.9.: UA *Ruth*, 2. Fassung)	AS c 0 MO +9' MA pro 120 MC -2'	MC d 120 MA ex. VE c 0 VIII -2'
25.11.71 eröffnet m. Op. 1,2 Gründungskonzert der *Societé Nationale de Musique*	AS c 0 MO ex. JU c 180 MC -3'	AS d 150 ME 1'
1.2.72 Professor für Orgel	AS c 0 MO -7' MO c 120 II +1'	XI d 30 JU -2' VE c 60 VI -2'
(1.)10.72 Vincent d'Indy wird sein Schüler	SO c 60 MA -3'	MC c 60 ME +4'
10.4.73 UA *Rédemption*: Fiasko	AS c 60 MA +4'	AS c 0 SA -4' III c 60 MA -1'

15.11.74 hört Wagners *Tristan*-Vorspiel	VE pro 120 MC 3' MK c 0 SO -4'	MC d 0 SA 3'
25.9.77 Heirat d. Sohnes George in England	V c 45 MK +3.5' IX re 180 MA +2'	AS c 30 VE 0' UR pro 150 IX 0'
1.10.78 UA *Trois Pièces* an der neuen Trocadero-Orgel	MC d 0 VE 2'	VI d 60 VE ex.
20.2.79 UA *Les Béatitudes* im Klavierauszug: Fiasko	NE pro 0 UR ex. VE c 135 DS -4'	MC c 0 NE -4' UR pro 135 MA / 150 III -1'
17.1.80 UA *Quintett f-Moll*: Publikumserfolg, aber Skandal für einige Fachkollegen	SO c 60 UR ex. MC re 120 SO +5' ME pro 60 SA 3'	MC d 45 VE 2' MA c 120 MC -2' VE pro 90 NE 3'
26.2.82 Mißerfolg *Les Éolides* in Paris: wird vom Wdh.-Konzert abgesetzt	(MC d 0 SO -6') ME re 0 PF ex. ME d 45 III 2' AS re 60 NE -2'	MA pro 180 MC -9' UR c 150 XII +1' NE c 60 MO -4'
17.4.84 UA Teile Oper *Hulda* m. Klav. u. Chor – keine Inszenierung	III d 0 JU 3' – NE c 120 III +2' DS c 0 SA ex.	MC pro 0 JU ex. – MC d 120 NE ex.
13.12.84 Chausson veranstaltet 2 promin. Soireen für Franck	III c 0 UR +6'	III c 90 ME +4.5'
24.1.85 UA *Präludium, Choral & Fuge*	MC c 120 VE ex. III c 0 UR ex.	AS c 0 PL -1' III c 90 ME -2
6.8.85 Ritter der Ehrenlegion (als Orgelprof., nicht Komponist)	SO c 150 VI +2' MO pro 120 MC -7'	MC c 90 PL -1' SA pro 120 DS / 135 MO ex.
1.9.85 Reise nach	MC c 135 PL +1'	SA pro 120 DS /

Antwerpen	UR d 60 MK 2'	135 MO ex.
26.9.86 UA *Sonate A-Dur*	III c 30 ME ex. VE pro 135 MC -5'	JU c 120 V -4' ME pro 60 XI 2'
21.11.86 d'Indy drückt Fr. gg. Saint-Saëns als Vorsitzenden der *Societé Nationale* durch	VIII d 60 NE -1'	VE c 0 NE +2'
30.1.87 Franck-Fest im Winterzirkus (neg.)	MC c 90 MO +2' III c 0 NE +9' MA d 180 MC ex.	III d 90 NE 3'
20.11.87 neg. Aufnahme a. Dirigent u. Komponist in Bordeaux	XII c 90 MA -2' UR c 60 IX ex. XI d 0 MA -9'	AS d 0 MA -5' MO d 0 IX 5'
10.3.88 UA *Psyche*	MK d 180 XI -3'	ME c 0 DS +2'
12.5.88 UA neg. *Präl., Aria & Finale*	XII d 90 SA -4'	MC d 45 SO -4'
17.2.89 UA neg. *Sinfonie d-Moll*	PF d 0 MA 4' MO d 0 MA ex.	III d 45 MA/90 UR -1' MO re 135 MC ex.
19.4.90 UA pos. *Quartett D-Dur*	JU c 120 ME -3' UR d 120 AS 3'	AS re 0 VE -10.5'
(5.)7.90 stößt m. e. Pferdebus zusammen/ unterschätzt die Unfallfolgen	ME re 45 AS -2' SO pro 45 MA -2' SA c 30 PL ex.	NE re 180 AS +2' XII d 90 SA -5'
8.11.90 stirbt	AS d 45 SA -2' JU c 90 NE -2'	NE re 180 AS +1' AS d 0 abst.MK 9'

*

sider. Lunare / Halblunare direkt u.convers (L/HL d/c)	*RADIX* Datum L/HL d bzw. c – Position Achse: Pos. Planet(en)	*EPOCHE* Datum L/HL d bzw. c – Position Achse: Position Planet(en)
29.9.1824 Bruder geboren [5ö34, 50n38]	Ld:25.9.1824,20.01 IC 10♌: JU 7♌ Lc: 23.2.1821, 6.53 AS 11♓: SO 4♓ ... MK 14♓, ME 15♓	L d: 28.9.1824, 12 MC 14♎: ME 15♎
23.11.1824 Tod des Bruders [5ö34, 50n38]	L d: 19.11.1824, 16.11 AS 8♊: SA 5♊	L c: 2.8.1819, 7.22 MC 8♊: MA 8♊
31.10.1825 Bruder geboren [5ö34, 50n38]	L d: 13.10.1825, 19.29 AS 18♑: UR 16♑ HL d: 27.10.1825, 16.33 AS 11♉: MO 12.5 MC 18♑: UR 16♑	L c: 11.8.1818, 20.15 MC 29♐: JU 4.5♑ DS 28♍: VE 27♍
23.5.1831 besucht das Musikinstitut in Lüttich [5ö34, 50n38]	Ld:27.4.1831,13.33 MC 6♊: VE 7♊ HL d: 11.5.1831, 11.34 MC 20♉: SO 20♉ (... folgt:) Ld:24.5.1831,19.34 DS 5♊: SO 3♊, ME 5♊ ... (bzw.) Lc:27.6.1814,20.31 IC 21♉: VE 23♉	L d: 30.4.1831, 13.29 MC 10♊: VE 11♊
22.2.1834 Erster Kla-	HL d: 15.2.1834,	HL d: 18.2.1834,

vier-Preis [5ö34, 50n38]	16.06 MC 5♉: JU 1♉ DS19♒:VE 21.5♒	12.25 MC 8♓: ME 3.5♓
1.5.1835 Familie zieht nach Paris [5ö34, 50n38]	Ld:14.4.1835,14.53 MC 12♊: JU 10♊ HL d: 28.4.1835, 9.08 MC 28♓: VE 27.5♓ AS24.5♋:MA 27♋	L c: 9.2.1809, 18.30 IC4♐:SA 3♐...NE 6♐ DS 10♓: ME 6♓ HL c: 27.1.1809, 8.21 IC 18♊: MO 18♊ HL d: 1.5.1835, 9.39 AS 2♌: MA 28♋ DS 2♒: NE 3♒
2.8.1838 Erster Klavier-Preis[2ö20,48n52]	L c: 23.4.1807, 1.29 IC 27♉: VE 30♉	HL c: 9.11.1805, 9.10 AS12♐:MA 9♐,JU12♐
27.2.1840 UA *Trio fis-Moll* [2ö20, 48n52]	L d: 23.2.1840, 12 MC 3♓: ME 3♓, SO 4♓	L d: 26.2.1840, 12.02 MC 6♓: SO 7♓, MK 7♓, ME 9♓
21.7.1841 Zweiter Orgel-Preis (Negativbewertung der eingebrachten Originalität) [2ö20, 48n52]	Ld:28.6.1841, 22.13 MC 13.5♐: JU 12♐ Lc:22.5.1804, 19.44 MC 28♏: SA 27♏	L d: 1.7.1841, 20.05 DS 13♋: SO 10♋ L c:26.11.1802,11.42 MC 4♐: SO 3♐
22.4.1842 Abmeldung vom Konservatorium / Rückkehr nach Lüttich [2ö20, 48n52]	HL d: 12.4.1842, 16.18; DS 28♓: UR 26 ♓, ME 28♓	HL d:15.4.1842,9.33 DS 15.5♑: SA 14♑ (… folgt:) L c:30.1.1802, 2.11 AS 23♏: NE 21♏
2.11.1842 Vater veranstaltet Subskription für *Trios* op. 1 [5ö34, 50n38]	Ld:6.10.1842, 10.17 AS 30♏: VE 29♏ Lc:13.2.1803, 20.31 AS 5♎: JU 5♎	HL c:4.8.1801,16.32 DS 25♊: VE 26♊

8.12.1843 belg. König bedankt sich mit Goldmünze für Widmg. Op.1 / endg. Übersiedelung nach Paris [5ö34, 50n38]	L d: 20.11.1843, 16.08 DS 7♐: VE 10♐ HL c: 16.12.1801, 11.19; DS 8♍: JU 6♍... SA 8♍	L d:23.11.1843,1.21 D 28♓: UR 28♓ MC 27♊: abst.MK 24♊ HL c: 21.6.1800, 6.30 AS 6♌: SA 8♌
24.5.1845 Nebenorganist [2ö20, 48n52]	L c: 2.7.1800, 10.59 MC 28♊: VE 1♋	L d: 22.5.1845, 21 AS 19.5♐: MO 18.5♐
(nach dem) 7.2.1846 Streit m. d. Vater / Zuflucht bei Félicité Desmousseaux, seiner Schülerin und späteren Frau [2ö20,48n52]	L d: 21.1.1846, 14.44 MC 12♓: VE 13♓	L d: 24.1.1846, 4.10 IC 9♈: UR 7♈ HL d: 6.2.1846, 0.31 IC24♒: SA21♒... NE25♒
1.6.1846 Matinee mit Schülerinnen / weiterer Trennungsschritt v. d. Eltern [2ö20, 48n52]	Lc:11.7.1799, 21.34 IC 17♊: JU 19♊ DS 0♍: VE 3♍	HLc:31.12.1797,23.45 DS 7♈: JU 11♈ IC 9♑: SO 11♑ MC 9♋: SA 8♋
10.12.1847 kündigt dem Vater Heirat an [2ö20, 48n52]	L d: 5.12.1847, 5.43 AS 22♏: ME 26♏ IC 10♓: SA 7♓ L c: 14.12.1797, 18.49 MC 9♈: JU 10♈	L c: 19.6.1796,10.13 DS 11♓: JU 12.5♓
22.2.1848 kirchl. Heirat inmitten Revolutionswirren [2ö20, 48n52]	Ld:28.1.1848, 22.14 MC12♋: JU 12.5♋ HLc:8.10.1797,6.14 DS 17♈: JU 15♈	L d: 31.1.1848,20.15 IC 17.5♐:MO 18.5♐
27.11.1848 * Georges-César [2ö20, 48n52]	Ld:24.11.1848, 3.05 DS 16♈: UR 19♈	L c:30.6.1795,12.15 MC 13♋: SO 9♋, MA 9♋

21.12.1849 * Marie-Jo-seph [2ö20, 48n52]	Ld:11.12.1849, 8.35 DS 1♋: MA 29♊	L d: 14.12.1849, 7.33 AS 20♐: MO 19♐, ME 19♐ ... SO 22♐
21.11.1850 Tod der Tochter [2ö20, 48n52]	L d: 4.11.1850, 5.22 DS 26♈: UR 28♈, PL 29♈	L d: 6.11.1850, 22.43 MC 1♉: UR 28♈, PL 29♈
	Lc:14.1.1795, 19.22 MC 20♉: SA 23♉	
6.11.1856 * Paul [2ö20, 48n52]	L d: 29.10.1856, 12.35 IC 22♉: UR 24♉	L d: 1.11.1856, 11.17 MC 5♏: SO 9♏ IC 5♉: PL 5♉ AS 3♑: MA 3♑
24.5.1859 Tod des Sohnes Paul [2ö20, 48n52]	L c: 5.7.1786, 23.46 IC 12♋: SO 14♋	L c: 8.1.1785, 17.18 IC 11♎: NE 14♎
19.12.1859 Orgelwei-he in St. Clotilde [2ö20, 48n52]	L c: 26.12.1785, 22.06 IC 11♐: VE 15♐	L c: 1.7.1784, 9.27 DS 11♓: JU 8♓
21.7.1860 Tod der Mutter [2ö20, 48n52]	HLd:13.7.1860,4.46 DS 28♑: MA 26♑ HL c: 8.5.1785, 5.48 MC 13♒: PL 13♒	L d: 1.7.1860, 10.13 MC 17♊: UR 10♊ IC 17♐: MO 19♐
22.1.1871 Tod d. Va-ters [2ö20, 48n52]	L d: 15.1.1871, 15.54 AS21♋: UR 24.5♋ DS 21♑: SO 25♑ L c: 4.11.1774, 2.40 AS 27♍: NE 22♍... SA 4♎	L c: 8.5.1773, 18.21 MC 22♌: MA 11♌ ... SA 6♍
24.9.1871: UA *Ruth*, 2. Fassg. [2ö20, 48n52]	Ld:18.9.1871, 12.37 MC 9♎: VE 7♎	- - -

1.2.1872 Professur [2ö20, 48n52]	L c: 13.11.1773, 18.58 DS 8♑: VE 2♑ (... folgt:) L d: 2.2.1872, 10.36 MC 21♑: ME 20♑ IC 21♋: JU 23♋	L d: 8.1.1872, 14.08 MC 19♒: UR 18♒ L c: 18.5.1772, 12.03 MC 2♊: SO 28♉, ME 2♊
10.4.1873 UA *Rédemption*: Fiasko <auch für Franck subjektiv?> [2ö20, 48n52]	<L c: 2.9.1772, 2.49 AS 14♌: VE 12♌>	L c: 8.3.1771, 6.45 IC 29♊: MA 25♊ HL c: 23.2.1771, 14.49 AS 8♌: SA 11♌
1.10.1878 UA der *Trois Pièces* an der neuen Trocadero-Orgel [2ö20, 48n52]	L d: 29.9.1878, 5.22 AS 0♎: MA 2♎, SO 6♎ DS 0♈: SA 29♓ HLc:4.3.1767,19.09 DS 1♈: VE 27♓	L d: 4.9.1878, 10.26 MC 20♌: VE 18♌ DS 8♉: NE 10♉ L c: 21.9.1765, 7.56 AS 23♎: VE 27♎ DS 23♈: UR 24♈
20.2.1879 UA neg. *Les Béatitudes* im Klavierauszug in Francks Wohng. [2ö20,48n52]	Ld:12.2.1879, 23.26 IC 14♒: ME10♒ DS 4♉: NE 7♉	L d: 15.2.1879, 13 MC 11♓: VE 14♓ DS 11♑: MA 8♑
17.1.1880 UA *Klavierquintett*: Publikumserfolg u. Skandal f. einige Fachkollegen [2ö20, 48n52]	L d: 7.1.1880, 7.53 AS 17♑: MK 15♑, SO 16♑ IC 19♉: MA 16♉ L c: 12.11.1765, 12.36 IC 5♊: SA 3♊	L c: 17.5.1764, 4.11 AS 26♉: SO 26♉
26.2.1882 Mißerfolg *Les Éolides* in Paris: wird vom Programm abgesetzt	Lc:8.10.1763, 21.26 IC 9♍: MA 10♍ HLd:23.2.1882,3.46	L d: 13.2.1882, 8.25 IC 2♋: MA 28♊

[2ö20, 48n52]	DS 2♋: MA 29.5♊ IC 4♉: SA 7.5♉	
31.3.1883 *Le Chass. maudit* [2ö20,48n52]	L d: 27.3.1883, 4.25 AS 25♒: VE 23♒	- - -
13.1.1884 dirigiert das Werk vor breitem Publikum [2ö20, 48n52]	Ld:25.12.1883, 1.34 MC 27♋: JU 3♌ IC 27♑: VE 26♑	HL d:10.1.1884,8.54 AS 12♒: ME 7♒ ... VE 17♒
13.12.1884 Ernest Chausson veranstaltet Soireen mit offiziellen Gästen für Franck [2ö20, 48n52]	L d: 16.11.1884, 17.10 DS 16♐: MA 16♐ HL d: 30.11.1884, 23.07 AS 7.5♍: JU 5♍ L c: 31.12.1760, 22.21 DS 21♓: SA 23♓	L d:19.11.1884,17.05 DS 18♐: MA 18♐, MO 19♐ HLc:23.6.1759,14.46 MC 13♌: VE 10.5♌... NE 16♌
6.8.1885 Ritter der Ehrenlegion (jedoch als Prof.) [2ö20, 48n52]	L c: 30.4.1760, 8.07 IC 11♍: MA 9♍	L d: 23.7.1885, 7.23 MC 26♉: NE 25♉ AS 4♍: JU 6♍
1.9.1885 Reise n. Antwerpen [2ö20, 48n52]	L c: 3.4.1760, 1.55 MC 13♏: MO 12♏	L d: 19.8.1885, 13.53 MC 28♍: VE 25♍, MK 27♍ ... UR 1♎
21.11.1886 d'Indy drückt Franck gg. Saint-Saëns als Vorsitzenden der *Societé Nationale* durch [2ö20, 48n52]	L c: 22.1.1759, 7.29 AS 29♑: ME27♑ ... SO 2♒, VE 4♒, MA 8♒ HL d: 11.11.1886, 7.59 DS 30♉: NE 27♉	L d:30.10.1886,13.13 IC 1.5♊: NE 27♉ ... PL 3.5♊ HLd: 14.11.1886,1.12 IC 15♐: ME 14♐ MC 15♊: MO 19♊ HL c: 13.7.1757, 5.09 AS 2.5♌: VE 0♌

30.1.1887 „César Franck-Fest" im Winterzirkus [2ö20, 48n52]	L c: 1.11.1758, 6.12 MC 13♌: NE 17♌	- - -
5.5.1887 Sonate vor großem Publikum (pos.) [2ö20, 48n52]	HL c: 27.7.1758, 20.19 MC 13.5♐: JU 10♐	L c:13.2.1757,14.16 DS 25♑: VE 26♑ HL d:27.4.1887,2.09 IC 11♊: VE 11♊
10.3.1888 UA pos. *Psyche* [2ö20, 48n52]	Lc:17.9.1757, 13.28 MC 23♎: VE 22♎	L c: 22.3.1756, 5.47 AS 28♓: SO 2♈
17.2.1889 UA neg. *Sinfonie d-Moll* [2ö20, 48n52]	HL c: 10.10.1756, 8.03; AS 8♏: MA 6♏ ... ME 11♏	L d: 27.1.1889, 18.10 DS 25♒: ME 26♒
19.4.1890 UA pos. *Quartett D-Dur* [2ö20, 48n52]	L d: 7.4.1890, 11.31 MC 12♈: ME 16♈, SO 18♈ DS 2.5♒: JU 8♒ L c: 14.8.1755, 1.43 MC 19♓: UR 14♓ IC 19♍: JU 21♍, MK 22♍	- - -
(5.)7.1890 stößt m. e. Bus zusammen / unterschätzt Unfallfolgen [2ö20, 48n52] Datum nicht sicher.	Ld:28.6.1890, 15.04 MC 22.5♌: SA 0♍ [ungenau]	L d: 1.7.1890, 15.04 IC 6♍: SA 0♍ [ungenau] L c: 26.11.1753, 1.48 IC 4♑: SA 4♑
8.11.1890 stirbt an Brustfellentzündung [2ö20, 48n52]	L c: 3.2.1755, 15.48 AS 4♌: NE 7♌ HL c: 21.1.1755, 11.15 MC 20♑: SA 21♑	L d: 18.10.1890, 10.24 DS 9♊: NE 6♊ L c: 8.8.1753, 16.40 AS 0♑: SA 0♑

Conrad Ferdinand Meyer

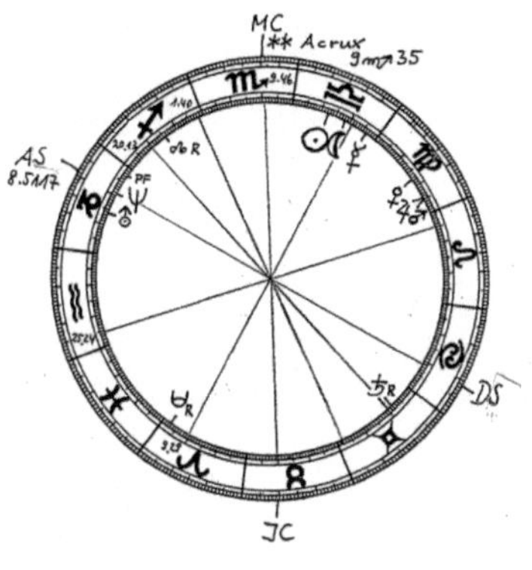

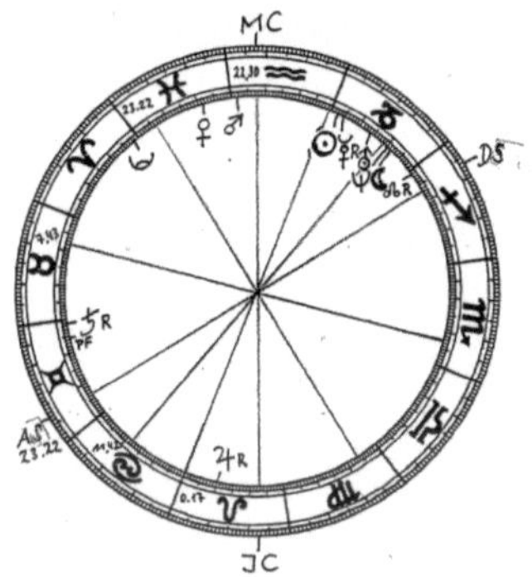

In einer liberaleren Gesellschaft wäre Meyers Biografie sicher un-
auffällig verlaufen und er hätte als junger Mann nicht Zuflucht in ei-
ner Nervenheilstätte gesucht. (Der zweite Psychiatrieaufenthalt als
fehlernährter älterer Herr ging auf Altersdemenz zurück.) Der Ver-
fasser widmete diesem außergewöhnlichen Schriftsteller sein ers-
tes Buch und die weltweit erste Werke-Audioausgabe. Sein Mer-
kur (17♊57) steht im genauen Aspekt zu Meyers Sonne, sein
Mars (8♑32) unmittelbar an Meyers Aszendent u. ähnliches mehr.

<u>Conrad Ferdinand Meyer</u> 8ö33, 47n23 (Zürich)	RADIX:11.10.1825, 12.36 (8♑5117) [RAMC 217.2106] MDO MA 52.47 (4) MDO JU 52.46 (4)	EPOCHE: 17.1.1825, 13.1835 (8♑55) [RAMC 324.5132] MDO UR 52.53 (4) MDO UR 52.53 (4)
SONNE (SO)	17♎54	27♑14
MOND (MO)	11♎32	8♑55
MERKUR (ME)	3♎47	25♑36 (r)
VENUS (VE)	12♍37	8♓7
MARS (MA)	5♍9	28♒16
JUPITER (JU)	5♍51	10♌5 (r)
SATURN (SA)	21♊54 (r)	1♊6 (r)
URANUS (UR)	16♑6	16♑33
NEPTUN (NE)	9♑9	9♑59
PLUTO (PL)	2♈56 (r)	1♈19
MONDKNOTEN (MK)	14♐43 (r)	28♐51 (r)
PARS FORTUNA (PF)	2♑29	5♊3
MEDIUM COELI (MC)	9♏46	22♒30
XI	1♐40	23♓22
XII	20♐13	7♉43
ASZENDENT (AS)	8♑5117	23♊22
II	25♒24	11♋42
III	9♈29	0♌17

<u>*Ereignisdaten*</u>	<u>*Direktionen RADIX*</u>	<u>*Direktionen EPOCHE*</u>
10.1.1828 Tod des Großvaters	SO pro 45 MA -1' ME c 180 PL -5' XII pro 180 SA -7'	MC d 30 ME -1.5'
(15.)7.30 Revolution in ZH – begeistert „v. d. hl. Sache des Volkes"	XI d 90 JU -1' [MC c 60 MA -12']	III c 180 ME -6'
3.3.31 Einschulung	SO c 0 MO -7'	XI d 60 SA 3'
19.3.31 Schwester	SO c 0 MO -9'	IC d 120 MK -3'

Betsy geb.	SA d 120 II 5'	IC c 45 PL ex.
		MA re 120 AS +4'
6.9.39 „Züriputsch"	PF d 0 UR 9'	XII c 90 UR -5'
	PF c 0 XII +4'	VE c 0 MC +2'
10.5.40 Tod des Vaters	MC d 45 NE -3'	VIII c 60 MA -1'
	VE re 0 VIII -9'	SO re 0 VIII -4'
		NE d 150 AS -2'
23.11.41 bereitet der Mutter Aufregung	SA d 60 MA 1'	MC d 60 NE -4'
(1.5.)43 Krise	XII d 120 JU 4'	SA d 0 AS 2'
21.6.43 Tod der Großmutter	NE c 180 SA -2'	SA d 180 DS 10'
	PL c 150 VIII +1'	[DS d 0 NE -12']
		XI re 0 MA -8'
13.5.44 geht für einige Wochen (bis 4.6.) nach Lausanne	AS c 180 SA +3'	NE c 0 DS/90 XI ex.
	UR d 90 IC +3'	SA d 45 AS/45 XI -4'
	SO d 30 IX -5'	SO re 45 MC +3'
16.8.44 Kämpfe mit der Mutter / steht unm. vor dem Abitur	DS c 0 SA -10'	III c 135 MA -5'
	IC re 60 SA ex. /	MO d 0 ME 6'
	SO d 0 MC -4'	
(15.)10.44 hat sich für Jura immatrikuliert	MC c 45 MA ex.	AS c 135 UR -4'
	SO d 0 MC 7'	SA c 180 VI -3'
24.12.45 Kritik Gustav Pfitzers (Brief hängt am Weihnachtsbaum) löst erste lit. Krise aus	NE pro 90 III ex.	III re 180 NE ex.
	AS re 180 SA -2'	
12.6.52 begibt sich in die psychiatr. Anstalt Préfargier	IX c 0 JU ex.	XII d 135 ME -4'
	VE c 60 IX -4'	AS re 45 PL +4'
	NE d 120 IX 5'	NE re 0 MO +2'
		SO pro 45 NE 2'
		MO re 120 XII ex.

| (15.)7.52 krank / Krise | NE d 90 IC -4' | XII d 135 ME 2' |

| 8.10.52 plädiert i. e. Brief an Betsy f. lange Trennung von der Familie / verliebt sich in Cecíle Borrel | IC d 90 JU ex.
IC pro 90 MA ex.
JU d 45 XI ex.
MA d 45 XI -2'
abst.MK d 0 DS -4' | IC c 180 ME -3'
NE re 0 MO +2' |

| 10.1.53 geht nach Neuenburg | MC c 0 MO -7'
IX c 0 MA -1'
ME d 0 MC -7' | IX d 45 NE 3'
MA c 0 IX +5'
VEc135 AS/135V ex. |

| 15.3.53 Mutter bringt Betsy nach Genf / Treffen in Bern (1.4.: geht nach Lausanne) | AS c 0 MK +2' (ex.)
IX d 60 VE 2' | ME pro 0 IX -3' (ex.)
MA c 0 IX -6' |

| 31.12.53 wieder bei der Familie in Zürich | UR c 0 XII +7'
UR d 135 IX 5' | SO d 0 MC -10' |

| 24.6.54 Mutter vereitelt per Brief Besuch Cecíle Borrels | VE re 30 DS +3'
XII c 45 MO +3'
XII pro 0 UR 1' | IC d 0 SA -2' |

| 22.7.56 Tod des begüterten Pfleglings Antonin Mallet (Familie Meyer erbt) löst letzte Krise der Mutter aus | NE pro 120 IC -1'
VE pro 60 XII 3'
MO pro 0 XI -5' | IC d 120 ME -3'
III d 180 MA -4'
JU c 0 VIII -2'
ME c 180
abst.MK ex. |

| 28.9.56 Nachricht vom Selbstmord der Mutter (Wasser) tags zuvor | AS d 45 PL-1.5'/
120 SO ex.
NE pro 120 IC ex.
SA c 90 VIII -3'
VIII pro 0 MO -6' | III d 180 MA 6'
PL re 60 SA ex. |

| 14.3.57 geht n. Paris | AS c 60 MO +4' | IX d 60 MK -4' |

| 30.7.57 kommt ohne Plan zurück | NE pro 60 MC ex.
XII c 45 NE ex. | MK d 0 ME 5' |

17.3.58 Krise wegen Marie Burckhardts – überstürzter Aufbruch mit Betsy nach Italien	MC c 30 JU +1' UR d 90 V 1'	SO re 90 V / 180 AS +5' NE d 90 XII -2' IX c 150 SA ex.
15.5.58 Reisestation: sehen Papst, treffen Bettino Ricasoli	SO d 45 IX -1' ME c 45 IX +2' XII d 135 JU 3' MA pro 135 IC -1'	SO re 0 DS -5' XII d 150 UR 3' NE d 90 XII 4'
30.6.58 zurück in Zürich: Berufssuche	NE c 30 MC +2' NE pro 60 MC 2'	JU c 180 NE -3'
10.3.60 Krise wegen Clelia Weydmanns – „flieht" nach Lausanne	MC c 0 ME -3' IX c 45 MO ex. MO c 135 AS ex.	AS c 120 MO ex. IX d 45 UR -2' MA d 135 IC -4'
(1.)12.60 Verlagsabsage / definitiver Entschluß zum Dichter	MC c 180 PL ex.	PF d 180 NE -8' MC pro 60 SA 2'
3.1.61 zurück in ZH	IC c 0 PL -5'	VE c 0 IX -2'
25.6.61 erneute Verlagsabsage	MO d 150 VI -2'	MA d 90 MO -3'
(15.)4.63 Betsy erkämpft Protektion	MC re 0 ME -2'	SO c 0 DS +7'
17.9.65 begegnet Verl. Hermann Haessel	SO re 120 AS -4'	DS d 0 SO -3'
3.7.66 mit Betsy in die Alpen	(MA re 90 MC -1.5') (AS d 180 MA -14')	MO re 0 AS +6' NE c 60 IX +2'
5.8.66 kündigt den *Jenatsch*-Roman an	DS d 0 MA -3' ME re 60 XI -3'	ME re 0 DS +8'
4.2.67 H. übernimmt Restaufl. *20 Balladen*	AS d 180 JU 11.5'	(AS d 150 MA -2')

7.9.67 in Silvaplana	IX c 60 SO -4'	AS c 90 ME +5'
4.5.68 neue Wohnung: Seehof Küsnacht	UR c 150 IX -3'	IC d 150 VE 5' IX d 60 MO ex.
12.7.68 lernt Johann Rudolf Rahn kennen	DS c 135 SO +2' / 60 PL ex.	XI d 120 UR -5' XI re 0 SO -6'
27.12.69 *Romanzen und Bilder* erscheinen	AS d 150 MO 2.5'	AS d 0 III 6' JUd90AS/180XIex.
15.2.70 Grippe	IC d 0 SA -7'	III pro 135 ME -2'
17.6.70 „findet s. Stil"	AS d 180 VE -8'	NE c 60 ME +3'
5.7.71 m. Betsy Graubünden (wg. *Jenatsch*)	ME c 60 IX -1'	VE pro 90 IX 4'
1.8.71 Vertrag m. Haessel über *Huttens letzte Tage*	VE pro 60 AS 4.5' XI d 120 VE ex.	VE re 180 II -2'
6.10.71 Erfolg *Hutten* (Zeitungskritik in ZH)	JU d 60 VE ex. MA d 60 VE -2' JU pro 0 VE 4'	MC c 60 VE -1' SO d 0 VE ex.
1.11.71 m. Betsy n.Ital.	IX pro 120 PL -3'	ME re 45 IX ex.
26.3.72 Umzug in den Seehof Meilen	VE pro 0 MC -1' MO d 0 XI -2'	JU d 120 ME -2'
2.8.72 mit Betsy in die Alpen	MO c 90 MC -1'	SO pro 45 IX -1' MK c 90 IX +4'
15.8.72 *Engelberg* erscheint	MO c 90 MC -4'	MK d 90 III ex.
2.10.72 zu Hause	MO c 60 IX +4'	ME d 0 VE -6'
20.3.73 m. Betsy Genf	AS d 150 SO 1'	SO re 90 VE +4'

26.5.73 Selbstäußerg. „tendenzlose" Literatur	SO d 120 III 2'	XI c 0 SO +2'
18.8.73 *Das Amulett* erscheint	SO d 30 MC -1'	UR c 120 III ex.
3.10.73 positive Kritik	XI d 30 MK -1'	ME d 60 MO ex. VE re 0 MO -2'
1.3.74 Angina	SA c 150 MO -3'	AS c 45 MA -4'
31.7.74 *Jenatsch* als Zeitschriftenausgabe	JU c 120 MC +4' MA c 120 MC +2'	MA d 120 DS -4'
16.11.74 Münchenab-stecher	JU c 90 IX +3' MA c 90 IX +1 XI c 0 SO -6'	VE re 45 MC ex.
25.12.74 letzte Folge ZS-Publikation *Jen*.	MC c 30 SO -2' III d 90 JU 2'	XI c 0 ME +3' III re 60 JU +3'
29.5.75 Beerdigg. Mathilde Eschers – auch dort: Luise Ziegler	PF d 180 MA 7' XII c 180 IC 4' SO d 60 MO -4'	XI d 135 MO 2' VIII d 180 IC 3' XII c 180 IC -6'
13.7.75 Verlobung mit Luise Ziegler	JU c 0 DS +3' MA c 0 DS +2' MO pro 120 XI -2'	MA pro 45 MC ex. NE re 60 VE ex. JU d 90 ME ex.
5.10.75 Heirat, anschließend Reise bis nach Korsika	PF d 180 JU 2' JU c 0 DS -10'	AS c 120 JU -4.5' AS c 90 NE +2' IC d 135 SA ex.
8.2.76 zurück / gesellschaftl. Streß	SA c 0 IC +10'	IC d 90 UR -3'
11.3.76 pos. Kritik *Jenatsch*/gesellsch.Streß	VI d 60 MO -2' / SA c 0 IC +6'	IC d 90 UR 3'
7.4.76 Abmachg. zum *Jenatsch*, 2. Fassung	JU re 180 II ex.	AS c 90 MO +4' SO re 180 PF +3'

10.7.76 *Jürg Jenatsch*, 2. Fassg., als Buch	SO pro 30 AS ex. MO re 120 III -3'	III d 120 UR -4'
13.9.76 erhält 1000 Mark Honorar	MC d 120 UR 3'	AS c 30 VE ex.
3.10.76 erster Brief von Gottfried Keller	JU d 45 ME 1' MA d 45 ME ex.	JU c 0 AS +5'
1.2.77 Vertrag über ein am 17.1. gefundenes Kilchberger Anwesen	AS c 45 MO +2.5' SO pro 120 III -4' MO re 0 XI -7'	DS re 120 ME -3' II d 135 MO -1'
10.4.77 Einzug in Kilchberg	[SO pro 60 IX 7'] VE pro 60 UR -4'	SO c 120 JU -1' MA c 120 XII -2'
24.4.77 Brief Betsys: sie will nicht in Kilchberg wohnen	SA re 180 XII ex.	MA c 120 XII -4' SA d 30 IC ex.
6.6.77 holt Betsy vom Bahnhof ab	SO pro 150 IC ex. ME re 135 IC +1' SA c 120 AS +1'	MA c 135 IC +1'
1.12.77 *Der Schuß von der Kanzel* ersch.	MC c 90 MK +2'	MC re 30 SO -1' VE d 90 JU 1'
15.6.78 Dienstbotenwechsel – 26.6.: diktiert Betsy neues *Jenatsch*-Kapitel	UR d 0 III 6' NE pro 135 VIII ex. / 45 II – Diebstahl im Spiel?	MO d 0 MC ex. (2') SA d 150 DS/120 XI 2' VIII d 45 (II 135) NE 1' XI d 60 SO -3' (-1')
28.1.79 Hundekauf	VI c 45 SA -1' MA re 120 XI +2'	II re 120 MO ex.
10.8.79 Tod Louis Vulliemins	NE c 135 DS +3.5'	SO c 150 XII +2'
24.9.79 Urlaubsbeginn in Pontresina: Armfrak-	XII d 30 UR -3' NE c 45 AS -2'	UR c 150 AS -3' SO d 135 III ex.

tur bei Kutschenunfall; reagiert humorvoll, zumal Betsy ihn betreuen kommt; Luise schwanger in Kilchberg	AS pro 0 PL 2' UR pro 90 SO 1'	SA c 60 XII -2'
4.12.79 * Camilla	MC c 0 VE ex.	XII c 45 PL +2' VE re 90 PL -2'
17.1.80 Ehrendoktorwürde der Universität Zürich; kurz zuvor (12.1.) neg. Kritik über *Der Heilige*)	MC c 0 VE -8' DS pro 0 ME -7' MO d 120 III 2' MO c 120 XI +4' MO pro 0 ME 1'	PF c 0 VE +2' VE pro 120 MO -4' (AS c 0 PL +3') (SO pro 135 VI -1')
<17.8.80 Kein Ereignis bekannt. Würde z. B. zu Meyers Trauer über Betsys sich immer entschiedener abzeichnenden „Absprung" in die *Bet- und Heilanstalt* Männedorf passen, den sie Ende des Jahres besiegelt.>	<AS d 0 PL ex.>	< ... >
18.10.(bis 4.11.)80 Deutschlandreise, wo *Der Heilige* bes.erfolgr.	IX d 60 MO 5' ME d 60 IX ex. VE c 90 IX +2'	IX c 30 NE -2' ME d 45 IX -4' SO pro 0 XI 6'
14.12.80 kündigt den *Mönch* an / Betsy in Männedorf	MC c 30 MO ex. MA c 90 ME ex.	SO re 120 III +4' ME re 180 SA -6'
10.7.81 Hausumbauten abgeschlossen; schreibt an *Plautus im Nonnenkloster*	VE c 0 IC -1' MA d 135 III -2' JU d 135 III ex.	AS d 150 MO -4'
19.11.81 pos. Kritik üb. *Plautus*	MC d 0 PF -3' III d 90 VE 3'	MC c 0 MK +5' III c 150 MO -2'

13.3.82 Wiederbezug d. renovierten Hauses	SO c 60 MO +2'	SO c 180 PF +4'
<4.6.82 Kein Ereignis bekannt. Zeit schwerer Krankh. d. Schwiegervaters Oberst Ziegler.>	<MC d 90 PL ex.>	< ... >
21..8.82 Tod des Schwiegervaters	UR re 45 XI -2'	MC c 60 MA -1' PF d 180 SO 4' VIII d 0 MA 6' XII d 180 MO -2'
15.10.82 *Gustav Adolfs Page* erscheint	III pro 180 MK 2'	MC pro 45 VE ex.
31.12.82 ein Anfall	MA pro 90 AS 4' XII c 30 ME -3'	AS d 150 NE -3'
5.4.83 Grippe frisch überstanden – Festcarmen zur Hochzeit d. Schwagers; trägt es im Barockkostüm vor	IC c 60 NE -3' JU c 45 XI +2' MA c 45 XI ex.	AS d 0 JU 2'
16.6.83 Gattin mit Camilla in Aargau	DS c 30 SA ex. IC d 90 VE 4'	NE c 60 MO ex.
2.9.83 *Das Leiden eines Knaben* erscheint	(AS d 90 NE -5')	AS pro 0 JU ex.
22.11.83 pos. Krit. Kellers	AS d 0 III 2'	AS pro 0 JU 8'
27.11.83 Camilla Keuchhusten	SO c 90 IC -1'	XII d 180 NE ex. NE c 135 DS/45 V -3'
3.2.84 Mitglied bei den *Böcken* / Camilla weiter krank	III d 180 MK 5' SO c 120 III +4' XII d 120 SA -2'	XI c 0 UR +7'

2.12.84 Fieber	AS d 180 MO 3'	XII c 30 NE -1'
	IC d 60 MA 2'	SA re 0 PF -3'
20.7.85 Kauf des Nachbarhauses zur Verhinderg. störender Veränderungen	NE d 30 IC ex.	IC c 30 ME ex.
		II c 60 VE +5'
		SA re 0 PF ex.
27.7.85 Familienurlaub in Splügen; beendet *Die Richterin*	MC d 120 JU -4'	JU c 135 IX -1'
11.10.85 *Die Richterin* (Was wird Betsy über das angeschlagene Inzestthema denken?)	[MC d 120 JU 7']	III c 0 PF -3'
	XII d 45 NE 2'	III d 45 JU -4'
	III pro 120 SO 1'	XII c 30 MO -1'
(1.1.)86 Angina	- - -	PF c 0 MA +2'
		SA re 0 PF +2'
5.7.86 hat f. d. *Sempachfeier* das Gedicht verfaßt, das in 100.000 Exx. verbreitet wird	MC c 0 JU -9'	VE re 0 DS -12'
	ME pro 0 AS ex.	PF d 0 III ex.
12.8.86 Urlaub im Kurhaus Parpan in Graubünden / gesundheitl. Probleme	SO d 180 SA 7'	PF d 180 IX 5'
	SO c 45 SA ex.	
	SA d 45 MO 1'	
	NE d 45 SA ex.	
25.11.86 Angina	IC c 180 MA +8'	VE re 135 XII -2'
26.5.87 kauft 2 Scheunen zur Verhinderg. störender Bauten	III d 120 SO 3'	IC d 120 MA 4'
		AS c 120 UR +2'
16.7.87 „in die Berge"	VE re 180 PF +5'	SA c 45 NE ex.
19.9.87 Besuch von Julius Rodenberg	AS d 45 ME -1'	SO d 30 MC ex.
	VE re 180 PF +5'	SO pro 120 III 3'

3.11.87 Erfolg *Die Ver-suchung des Pescara*	XI d 30 JU -1' JU d 0 XI -2' MA d 0 XI -4'	MC d 120 MK -4'
24.12.87 Rheumaan-fall: Beginn der „gro-ßen Krankheit" u. einer längeren Arbeitspause	UR c 45 AS -2' NE re 90 III ex.	NE re 120 XII +2' MA d 0 XII -9' SO d 45 XII 2'
(15.)5.88 zur Kur	MC d 30 ME -3' VE c 180 PF -2'	MO d 30 IX 4'
12.8.88 auf Schloß Steinegg; sehr leidend	NE re 90 III ex.	SA c 120 AS -2'
31.8.88 gründet *Heim für Reconvaleszentin-nen*	MO d 60 SO -2.5'	SO re 90 IC +3' SO d 90 DS / 0 XI ex.
14.12.88 Zustellung des bayrischen *Maxi-miliansordens*	MC d 0 AS -1' AS c 30 SO ex.	MC re 30 UR +2' III pro 120 SO -4'
19.4.89 Krise / lit. Ekel / Luise m. Cam. verreist – 21.4.: Tod Graf Platen (Nachbar)	MC d 0 NE ex. DS d 45 MA 2' NE re 90 III -1' VIII re 0 SA -3'	III d 150 MA 2' NE re 120 XII ex. DSre135abst.MK ex. NE pro 0 VIII -1'
14.7.89 Familienurlaub in San Bernardino	ME d 60 SO 3' SO d 45 MC -3'	AS c 45 SO +5' IX c 180 SA +5' NE c 90 IX +3'
14.6.90 Tod eines Schwagers	SO c 120 PL ex.	DS c 135 ME -5' AS re 0 MA -1'
15.7.90 Tod Gottfried Kellers	PF d 0 PL -11' PL c 120 XI +2'	VIII c 30 PL -4' NEc120 abst.MK-1'
1.10.90 *Erinnerungen an Gottfried Keller*	ME re 60 DS -3'	DS c 120 NE -3' ME pro 120 III -1'

23.11.90 publiziert das sozialutop. Gedicht *Alle*	XI c 180 PL +3' MC c 135 UR +2' NE d 120 XII -3'	MK c 120 SO -4'
4.1.91 *Mein Erstling – „Huttens letzte Tage"*	JU c 135 MC ex. MA c 135 MC -2'	XI c 150 JU -1'
6.2.91 Luise m. Camilla in Baden	PF d 180 ME ex. MO d 0 XII -3'	V c 180 NE ex. XII d 45 SA -3'
10.6.91 erwägt (tätigt?) Erwerb von *Tonhallen*-Aktien	AS c 60 UR +1'	NE pro 180 II ex.
12.8.91 diktiert Betsy Druckfassg. *Angela Borgia* zuende / Erschöpfg. / B. reist ab	III d 0 SA ex. abst.MKc135MAex. IC re 0 MA +10'	XII d 180 UR -3'
9.12.91 Augenleiden / Erfolg *Angela Borgia*	IC d 90 MO 1' XII d 30 PL ex. VE d 120 III -1'	AS d 135 PL 5'
7.7.92 begibt sich in die Nervenheilanstalt Königsfelden	XII d 150 ME ex. SA d 0 MA -1' SA pro 120 SO 1'	IX d 0 PL -2'
(15.)3.93 endlich Besuch von Betsy	IC d 60 VE 5'	MK d 0 MC ex.
27.9.93 wieder zu Hause	MO pro 0 IX -6' ME d 180 SA 1'	PL c 60 XI / 150 AS -2'
13.12.93 Besuchsverbot für Betsy	III c 135 MA -3'	MA c 120 IC +4'
31.1.94 entfernt Gedichte a. d. 6. Auflage	MA c 0 SA +8'	MA c 60 MC -3' SO c 90 MC +2'
30.4.94 „will Betsy nicht sehen"	IC pro 180 UR 3'	ME pro 135 IC -4'

6.11.94 Camilla im Zürcher Internat	V re 0 ME ex.	IX c 60 ME +2' NE c 60 IC -4'
8.7.95 Besuch Betsys / Reise	UR d 0 IC -7'	MC c 30 UR +2' IX c 45 NE -3' [AS c 90 SA -6']
(15.)9.95 Camilla wird in einem Pensionat untergebracht, um m. d. häusl. Sit. weniger konfrontiert zu sein	V d 45 SA 1' AS pro 45 SA ex. V re 0 PL +4' XII pro 180 VE 8'	XII c 0 SO ex. NE re 135 IC +2'
11.10.95 „flieht" m. Luise vor Ehrungen zum 70sten a.d.Genfer See	XI d 135 SA 3.5'	XII c 0 SO -5'
5.11.95 Brief kontra Betsy an Rodenberg: Intrige Luises	SO re 90 MC ex. XI re 180 PL -3'	XII c 0 SO -9' NE re 135 IC +1.5'
13.1.96 überraschender Besuch bei Betsy	MO d 135 IC ex.	NE d 60 XII 4'
(ab 15.)4.96 Camilla zu Besuch	AS c 60 VE -2'	JU c 0 PF +1'
(15.7.)97 Urlaub	[AS d 120 MA 6'] SA d 0 VE 7'	MA pro 60 AS 2' ME d 60 IX 2'
15.10.96 Besuch von Betsy	MC d 0 UR -7'	MC d 120 UR 4'
26.1.97 Besuch von Betsy	MC d 0 UR 9' VE d 0 MK -4'	AS c 0 MA -3' XII c 0 ME +7'
(15.)9.97 Brief gegen Betsy	IC c 45 NE ex. XII c 120 SA -2'	SA c 180 JU +5' NE re 135 IC -1'
9.12.97 Besuch von ihr	AS d 120 JU 5'	VE c 30 ME +2'

Beispiele		
(5.)7.(bis ca. 10.8.)98 letzter Urlaub	AS d 45 SA ex. XII d 180 VE 8'	MC pro 60 VE -4'
(11.)10.98 Besuch von Betsy	PF d 180 SO -5'	IC d 60 NE -2'
28.11.1898 stirbt unerwartet	IC d 90 SO 2' PF d 180 SO 9' NE c 180 IC +5' JU d 120 SO ex. MA d 120 SO -2' NE re 120 IC -3' SO re 45 SA -4'	AS c 45 NE +1' IC d 90 JU ex. NE re 135 IC -3'

*

Beispiele gemischter Direktionen	*Direktionen RADIX zu EPOCHE*	*Direktionen EPOCHE zu RADIX*
10.1.1828 Tod des Großvaters	...	VIII c 0 NE -2'
19.3.31 Geburt der Schwester	SO pro 60 DS	NE re 120 IC ex.
6.9.39 „Züriputsch"	MC c 90 ME -5'	MA pro 60 MC -1' XI c 180 MA -5' SA re 180 XI +1' NE re 90 III -3'
10.5.40 Tod des Vaters	...	MC pro 60 PL 5'
23.11.41 bereitet der Mutter Aufregung	IC d 60 ME -2'	DS c 90 MA -5' PF d 0 SA -5'
21.6.43 Tod der Groß-mutter	...	IC d 30 MO -3' SA c 0 IC -7' IC pro 0 VE ex. MA c 90 IC -1'
24.12.45 lit. Krise	SO c 90 MC +2'	...

12.6.52 in die Anstalt	XII c 90 MA -3'	…
8.10.52 plädiert ggüb. Betsy f. lange Trenng. v. d. Familie / verliebt sich in Cecíle Borrel	UR d 180 IC 4' / MK d 0 MO ex. VE d 120 MC -2'	…
24.6.54 Mutter vereitelt Besuch Cecíle Borrels	[IC c 90 NE -7'] VIII d 90 MO 1'	DS c 135 PL +3' XII d 90 VE 2'
22.7.56 Tod Antonin Mallets	SO d 90 IC 5'	DS d 135 MA 4' VIII c 90 VE -3'
28.9.56 Nachricht vom Freitod der Mutter (Wasser) tags zuvor	IC pro 30 MO 1'	IC c 30 SA -3' NE re 0 AS -4.5' ME re 0 AS -1'
30.7.57 kommt aus Paris zurück	MA d 120 AS 3' JU d 120 AS 4'	…
10.3.60 Krise Frau	…	PF d 180 NE 5'
25.6.61 erneute Verlagsabsage	III c 45 NE +1' MA d 90 AS 1'	…
(15.)4.63 Betsy erkämpft in Stuttgart Protektion	VE c 180 SO ex.	…
3.7.66 Alpenurlaub	IX d 60 SO -4'	…
5.7.71 in Graubünden	…	MC d 180 MO 3'
1.8.71 Verlagsvertrag	…	MC d 180 MO 8'
6.10.71 Erfolg *Hutten*	…	AS c 180 SO +1'
26.3.72 Umzug in den Seehof Meilen	SO c 0 IC -2'	IX d 180 VE -7'

2.8.72 Alpenurlaub	...	IX c 60 SO +3'
15.8.72 *Engelberg* erscheint	...	III c 120 SO -4' SO d 60 AS 1'
3.10.73 positive Kritik zum *Amulett*	MC d 45 JU ex.	VE re 0 AS +2' ME d 60 AS 4'
1.3.74 Angina	...	XII c 45 NE -2'
25.3.74 positive Kritik	III d 0 PF 4'	MC c 120 JU ex.
31.7.74 *Jenatsch* in ZS	...	AS d 60 ME ex.
25.12.74 letzte Folge	...	AS c 180 MO +2'
29.5.75 Beerdigg. Mathilde Eschers – auch dort: Luise Ziegler	ME pro 0 DS ex. ME pro 90 XI ex. SO pro 150 XII ex.	...
13.7.75 Verlobung	MO d 180 PF -3'	...
5.10.75 Heirat, anschließend Reise bis nach Korsika	XI d 0 UR 5' MO d 180 PF 11'	IC d 90 UR ex. XII d 90 SO -3' XII c 120 SA +1'
8.2.76 zurück	...	MA c 0 AS -7'
11.3.76 pos. Kritik über den *Jenatsch* / gesellschaftlicher Streß	MC d 30 SO 3' MC c 120 UR +3' AS c 60 SO ex.	DS c 90 NE ex.
10.7.76 *Jenatsch*, 2. Fassung, erscheint	VI c 120 MO ex.	...
3.10.76 erster Brief von Gottfried Keller	DS d 45 JU -2'	SO d 0 VE -2'
1.2.77 Vertrag über d. Kilchberger Anwesen	PF d 0 VE 5' VE d 90 IC / 120 XI -1'	...

10.4.77 Umzug	IC d 120 MA 1'	...
24.4.77 Brief Betsys: sie will nicht bei Conrad u. Luise wohnen	...	MA pro 90 DS ex.
6.6.77 holt Betsy vom Bahnhof ab	...	IC d 0 SO -3' AS d 30 JU ex. IC c 90 PL +2'
14.11.77 Haus fertig	AS d 60 SO 5'	...
1.12.77 *Der Schuß von der Kanzel* ersch.	MC d 0 MK ex.	ME d 180 VE 1'
15.6.78 Dienstbotenwechsel – 26.6.: diktiert Betsy neues *Jenatsch*-Kapitel	DS c 120 ME -2'	...
28.1.79 Hundekauf	SA c 180 VI -9' ME d 60 VI 5'	VI d 120 JU -3'
10.8.79 Tod Vulliemins	UR d 90 VIII 5'	MC d 135 MA 2'
24.9.79 Kutschenunfall zu Urlaubsbeginn in Pontresina	AS d 60 SA ex. IC d 90 PL ex. III d 135 ME -2'	ME re 90 PL ex. IC pro 45 MA -2'
4.12.79 * Camilla	AS d 0 PL 10' XII d 45 PL -1'	...
17.1.80 Dr. h. c. Zürich	...	VE pro 120 AS ex.
31.12.82 ein Anfall	...	XII d 180 NE 3'
5.4.83 Festcarmen	...	VE d 0 AS +7'
11.10.85 *Die Richterin* erscheint	DS d 135 MA 2' III c 30 MA +3'	XII d 90 MO 3'

5.7.86 *Sempach*-Ged.	XI d 0 SO 2'	...
12.8.86 Urlaub in Graubünden / krank	JU d 60 IX -1' MA d 60 IX -2'	...
19.9.87 Rodenbergs Visite	MK c 60 DS / 150 XI ex.	...
(15.)5.88 zur Kur	IX c 180 ME +4'	XI c 120 VE -2'
12.8.88 krank	XII d 0 SA -4'	IC c 0 SA -4'
31.88.88 gründet *Reconvaleszentinnenhm.*	UR c 120 XI / 30 DS +1'	IC c 0 SA -7'
14.12.88 Maximiliansorden	MC d 0 MO -5'	...
19.4.89 Krise / lit. Ekel / Luise m. Cam. verreist – 21.4.: Tod d. Nachbarn Gr. Platen	...	MA d 60 DS 4' SO pro 0 PL -3' SO re 150 SA ex. MA pro 0 SO 3'
14.6.90 Tod Schwager	IC c 45 UR +2'	...
23.11.90 publiziert *Alle*	IC c 90 SA +2'	...
6.2.91 Luise m. Camilla in Baden	DS c 45 PL +2'	XII d 180 UR -2'
12.8.91 beendet *Angela Borgia* / erschöpft	...	ME pro 0 PL 2'
7.7.92 Anstalt Königsfelden	MA c 0 AS +4' JU c 0 AS +5'	...
27.9.93 wieder zu Hause	IC c 0 MA -4' IC d 135 MA -4'	...
13.12.93 Besuchsverbot für Betsy	...	DS d 45 PL -4' III c 135 MO +3'

31.1.94 entfernt Gedichte aus der 6. Aufl.	...	AS d 135 PL 1' MC d 120 MA 3'
30.4.94 „will Betsy nicht sehen"	...	III d 180 PL 2'
20.6.94 in die Alpen	...	AS d 30 PL ex.
8.7.95 Besuch Betsys	...	XI c 120 JU +2'
(15.)9.95 Camilla geht in ein Pensionat	IC re 90 SA +3'	...
(5.)7.(bis 10.8.)98 Urlaub	IX d 60 MA -2'	...

*

sider. Lunare / Halblunare direkt u. convers (L/HL d/c) [wenn unbezeichnet: 8ö33, 47n23]	*RADIX* Datum L/HL d bzw. c – Position Achse: Position Planet(en)	*EPOCHE* Datum L/HL d bzw. c – Position Achse: Position Planet(en)
(a) 3.3.1831 Einschulung / (b) 19.3.1831 Geburt der Schwester Betsy	(a / b) L d: 1.3.1831, 9.46 MC 11≈:JU 9≈ ... UR 12≈, ME 15≈	(a) L d: 9.2.1831, 7.11 AS 0♓: VE 2♓ DS 0♍: SA 29♌
	HL d: 15.3.1831, 13.03 (b) MC 18♈: VE 14♈ DS 6≈: JU12≈... UR13≈	(b) L d: 8.3.1831, 16.06 MC 28♉: MA 25♉ (b) L c: 30.11.1818, 9.17
	HL c: 9.5.1820, 12.57 (b) DS 15♓: JU 17♓	AS 8♑: MO 9♑, VE 11♑, JU 14♑
6.9.1839 „Züriputsch"	Lc:10.12.1811,3.43 IC 20≈: MA 23≈	L c: 18.6.1810, 5.19 AS 19♋: VE 21♋

		HL c: 4.6.1810, 11.56 MC 20.5♊: MA 16♊
		HL d: 2.9.1839, 21.39 MC 12♒: NE 10♒
10.5.1840 Tod des Vaters	L c: 8.4.1811, 9.46 MC 20♓: PL 17.5♓	L c: 15.10.1809, 2 IC 4♐: SA 1♐...NE 5♐
	HLc:25.3.1811,3.47 MC 9♐: MA 6♐... NE 11♐	HL c: 1.10.1809, 19.10 DS 2♐: SA 0♐...NE 5♐
		HL d: 5.5.1840, 19.56 IC 20♓: UR 19♓
13.5.1844 geht bis 4.6. nach Lausanne	Lc:24.3.1807,12.21 DS 5♒: JU 6♒	L d: 6.5.1844, 10.54 DS 21♒: NE 24♒
24.12.1845 Kritik Gustav Pfitzers löst literarische Krise aus	L c:31.7.1805, 2.34 IC 25♍: MA 0.5♎	HL d : 15.12.1845, 5.43 IC 28♓: MA 26♓
		L c: 6.3.1804, 16.04 IC 26♏: NE 26♏
12.6.1852 begibt sich in die psychiatrische Anstalt Préfargier [6ö39, 46n31]	L d:29.5.1852, 4.48 IC 23♌: MA 23♌	[L d: 4.6.1852, 4.57 MC 2♓: NE 11.5♓ IC 2♍: MA 26♌]
	HL c:9.2.1799,9.35 AS 7♉: MA 5♉ IC 18♋: SA 21♋	
8.10.1852 plädiert in einem Brief an Betsy für lange Trennung [6ö39, 46n31]	HL c: 23.10.1798, 2.19 AS 17♍: UR 20♍	L d: 21.9.1852, 9.59 DS 20♉: SA 18♉ AS 20♏: JU 20.5♏ IC 5♓: NE 10♓
		HL d: 6.10.1852, 2.54 DS 11♓: NE 9♓
24.6.1854 die Mutter vereitelt einen Besuch	Lc:14.2.1797,19.05 MC 21♊: SA 21♊	L d: 12.6.1854, 6.37 DS 29♑: JU 26♑

von Cecíle Borrel	DS 23♓: JU 19♓	L c:25.8.1795,20.57
		MC 25♑: JU 29♑
	HL c:2.2.1797,3.34	
	DS 18♊: SA 21♊	
22.7.1856 Tod Antonin	L d:9.7.1856, 18.47	L d:16.7.1856,17.53
Mallets löst letzte Krise	DS 10♋: SA 6♋	DS 3♋: SA 6♋
der Mutter aus		IC 4♉: PL 6♉
27.9.1856 Tod der	HLc:5.11.1794,3.36	HL d:22.9.1856,1.42
Mutter	DS 11♈: MO 11♈	MC 5♉: PL 5♉
[6ö39, 46n31]	IC 14♑: MA 15♑	
	(… folgt:)	HLc:13.5.1793,22.29
	Lc:22.10.1794,6.40	DS 8♋: MO 8♋
	AS 5.5♏: NE 4♏	IC 8♉: SA 8♉
	IC 15♒:	
	abst.MK 14♒	
	Ld:29.9.1856,15.34	
	MC 10.5♐: MA 9♐	
14.3.1857 geht	Ld:12.3.1857,11.47	L d: 20.2.1857,9.27
nach Paris	MC 24.5♓:	AS 25♉: UE 21♉
	NE 20♓, SO 22♓	
		HL c:1.12.1792,3.38
		AS 2♏: NE 1♏
17.3.1858 krisenhafter	L d.2.3.1858, 10.10	L c: 28.11.1791,3.19
Aufbruch nach Italien	MC 18♒: ME 23♒	AS 26♎: JU 23♎,
		VE 24♎ ... NE 29♎
6.10.1871 Erfolg	L d:16.9.1871, 7.26	L c: 15.5.1778, 12.21
Huttens letzte Tage	MC 23♋: JU 24♋	MC 9♊: VE 8♊ ...
(Zeitungskritik)		ME 14♊, UR 14♊
	HL d: 29.9.1871,	
	6.35	
	MC 23♋: JU 26♋	
26.3.1872 Umzug in	Ld:25.3.1872,15.10	L d: 4.3.1872, 17.18
den Seehof Meilen	DS 7♓: VE 6♓	DS 16♓:

		ME 9♓, SO 14.5♓
13.7.1875 Verlobung mit Luise Ziegler	L c: 9.2.1776, 6.43 AS 18♒: SO 20♒ IC 10♊: JU 12♊	L d: 20.6.1875, 0.18 DS 22♎: JU 22♎ MC 10♑: MO 10♑
5.10.1875 Heirat, anschließend Reise bis nach Korsika	L d:30.9.1875, 0.54 AS 16♌: UR 18♌ DS 16♒: SA 20♒ MC 3♉: NE 3♉ IC 3♏: JU 4♏ L c: 22.10.1775, 22.20; IC 16♎: MO 11♎, SA 14♎	L d: 9.9.1875, 23.09 DS 11♑: MO 10♑ IC 13♍: VE 13♍ HL d: 23.9.1875, 1.23 AS 16♌: UR 18♌ DS 16♒: SA 20♒ MC 3♉: NE 3♉ IC 3♏: JU 3♏ HL c: 14.5.1774, 16.20 DS 27♈: ME 29♈, MA 30♈, JU 30♈
15.6.1878 Dienstbotenwechsel – 26.6.: diktiert Betsy neues *Jenatsch*-Kapitel	L d:9.6.1878, 22.14 AS 6♒: JU 7♒	L c: 17.9.1771, 2.07 AS 20♌: SA 24♌ HL d: 3.6.1878, 6.47 MC 2♈: SA 1.5♈
10.8.1879 Tod Vulliemins	Ld:24.7.1879,23.27 IC 0♌: SO 1♌	L c: 7.7.1770, 8.52 AS 13♍: NE 10♍
24.9.1879 Kutschenunfall mit Armfraktur im Urlaub [9ö53, 46n28]	L c:4.11.1771,11.03 MC 11.5♏: SO 12♏, VE 15♏, MA 18♏	L d: 23.9.1879, 15.08 IC 1♊: PL 27♉, MA 28♉
4.12.1879 * Camilla	L d: 11.11.1879, 10.47 MC 13♏: SO 19♏ IC 13♉: NE 10♉ HL d: 24.11.1879, 8.05	L d: 17.11.1879, 5.56 DS 17♉: MA 19♉ IC 1♓: JU 3♓

	MC 14♎: VE 15♎ IC 14♈: MO 12♈	
17.1.1880 Ehrendoktorwürde der Universität Zürich	L d: 5.1.1880, 3.12 IC 9♓: JU 10♓ MC 9♍: UR 9♍	L d: 11.1.1880, 3.53 AS 4♐: VE 7♐
21.8.1882 Tod des Schwiegervaters	L d:18.8.1882, 4.57 MC 22♉: NE 19♉... SA 26♉	L c: 10.7.1767, 22.03 IC 28♊: SA 27♊ HLc:26.6.1767,12.58 MC 25♋: MA 25♋
24.12.1887 Beginn der „großen Krankheit"	Ld:10.12.1887,0.21 AS 2♎: MA 2♎	L d: 16.12.1887,0.27 AS 7♎: MA 5♎ L c: 19.2.1762, 3.18 MC 29♎: MA 1♏
14.12.1888 erhält (da krankheitshalber verhindert) Orden zugestellt	L d: 29.11.1888, 11.06 MC 6♐: SO 8♐, JU 15♐	L c: 1.3.1761, 7.33 AS 22♈: VE 25♈ MC 10♑: MO 8♑
19./21.4.1889 Krise – Tod eines befreundeten Nachbarn	L c: 8.4.1762, 2.55 DS 19♌: NE 22♌	HL d:7.4.1889,19.25 MC 13♌: SA 13♌ DS 4♉: MA 7♉
14.6.1890 Tod des Schwagers	HL c:9.2.1761,7.56 AS 24♓: SA 27♓ MC 27♐: PL 29♐	L d: 5.6.1890, 3.11 AS 7♊: NE 5♊ DS 7♐: MA 4♐
12.8.1891 diktiert Betsy Druckfassg. *Angela Borgia* zuende / Erschöpfg. / B' Abreise	L d:9.8.1891, 18.36 DS 14♌: MA 14♌ IC 7♊: NE 9♊, PL 9♊	L c: 19.7.1758,8.06 IC 9♐: JU 10♐ HL d: 2.8.1891, 3.03 AS 27♋: VE 27♋
7.7.1892 begibt sich in die Nervenheilanstalt	L d: 2.7.1892, 5.57 MC 20♈: JU 22♈	L d: 12.6.1892, 3.09 MC 14♒: MA 14♒

Königsfelden	Lc:18.1.1759,17.27 AS 15♌: NE 17♌	HL c: 11.8.1757, 4.39 DS 22♒: SA 19♒ IC 11♏: JU 11♏ (... folgt:) L c:29.7.1757,0.18 AS 18♊: MA 14♊ MC 17♒: SA 20♒ IC 17♌: NE 12♌
27.9.1893 wieder zu Hause	L d:12.9.1893, 4.14 MC 5♊: JU 1♊ ... PL 11♊, NE 14♊ AS 10♍: ME 12♍, MA 17♍	L d: 19.9.1893, 9.18 AS 11♏: UR 8♏
6.11.1894 Camilla im Zürcher Internat	Ld:24.10.1894,1.34 MC 9♊: PL 11♊, NE 15♊	- - -
9.3.1895 Tod d. Schwiegermutter (2.3.: Luise Wut gg. Betsy)	L d:13.2.1895, 4.50 MC16♏: SA 7♏... UR 20♏ IC 16♉: MA 21♉	L c: 15.12.1754, 2.43 MC 10♌: NE 8♌
(15.)9.1895 Camilla wird in einem Pensionat untergebracht	Ld:23.8.1895,13.19 MC 0♎: VE 3♎	L c: 6.6.1754, 21.04 AS 11♑: MO 8♑... SA 16♑
5.11.1895 Brief kontra Betsy an Rodenberg: Intrige Luises	L d: 17.10.1895, 10.35 DS 17♊: NE 18♊	L d: 23.10.1895, 16.41 DS 9♏: ME 5♏, SA 9♏
	HL d: 31.10.1895, 9.45 DS 18♊: NE 18♊	L c: 13.4.1754, 2.46 MC 13♐: PL 14♐
		HL c: 31.3.1754, 12.06; AS 8♌: NE 4♌, JU 8♌
28.11.1898 stirbt unerwartet	HL d 23.11.1898, 23.29	L d: 17.11.1898, 7.31 AS 5♐: UR 3♐

AS 6♐: SO 2♐,
UR 4♐ ... SA 13♐

HL c: 27.8.1752,
23.07
MC 29.5♒: UR
1♓♒

*Uranus auch im
conversen tropi-
schen Solar ach-
sengenau:
10.10.1752, 20.13
MC 30♒: UR 30♒
[weiterer Konjunkti-
onsaspekt:
MA solar 11♎ mit
MO radikal 11.5♎]*

Henrik Ibsen

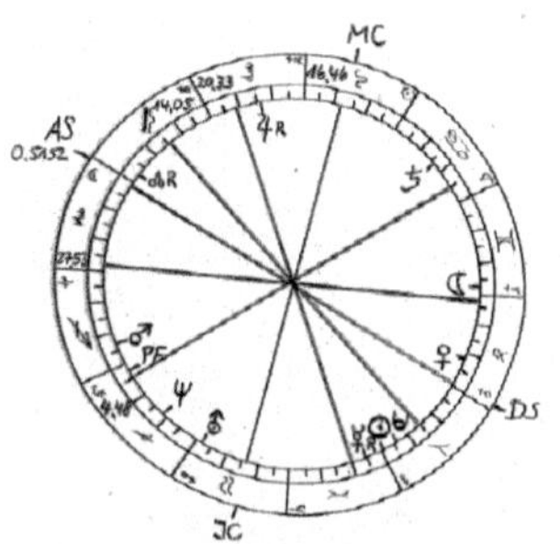

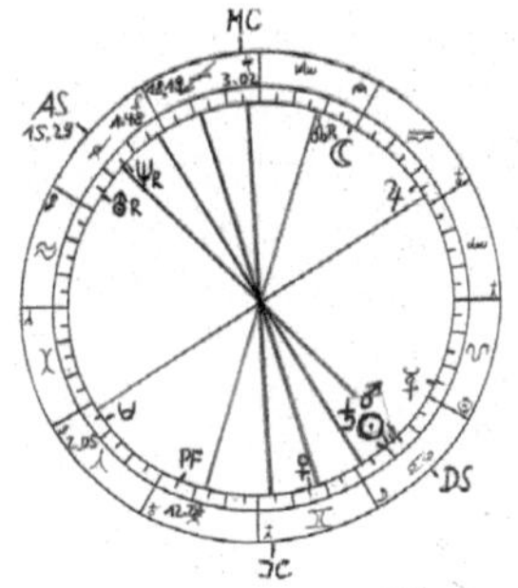

Henrik Ibsen 9ö36, 59n12 (Skien)	RADIX: 20.3.1828, 20.4505 (0♏52) [RAMC 139.1309] MDO VE 79.44 (4) MDO MA 37.48 (2)	EPOCHE: 3.7.1827, 20.4110 (0♏50) [RAMC 240.59] MDO ME 79.40 (4) MDO PF 37.50 (2)
SONNE (SO)	0♈15	11♋4
MOND (MO)	1♊39	0♏50
MERKUR (ME)	24♓32 (r)	4♌25
VENUS (VE)	8♉22	15♊45
MARS (MA)	22♐55	13♋40
JUPITER (JU)	13♍44 (r)	6♎
SATURN (SA)	13♋21	9♋54
URANUS (UR)	1♒25	26♑52 (r)
NEPTUN (NE)	18♑8	14♑55 (r)
PLUTO (PL)	5♈46	6♈26
MONDKNOTEN (MK)	27♎31 (r)	11♏20 (r)
PARS FORTUNA (PF)	2♑17	5♉15
MEDIUM COELI (MC)	16♌46	3♐2
XI	20♍33	18♐19
XII	14♎5	1♑48
ASZENDENT (AS)	0♏5152	15♑29
II	27♏53	2♈5
III	4♑48	12♉24

Ereignisdaten	*Direktionen RADIX*	*Direktionen EPOCHE*
(25.3.)1843 Schule beendet	SO c 60 NE ex. [UR re 90 AS -4']	SO d 120 MC ex.
1.10.43 Konfirmation	MC c 60 MO ex. ME pro 180 XI -2'	XI c 120 ME +5' MO c 60 MC -5'
3.1.44 Apothekerlehre in Grimstad	MC c 180 UR ex. ME re 135 MC -3' SA pro 120 JU ex.	AS d 120 VE 3' MC d 0 XI -2' SO d 0 ME 1' ME c 180 NE -2'

(1.4.)50 zieht nach Christiana (Oslo)	XI c 90 MO ex. AS pro 120 SA -2' AS re 90 NE +3'	MC c 120 SO -4' NE re 0 AS ex.
(15.)11.51 verfehlt 2 Abiturfächer / Ruf n. Bergen	AS d 135 SO 5' XI c 150 SO +3'	[III c 90 SA +5.5'] SO pro 0 ME -7' ME re 180 XI -9'
(14.)2.52 Stipendium f. e. Reise	III c 30 JU -4' VE d 60 ME 2'	AS d 120 MK 5' VE pro 0 DS 7' UR d 120 MC 4'
15.4.52 Erkundungs-reise an div. Theater	XI d 30 JU -3'	MC pro 45 MK ex. XI pro 60 MK -1'
(15.)9.52 Theaterdich-ter u. Dramaturg in Bergen	VI d 30 MO 2'	AS d 120 MA -5' XI d 180 SO 4' VE re 120 AS +3'
(15.)1.56 begegnet späterer Ehefrau	AS d 30 JU ex.	IC c 0 PF -6' VE d 0 SO ex.
(1.)9.57 wird Leiter des Norwegischen Thea-ters Oslo	SO re 120 AS -4' AS re 30 JU +2'	VI d 60 JU -2' ME c 120 MO -4' MA c 180 XI +3'
(15.)2.58 *Die Helden auf Helgeland* wird ab-gelehnt	MC c 180 NE +5'	SA re 90 JU ex.
18.6.58 Heirat, eine Woche nach Beerdi-gung des Schwieger-vaters in aller Stille in Bergen	V d 45 MO ex. IX c 30 VE -4' MC d 120 NE -4' DS re 90 SA -4' SA c 135 AS ex.	DS d 0 JU ex. DS re 0 VE -6' MK d 180 VE -4'
23.12.59 * Sohn – un-ter schwierigsten ma-teriellen Bedingungen	VE re 0 SO -6' SA d 180 IC -4' IC re 0 NE -1' SO pro 90 UR 2'	DS c 0 VE -4' V c 135 JU -3' MO pro 0 AS ex. SO d 60 MA 1'

1.1.63 n. Theaterbankrott schlechtbezahlter Job als „lit. Konsulent"	MC d 90 MA ex. MC c 120 JU ex.	II d 180 MC 8' VI c 180 MC -5' MO c 60 VI +4.5'
10.4.63 bemüht s. vergeblich um Stipendium	MC c 0 SA +9' SA re 90 VI ex.	II re 0 UR -2'
(15.)6.63 etwas Auftrieb b. e. Sängerfest	MC d 135 VE 3' SO pro 120 III 2'	[MC d 90 JU -6'] ME d 120 MA 2'
(ca.)6.4.64 nach Erfolg *Die Kronprätendenten* Übersiedelg. n. Rom	AS d 30 MA 2'	SO d 45 IX -2' ME d 60 AS -5' SO re 120 JU -3' VE pro 60 VI ex.
15.4.66 nach Bucherfolg *Brand* Brief an d. König – Dichtergehalt	III c 180 MO +4' SO d 0 DS -5' MO re 120 DS -2'	VE c 0 III -12' [VE pro 120 MC -6']
9.12.67 nach ungünstiger Resonanz auf *Peer Gynt* Bruch mit Björnson	SO c 135 SA +2' VE c 90 SA -1' XI c 0 MC -2' III d 180 MC 2' [NE d 60 DS 6']	MC d 180 SA 3.5'
(1.4.)68 zieht nach Dresden	ME pro 120 MC 3' IX re 0 MO -5' MA c 135 IX -3' JU pro 135 ME ex.	AS c 150 SA ex. [AS d 60 SA -7'] XI d 0 UR -1'
17.11.69 vertritt norw. Regierg. b. d. Eröffng. d. Suez-Kanals	MC d 180 SO 4' IX pro 60 SO -2'	SO c 120 JU +1' MK d 60 IX ex.
(15.)7.71 Bekanntschaft Georg Brandes'	AS d 30 MK -2' XI c 90 JU -1'	XI c 0 MK -4'
(15.)3.75 zieht nach München	[AS c 120 MO +11'] SA c 120 UR ex. XI d 0 AS 5'	XI d 180 ME 2' SO c 0 MO 8'

10.4.76 erste außer-skand. Ibsen-Auff.(*Die Helden auf Helgeland*)	MC d 30 MO +3' UR d 0 ME 2' VE pro 180 PF -5'	UR d 180 MC 10'
18.11.77 erfährt vom Tod des Vaters	MC c 90 SO ex. AS c 180 SO -4' NE re 150 MC +1'	MA d 60 VIII 3'
(+/-14.)2.78 UA *Stützen der Gesellschaft* an 5 Berliner Theatern	DS d 0 MO 9'	VE re 90 AS -3' UR d 120 JU 2' JU c 135 MC -2'
21.12.79 UA *Ein Puppenheim* in Kopenhagen: Skandal	MA d 180 MC 1' NE d 135 AS 3'	III c 120 MO +3' MA c 180 MC ex. NE pro 180 MA ex.
20.5.82 UA *Gespenster* in Chicago (in Europa zun. abgelehnt)	MC d 30 JU -2' JU d 90 XI 2' UR d 135 MC ex.	ME c 30 SO -2'
(15.)9.84 Besuch Björnsons b. Innsbruck	ME pro 90 IC -4' ME c 90 VE +2'	JU c 0 SO -3'
24.3.85 UA *Brand* in Stockholm (7 Std. Dauer)	PF c 0 JU -2' JU c 90 III +3' MC d 135 MO 4'	MC c 60 ME +2'
14.6.85 Skandinavienreise / Fackelzugempfang in Trondheim	MC c 45 VE +2' JU d 0 MA 10'	SO re 120 AS +4' UR d 0 VE 3'
14.4.86 Augsburg: Privatauff. *Gespenster*	XI c 180 UR -1' VE c 60 UR -4'	MC d 0 UR 1' MK d 180 SO 3'
9.1.87 *Gespenster* in Berlin	DS c 0 ME -3' ME d 180 JU 5'	MC pro 0 UR -10' MA d 180 VE -9'
21.7.89 heftige unerfüllte Liebe ggüb. der 18jähr. Emilie Bardach	DS c 90 MA ex.	XII c 120 MA -1'

in Gossensaß

29.9.89 Freie Bühne Berlin eröffnet m. *Gespenster*	AS re 135 VE -3'	PF d 0 SO 6' AS c 135 SO -2'
(15.)10.85 erneut Wohnung in München	IC c 0 MA +10'	AS d 30 MA 4' IX d 180 SO 7' JU c 0 SA +1'
(15.)10.91 Übersiedelung nach Oslo	MK re 0 AS ex. PF d 180 VE -9' MA c 0 AS -5'	JU pro 120 VE 1' MC pro 90 MO ex. AS pro 45 ME 4'
11.10.92 Heirat des Sohnes	ME re 60 JU +4'	IC c 45 MK ex. MO d 180 SO 9'
7.5.95 Hektik vor einem Umzug, der 6 Wochen später erfolgt	MC d 0 MK -9' IX d 135 VE ex. MO d 90 AS 5' JU d 45 IC -4'	ME pro 90 IC -3' JU c 120 MO -2'
20.3.98 Feierlichkeiten zum 70. Geburtstag	MC d 150 SO 5' MC pro 0 MK 5' ME pro 135 AS 2.5'	VE pro 120 III -1' MK c 60 JU ex. NE d 180 XI 8' SA pro135 MC-1.5'
(5.)3.1900 beginnender Verlust der Arbeitsfähigkeit	[AS d 45 UR 7'] [AS c 135 UR -6'] SA re 30 MC -2'	UR c 135 SA -3'
(1.4.) 03 2. Schlaganfall	JU c 90 MA -4'	NE c 60 AS -4'
23.5.1906 stirbt	PF d 0 PL -4' AS c 135 abst.MK -2'	IC c 45 UR -3' IC pro 30 MA 2'

Betsy Meyer (Schwester von Conrad Ferdinand Meyer)

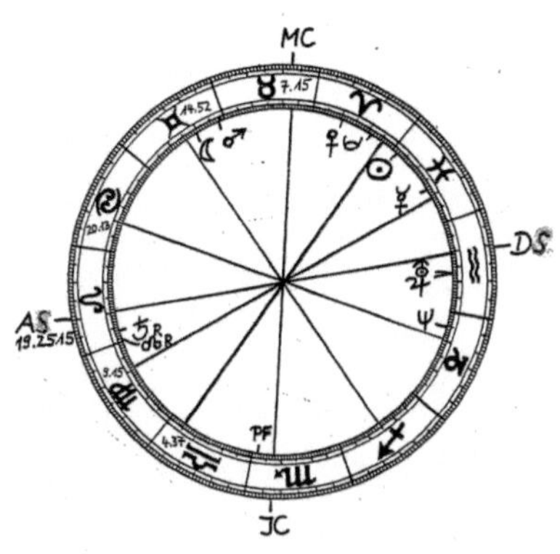

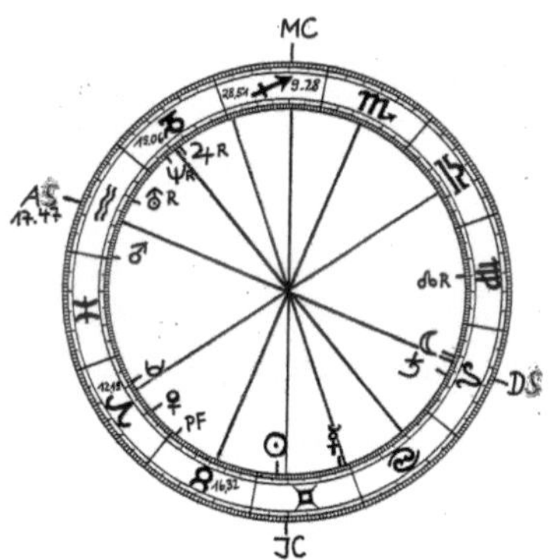

Diese Doppelkarte unterstellt eine Schwangerschaftsdauer, die um reichlich drei Wochen über dem angenommenen Durchschnitt liegt.

<u>Betsy Meyer</u>
8ö33, 47n23
(Zürich)

RADIX: 19.3.1831,
13.5956(19♌2515)
[RAMC 34.5409]
MDO MO 28.34 (1)
MDO PF 4.44 (2)

EPOCHE: 27.5.1830,
23.3654 (19♌23)
[RAMC 247.4715]
MDO ME 28.22 (3)
MDO SO 4.58 (2)

	RADIX	EPOCHE
SONNE (SO)	28♓15	6♊6
MOND (MO)	10♊27	19♌23
MERKUR (ME)	12♓14	27♊2
VENUS (VE)	19♈24	20♈33
MARS (MA)	2♊5	29♒34
JUPITER (JU)	12♒47	17♑ (r)
SATURN (SA)	26♌7.5 (r)	12♌59
URANUS (UR)	13♒2	10♒24 (r)
NEPTUN (NE)	24♑34	22♑30 (r)
PLUTO (PL)	8♈50	9♈18
MONDKNOTEN (MK)	29♌36 (r)	15♍16 (r)
PARS FORTUNA (PF)	1♏37	1♉4
MEDIUM COELI (MC)	7♉15	9♐28
XI	14♊52	28♐51
XII	20♋13	19♑6
ASZENDENT (AS)	19♌2515	17♒47
II	9♍15	12♈19
III	4♎37	16♉32

<u>*Ereignisdaten*</u>	<u>*Direktionen RADIX*</u>	<u>*Direktionen EPOCHE*</u>
12.1.1836 besucht die *Arbeitsschule*	XI d 60 VE 3'	JU pro 120 III 3' VE d 0 PF 8'
10.5.40 Tod des Vaters	AS d 0 SA -6' UR d 180 AS ex.	PLpro120 MC(-2.5') SA re 60 VIII ex.
21.6.43 Tod der Großmutter	IC c 90 NE +4' IC d 150 VE 2.5'	PL pro 60 IC ex.
12.6.52 Bruder Conrad in Anstalt Préfargier	NE c 120 MC -1' XII d 30 MA ex.	IC d 120 MA ex. XII c 135 SA -3'

15.3.53 geht n. Genf zw. Erlerng. Brotberuf	ME pro 90 NE 4' MK c 180 JU ex.	JU re 30 AS ex. SO d 0 ME 3'
24.6.54 Mutter vereitelt per Brief Frauenbesuch für Conrad	IC c 120 UR -1' MO c 90 DS -3' MA c 0 MC -10'	MA d 120 MO -2' SA c 135 MA +1'
(30.)8.54 aus Genf zurück	IC c 120 JU +2' SO d 0 VE -6'	VE pro 180 IX 2' ME c 0 SO -2'
22.7.56 Tod Antonin Mallets/Erbsch./ständ. Aufregg. um die Mutter	IC d 180 MA -6' ME pro 180 PF 2' VIII pro 0 SO 6'	SO c 90 UR +2'
28.9.56 Nachricht vom Freitod der Mutter (Wasser) tags zuvor	IC d 180 MA 4' XII c 90 SO -2' MA c 30 IX -2' MO re 45 AS -2'	MA re 180 SA ex.
14.3.57 Conrad geht nach Paris	JU re 90 IC -2' MA d 60 SA ex.	DS c 30 SA +3' ME d 180 NE 6'
30.7.57 Conrad zurück	PF c 0 III -6'	SO c 30 IC ex.
17.3.58 Aufbruch n. Italien m. Conrad / Krise Conrads	IX c 45 NE +4' ME re 60 IX -2'	JU d 180 MO -3' IC re 90 SA -3'
15.5.58 Reisestation: Treffen mit Bettino Ricasoli	MC c 0 PL +1' AS c 30 MK ex. ME c 0 DS +9' / 45 IX -3'	IX d 90 MK 4' JU d 180 MO 9' SO pro 45 DS 3'
23.8.58 Brief Ricasolis – 1.9.: Malerstudien in Genf	ME c 0 DS -4' / 60 VE -3' MC pro 0 MA -4'	MA c 45 MC +3' XII c 30 NE -1'
24.12.58 zurück in Zürich	AS d 135 NE -4' ME d 0 IX 4'	MC c 135 ME +1' JU c 120 VE -3'
(15.)4.63 erkämpft in	SO c 180 MK ex.	AS d 0 VE 5'

Stuttgart für Conrad Protektion	MA c 45 ME -2'	XII d 0 MA -5'
(15.)8.65 B.' Übersetzung einer frz. Predigtenslg. erscheint	MC d 0 MO ex.	SO c 0 PF -4'
4.5.68 neue Wohnung: Seehof Küsnacht	MC c 0 SO -5' JU re 60 IX +3'	VE d 0 IC -7' VE re 60 JU ex.
27.12.69 *Romanzen und Bilder* Conrads erscheinen	SO re 0 DS -4' / 60 VE -3' MC re 0 SO -7'	MC c 180 PF -10' UR pro 60 MC ex.
5.7.71 Alpenurl. m. C.	JU pro 180 AS 3'	MC d 0 JU -7'
6.10.71 Erfolg v. Conrads *Hutten*-Dichtung	JU pro 0 DS 5' ME pro 60 SO 3'	MC d 0 JU 7' AS d 30 SO -2'
1.11.71 mit Conrad nach Italien	AS c 90 VE ex. PF d 180 MO 2' MA re 0 MC +2'	MC d 0 JU 11' IX re 90 ME ex. AS re 60 MA +2'
26.3.72 Umzug in den Seehof Meilen	VE d 60 SO 4'	JU c 0 MC -7' MO c 0 ME -7'
2.8.72 mit Conrad nach Graubünden	AS d 150 VE 1' JU pro 45 IX ex.	XI d 0 UR -5' MK c 120 IX -1'
29.5.75 Beerdigung Mathilde Eschers – bahnt Verlobung Conrads an	XI d 180 NE 3' MC d 60 VE ex.	DS d 135 ME 4.5' XI c 90 MO -5' IC pro 180 NE -5' VIII pro 120 SA 2' SO pro 180 XII -7'
13.7.75 Verlobung C.' m. Luise Ziegler	DS pro 30 VE 4'	MC d 90 VE 2'
5.10.75 Conrads Heirat	XII d 0 SA -3' XII c 135 NE +2'	DS c 135 UR +4' MO re 0 MC +5'

24.3.76 Villa Janiculus Rom: trifft Ricasoli	XI c 120 SA ex.	ME c 120 JU +4'
10.7.76 bei Conrad zum *Jenatsch*-Diktat	MC c 30 VE -1'	VE d 120 AS ex.
(1.)10.76 wieder in Italien	MK d 180 IX 7' ME d 0 VE -2' SA re 0 MK ex.	VE c 0 AS ex. ME c 180 IX +5' NE c 0 MC -5'
6.6.77 zurück: will nicht b. C. u. Luise in Kilchberg wohnen	SA c 0 XII +6'	MC d 0 NE -9' SO d 180 XII -3'
(15.)11.77 vertieft Kontakt zur *Bet- und Heilanstalt* in Männedorf	DS c 135 MK +2' JU pro 150 XII ex.	VE d 150 XII ex. (SA pro 180 AS -4')
24.9.79 Kutschenunfall Conrads – fährt zu ihm (Luise schwanger in Kilchberg)	DS d 60 NE 2' UR c 90 III (IX) ex.	UR d 30 IC 3'
4.12.79 Geburt der Nichte Camilla	DS c 30 UR -3'	IC c 0 VE ex.
26.10.80 Nachricht vom Tod Ricasolis	NE c 180 MO -8'	NE c 180 SO -2' MC re 135 SO -3'
(1.12.)80 kauft den Felsenhof in Männedorf und zieht ein	AS c 120 ME -3'	AS d 30 VE 2' ME d 180 AS -8' JU re 60 IX ex.
21.4.83 bei Conrad – evtl. Streit mit Luise	MC c 0 ME -4' XII d 90 MA 3'	MC c 90 JU -2' XII c 45 JU -2'
1.11.84 Reise	AS d 180 SO 6'	VE re 90 MC -4'
19.3.85 bei Conrad – evtl. Streit mit Luise	MC d 90 SO 2'	MC d 30 MA 5'

9.8.87 ZH: kommissar. Gefängnisbetreuerin	III c 180 UR +8' DS pro 0 SO -7'	MO re 60 III -3'
12.8.91 Abschied in Sorge um Conrad nach Diktat	ME d 180 PF -6' NE c 120 SO ex.	NE d 90 XII -3' SA pro 0 MO ex.
7.7.92 Conrad begibt sich in die Nervenheilanstalt Königsfelden	III c 120 PL ex.	UR re 120 IC ex.
27.9.93 Conrad wieder zu Hause	ME pro 30 MC ex. III pro 120 SO 4'	DS d 45 NE -2'
17.12.93 bekommt Besuchsverbot für C.	MA pro 45 SA -3'	SA c 180 MC +9' MC pro 0 UR -5'
1.2.95 will Anwalt einschalten	III d 180 MA 2'	MC c 45 MO ex. XII c 60 NE ex.
5.11.95 Intrige Luises	XII d 180 ME 4'	- - -
(30.)5.96 neg. Brief von Conrad	SA c 90 III +3' MK pro 0 SA 1'	MC d 0 UR ex.
28.11.98 Tod des Bruders	MC c 180 SA -12' AS d 0 PL -13'	MC d 180 SA -8' PL pro 120 MC 3'
20.2.1901 Julius Rodenberg regt ihre *Erinnerungen an Conrad Ferdinand Meyer* an	MC d 150 JU -3' JU d 180 III 2'	- - -
(8.)6.03 das Buch erschein	XI d 0 AS -10' ME pro 0 MA 4'	MC pro 180 MO 5'
9.8.07 Korrespondenz für eine Stiftgung zur verbesserten Krankenpflegeausbildung	III d 60 UR ex.	SO c 180 MK ex. III c 180 SA -6'

| 18.7.08 erzürnt üb. Ka-
lischers Meyerbuch /
plant offenen Brief | XI d 135 PL ex.
MA pro 0 XII -3' | AS d 90 MA ex.
MC d 30 NE -3'
PL pro 120 MC -3' |
| 22.4.12 stirbt | AS c 120 UR -3'
MA c 0 abst.MK ex. | AS re 90 MA -2' |

*

sider. Lunare / Halblu- nare direkt u.convers (L/HL d/c) [wenn unbe- zeichnet, auf 8ö33, 47n23 berechnet]	*RADIX* Datum L/HL d bzw. c – Position Achse: Position Planet(en)	*EPOCHE* Datum L/HL d bzw. c – Position Achse: Position Planet(en)
12.1.1836 Einschulung	L c: 5.6.1826, 9.45 MC 20♉: ME 24♉	L d: 7.1.1836, 0.32 IC 0♒: NE 3♒ L c: 17.10.1824,14.12 IC 9♊: SA 7♊
10.5.1840 Tod des Vaters	L d: 3.5.1840, 21.50 AS 21♐: SA 21♐ IC 19.5♈: PL 19♈	L d: 8.5.1840, 17.32 IC 16♒: NE 15♒
21.6.1843 Tod der Großmutter	L d: 29.5.1843, 13.27 DS 5♒: UR 2♒ HL d: 11.6.1843, 14.16 IC 30♑: SA 25♑	L d : 3.6.1843, 20 IC 20♌: PL 23♌ L c: 23.5.1817, 1.05 MC 26♐: NE 24♐ HL c: 8.5.1817, 7.28 MC 15♓: MA 18♓
12.6.1852 Bruder zum ersten Mal Anstaltspa- tient	Lc:16.1.1810,12.32 DS 10♐: NE 8♐...SA12♐	L d: 25.5.1852, 12.04 DS 17♓: NE 11♓

	HL c:3.1.1810,9.15 MC 11♐: NE 8♐, SA10♐ AS 21♒: MA 23♒ HL d:2.6.1852,4.40 IC 27♌: MA 25♌	HLc:16.5.1808,17.30 AS 11♏: UR 2♏ ... SA 18♏
15.3.1853 geht nach Genf zwecks Erlernung eines „Brotberufs"	L c: 18.4.1809, 16 DS 4♈: ME 5♈, JU 8♈ HL c: 4.4.1809, 16.57 DS 4♈: JU 4♈	L d: 22.2.1853,16.38 DS 1♓: MA 28♒ ... ME 1♓, SO 4♓
22.7.1856 Tod Antonin Mallets löst letzte Krise der Mutter aus	L c:2.1.1806, 18.03 IC 23♎:UR 25.5♎, SA 27.5♎	L c: 18.4.1804,16.54 AS 14♎: UR 14♎ HLd:19.7.1856,14.27 DS 23.5♉: UR 24♉
28.9.1856 Nachricht vom Tod der Mutter	Ld:19.9.1856,22.45 MC 18♓: NE 19♓ AS 14♋: SA 13♋	L c: 27.1.1804,21.20 AS 3♎: SA 3♎
17.3.1858 Aufbruch n. Italien mit Conrad und dessen Krise	Ld:21.2.1858,15.37 MC 6♉: PL 5♉ ... JU 10♉ Lc:13.4.1804,15.26 DS 24♓: MA 24♓ AS 24♍: SA 28.5♍ HL c: 31.3.1804, 15.40 DS 17♓: MA 13♓	L d: 26.2.1858,12.19 MC 19♓: NE 22♓ L c: 27.8.1802, 0.07 IC 13♍: SA 10♍, JU 13♍
(15.)4.1863 erkämpft für Conrad Protektion	Lc:13.3.1799,15.06 MC 19♉: JU 22♉	L d: 31.3.1863, 0.15 MC 22♎: JU 24♎

[9ö, 49n]	HL c: 26.2.1799, 23.34; DS 20♉: MA16♉, JU 20♉	
4.5.1868 neue Wohng. im Seehof Küsnacht	Ld:25.4.1868,14.38 MC 23♊: VE 21♊	L c: 23.6.1792, 17.54 DS 14♊: ME 15♊
26.3.1872 Umzug in den Seehof Meilen	Ld:15.3.1872,18.36 DS 8♈: MA 10♈ L c:22.3.1790, 0.59 MC 25♎: NE 25♎	L d: 21.3.1872, 13.19 AS 14♌: MO 20♌ MC 30♈: NE 23♈
29.5.1875 Beerdigung Mathilde Eschers – auch dort: Luise Ziegler	HL d: 21.5.1875, 9.26 MC 1♉: NE 2♉ AS 15♌: UR 12♌	L d: 12.5.1875, 5.32 MC 19♒: SA 26♒ IC 19 ♌: UR 11♌... MO 20♌ HL d: 27.5.1875, 0.13 AS 2♓: SA 26♒
13.7.1875 Verlobung Conrads m. Luise Ziegler	L c: 5.12.1786,6.26 AS 6♐: MA 5♐ DS 6♊: MO 10♊	L d: 5.7.1875, 22.53 AS 11♈: MK 13♈
5.10.1875 Conrads Heirat	L c:14.9.1786, 1.54 IC 2♏: VE 4♏ DS 16♒: SA 11♒ HL d: 4.10.1875, 21.53 DS 16♑: MA 18♑	L c: 26.1.1785, 10.40 MC 23♑: SA 28♑
9.8.1887 kommissar. Gefängnisbetreuerin in Zürich	L d:17.7.1887, 9.53 MC 2♋: MA 3♋ HL d:30.7.'87, 6.37 MC 28♉: NE 30♉	HL d: 4.8.1887, 14.07 MC 22♍: VE 25♍ DS 1♊: NE 0♊
7.7.1892 Conrad be-gibt sich in die Nerven-	L c: 12.12.1769, 11.26	L d: 28.6.1892, 0.28 DS 12♏: abst.MK 14♏

heilanstalt Königsfelden	DS 12♍: NE 12♍ HL d:7.7.1892,4.09 IC 26♍: SA 25♍	IC 20♋: ME15♋...VE 24♋
27.9.1893 Conrad entlassen	L d:3.9.1893, 10.07 AS 9♏: UR 8♏	L c:13.2.1767,7.06 AS 6♓: VE 2.5♓ DS 6♍: NE 6♍
17.12.1893 bekommt Besuchsverbot	Ld:24.11.1893,9.17 MC 4♏: MA 5♏ HL d: 7.12.1893, 21.13; IC 16♏: UR13♏, MA14♏	L c:23.12.1766,9.50 AS 10♑: PL 8.5♑
28.11.1898 Tod des Bruders (Nachricht später)	L d: 28.11.1898, 15.14 DS 0♐: UR 4♐ IC 2♌: MA 8♌	L c:15.12.1761,20.23 AS 22♌: NE 24♌ L d: 4.12.1898,10.27 MC 1♐: UR 4.5♐ DS 4♌: MA 8.5♌
22.4.1912 stirbt	Ld.20.4.1912,16.46 MC 17♋: NE 21♋ Lc:14.2.1750,14.22 AS30♋:NE 25.5♋	L d: 29.3.1912, 7.09 MC 0♒: UR 3♒ HL d: 12.4.1912, 5.58 AS 21♉: SA 19♉ L c: 26.7.1748, 18.49 MC 28♏: PL 27♏ DS 30♋: MA 28♋

Edouard Manet

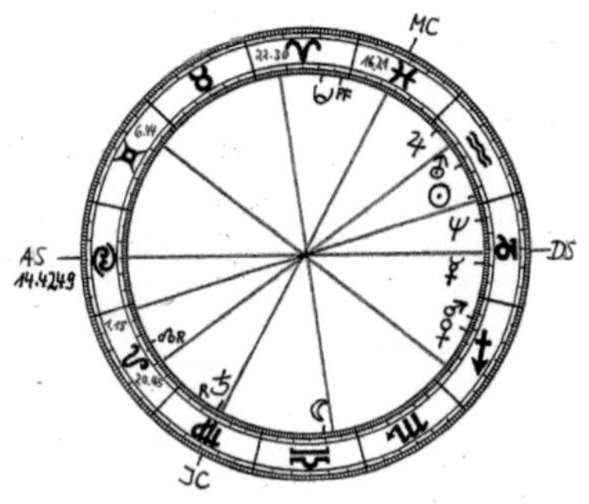

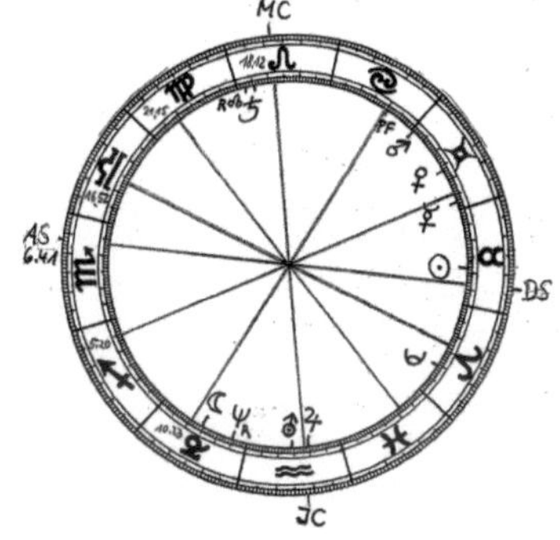

<u>Edouard Manet</u>	RADIX: 23.1.1832,	EPOCHE: 2.5.1831,
2ö20, 48n52	14.5236	18.3331 (14♑39)
(Paris)	(14♋4249)	[RAMC 140.3815]
	[RAMC 347.2621]	

SONNE (SO)	2♒41	11♉34
MOND (MO)	19♎59	14♑39
MERKUR (ME)	10♑52	2♊28
VENUS (VE)	18♐50	13♊11
MARS (MA)	23♐8	29♊32
JUPITER (JU)	27♒25	19♒56
SATURN (SA)	14♍22 (r)	24♌53 (r)
URANUS (UR)	13♒50	14♒23
NEPTUN (NE)	24♑59	24♑59 (r)
PLUTO (PL)	8♈49	9♈53
MONDKNOTEN (MK)	13♌11 (r)	27♌15 (r)
PARS FORTUNA (PF)	2♈1	9♋47
MEDIUM COELI (MC)	16♓21	18♌12
XI	22♈30	21♍15
XII	6♊44	16♎52
ASZENDENT (AS)	14♋4249	6♏41
II	1♌15	5♐20
III	20♌45	10♑23

Ereignisdaten	*Direktionen RADIX*	*Direktionen EPOCHE*
21.11.1833 Bruder Eugène geboren	IC c 0 SA +3' VE c 60 MO -3' ME c 45 JU -3'	MO c 0 III +8'
16.3.35 Bruder geb.	ME d 120 IC -1'	IC c 0 UR -2'
29.1.52 Léon-Edouard Koella geboren (un- ehelicher Sohn Suzan- ne Leenhoffs)	JU d 180 IC 3' SO c 120 IC +2'	VE re 90 IC -4'
(15.)2.56 gründ. Atelier	AS d 180 SO 10'	UR d 60 III -2'

1.5.61 *Porträt der El-tern* im Salon	AS c 180 VE -12'	MO pro 180 MC 7' JU d 180 XI -5'
(15.)4.62 Einzelaus-stellung (kaum Erfolg)	AS c 135 SO -2' PF c 0 JU +1'	AS c 90 MO ex. XII d 180 SO -2'
25.9.62 Tod des Vaters / bed. Erbschaft	SA c 180 UR -1' <URc 0 DS-6' E/R> VE re 120 AS -3'	AS c 120 UR -4' UR c 0 MO -2'
1.5.63 *Salon des Re-fusés: Frühstück im Freien* (Skandalerfolg)	AS d 135 MA -5' MC d 180 MO -11' JU re 180 III -2'	AS d 45 MO -2' SO re 90 III -4' MA c 0 ME -4'
28.10.63 heiratet in d. NL Suzanne Leenhoff	MC c 0 UR -10' VE c 60 DS -2'	SO re 0 PL -4'
1.5.65 Salon-Skandal *Olympia*	AS c 90 SA +1' MA re 135 AS -3'	III c 45 NE -3' / 120 PL +2' SO c 180 XII ex.
(15.)8.65 Spanienreise	MK c 0 AS +3'	AS c 45 MK ex.
1.5.67 Sonderausstel-lung mithilfe Kredits der Mutter	AS d 150 ME 3' III c 90 MO -4' JU re 120 MO -2'	DS d 0 ME 6' UR c 0 III +2'
28.2.69 darf *Erschie-ßung Kaiser Maximili-ans* nicht ausstellen	DS c 45 NE +3'	DS c 0 PL -10'
23.3.70 duelliert sich mit einem Kritiker	DS c 120 PL +3' MA pro 150 III -2'	ME re 45 DS -2'
(1.)11.70 dient als Leutnant	ME c 180 XII +1' SO re 0 MA +3'	MC d 90 MA ex.
(15.)8.71 Urlaub am Meer – erschöpft vom Kriegsdienst	AS d 180 UR 9'	AS re 180 PL -6' MA c 45 IX -2'

1.5.73 Salonerfolg *Le Bon Bock*	AS c 135 MO +2' III c 0 AS -3' JU re 60 VE ex.	PF c 0 ME -3' JU c 0 III +3' JU re 120 VE +1'
22.12.74 wird Schwager von Berthe Morisot – Jan. 75: publ. zus. m. Mallarme e. illustrierte Poe-Übersetzg.	MC c 0 SO +10' SO re 0 VE +8'	MO re 120 IC +4'
(ab 15.)9.79 strapaziöse Kur / schwerkrank	SA re 60 AS +1' MA d 0 SO 3'	IC pro 0 PL 8'
(+/-1.)1.80 *Erschießg.* in New York u. Boston	AS d 60 MO -2'	MC c 150 ME -2' SO d 60 MC 2'
(15.)7.80 erfolglose Hydrotherapie	SA re 60 AS ex.	IC d 0 PL 4' / 135 SA 3'
(15.)10.80 muß sich aufs Land zurückziehen	AS c 120 NE +4' SA re 60 AS -1'	ME pro 150 AS -1'
1.5.81 Salonpreisträger	AS d 0 III 9' II c 180 VE -5'	AS d 180 VE ex.
(15.)6.81 weitere Therapien	SA re 60 AS -2.5'	SA d 0 XII -3'
30.9.82 Testament	MO re 180 XII +8' MO c 0 III -8'	IC d 45 abst.MK 3' SA d 120 IC -3'
30.4.83 stirbt, 10 Tage nach Amputation des linken Beines	IC c 180 NE -1' XII c 60 NE ex.	AS c 90 MA +2' IC c 180 MA -5'

Luise Meyer-Ziegler (Ehefrau von Conrad Ferdinand Meyer)

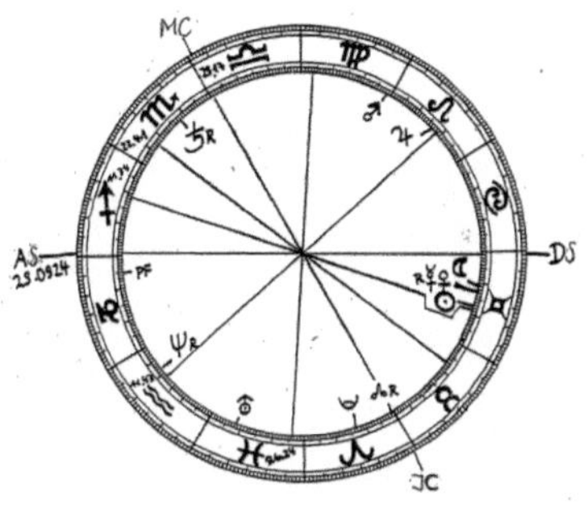

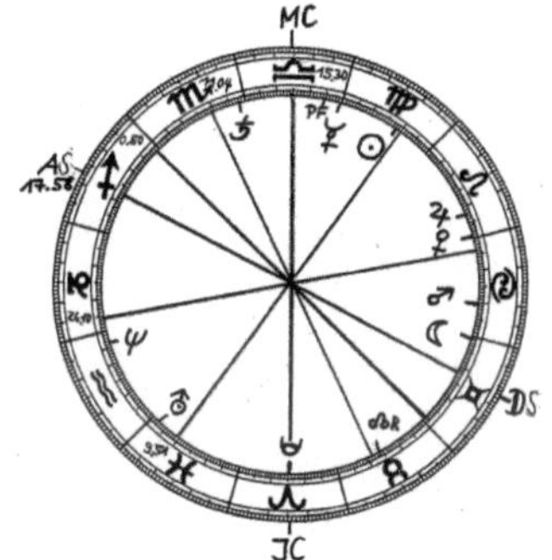

Luise Meyer-Ziegler 8ö33, 47n23 (Zürich)	RADIX: 3.6.1837, 20.2622(29♐0924) [RAMC 207.1325]	EPOCHE: 4.9.1836, 13.2806 (29♊6) [RAMC 194.1628]
SONNE (SO)	12♊58	11♍59
MOND (MO)	19♊3	29♊6
MERKUR (ME)	17♊30 (r)	0♎1
VENUS (VE)	17♊22	0♌41
MARS (MA)	1♍35	9♋50
JUPITER (JU)	13♌14	7♌19
SATURN (SA)	11♏44 (r)	1♏45
URANUS (UR)	8♓27	2♓9
NEPTUN (NE)	8♒3 (r)	3♒39
PLUTO (PL)	16♈35	15♈28
MONDKNOTEN (MK)	29♈29 (r)	13♉54 (r)
PARS FORTUNA (PF)	5♑15	5♎5
MEDIUM COELI (MC)	29♎17	15♎30
XI	22♏41	11♏4
XII	11♐34	0♐50
ASZENDENT (AS)	29♐0924	17♐58
II	11♒43	26♑10
III	26♓24	9♓51

Ereignisdaten	*Direktionen RADIX*	*Direktionen EPOCHE*
25.12.1853 Konfirmation	III d 60 VE 3' ME pro 180 XII 8'	MC d 90 NE -4.5' MO pro 60 AS -1'
13.7.75 Verlobung mit Conr. Ferd. Meyer	DS d 60 SO 2'	VE c 0 DS +4'
5.10.75 Heirat, anschl. Reise bis nach Korsika	DS d 0 JU 7'	VE c 0 DS -7'
17.1.77 e. Kilchberger Anwesen wird als künft. Wohnsitz ausgeguckt (Vertrag am 1.2.)	IC d 120 NE ex. II pro 60 SO -3'	VE re 45 AS -5'

10.4.77 Einzug in Kilchberg	ME c 135 AS +2' II pro 120 JU 2'	IC c 0 UR +7' SO c 180 II +5' IX d 90 VE 3'
6.6.77 Rückkehr Betsys: sie will nicht in Kilchberg wohnen	IC d 90 UR -3'	IC c 0 UR -3' XI d 45 SA 4'
1.9.77 Unstimmigkeiten zwischen Conrad und Betsy	XI c 180 PL -5'	XI c 120 NE ex.
15.6.78 Dienstbotenwechsel	VI c 60 UR ex. VI d 30 MO -4' ME c 90 JU ex.	III d 60 UR 1' UR pro 90 VI ex.
28.1.79 Hundekauf	VI c 90 NE -4'	VI d 30 JU -3'
24.9.79 Kutschenunfall Conrads im fernen Pontresina / schwanger in Kilchberg	PL c 0 UR +2'	DS c 30 PL +3' UR c 90 MC ex. III d 90 NE ex. V c 150 SA -1'
4.12.79 * Camilla	JU c 60 IC +1' / 0 DS +9'	IC d 30 MO 1'
17.1.80 Ehrendoktorwürde Conrads	JU c 0 DS +3'	MK c 180 PF -1'
(+/-25.)10.80 Deutschlandreise	IX d 150 MO -3'	MC d 60 ME -3'
13.5.81 Umbauten im Haus	SA c 90 AS +4' / 150 IC -4'	AS d 0 NE -7'
9.7.81 Umbauten fertig	XI c 120 SO -2'	IC d 60 VE -3'
21..8.82 Tod des Vaters	SO re 180 MC +3' MC d 180 SO 15'	MC d 30 SA -3.5' MA c 180 XII +7'
27.6.85 mit Camilla „in	AS d 60 MK 4'	JU pro 60 MC -3.5'

e. deutschen Bade"

(5.)9.85 v. Familienur- laub in Splügen zurück	IC c 30 NE -4'	JU d 0 MC 7' UR c 120 IX -2'
29.4.86 Bronchitis	IC d 60 PL ex. UR d 135 AS 2'	NE c 120 IC ex.
12.8.86 Urlaub im Kur- haus Parpan in Grau- bünden: Conrad krank	DS d 0 MA ex. / 135 PL ex.	IX pro 90 JU 5'
16.7.87 „in die Berge	IC d 0 ME 11.5' IX c 45 SO -3'	AS c 120 MA +3'
24.12.87 Rheumaan- fall Conrads / dessen „große Krankheit"	SA c 120 V -2.5'	SA pro 90 JU 3'
31.8.88 Vorsitz vom neugegründ. *Heim für Reconvaleszentinnen*	AS c 150 MO +3'	MC d 120 JU ex.
14.12.88 Conrad erhält den *Maximiliansorden*	MC d 180 MO -5'	MO d 180 III 2'
4.3.89 Camilla Schar- lachfieber	SA d 180 DS -8'	PF d 0 XII ex. SA c 120 V -1'
19.4.89 mit Camilla unterwegs – evtl. ehel. Krise	SA d 180 DS -1'	DS re 60 MA -1'
14.7.89 Familienurlaub in San Bernardino	ME d 180 NE -8' SA d 120 IC 4'	AS d 60 PL 1'
14.6.90 Tod des Bru- ders	MO c 180 SA / 90 VIII +4'	SA c 180 III -2' / 60 MA ex.
31.12.90 Tod eines	DS c 30 ME -5'	DS c 90 JU +4'

Schwagers		XII c 135 UR ex.
6.2.91 m.Cam. i.Baden	DS c 30 VE ex.	IX c 0 MA +3'
12.8.91 Abreise Betsys / Conrad erschöpft	MC c 0 MA +13' XII c 135 SO -3'	NE c 30 XI ex.
9.12.91 Zuspitzg. Krisis: C. augenkrank	MC c 0 MA -7' SO c 180 MC +5'	- - -
7.7.92 bringt Conrad in die Nervenheilanstalt Königsfelden	V d 120 SA -3' XII re 135 SO -1' abst.MK pro 45 XII ex.	ME d 0 XII 4' MA d 135 V 3'
13.9.92 „bestürzende Nachricht" über Meyer in der Zeitung	III d 90 MA / 45 PL 2'	AS re 90 JU -2'
(30.)9.92 Telegramm deswegen an Betsy – Zerwürfnis	III d 90 MA 5' DS c 30 JU -2'	UR d 0 MK 8'
27.9.93 holt Conrad heim	V c 30 MA +2' JU c 0 VE -6' UR d 0 V 6'	MC d 90 SO 2' IX re 0 MA -3'
6.11.94 Camilla im Zürcher Internat	DS d 90 VE ex.	III c 150 JU ex.
1.2.95 Betsy droht mit einem Rechtsanwalt	NE c 0 XII ex.	- - -
9.3.95 Tod der Mutter	NE c 0 XII -5' SO pro 180 NE 3'	IC c 135 MO +2' AS d 135 MA -2'
(15.)9.95 Camilla wird in einem Pensionat untergebracht, um von d. häusl. Situation weniger mitzubekommen	DS d 90 MO ex. XII d 30 UR 2'	VE pro 135 V -1'

5.11.95 Intrige: Conrad muß Rodenberg Brief kontra Betsy schicken	JU re 180 NE +3' VE c 120 MA +3'	IC d 30 MK 3.5'
28.11.98 plötzlicher Tod des Mannes	AS c 0 SA -3' VIII d 0 SA 2'	AS c 0 SA -5' MC d 45 SA ex.
22.4.1912 Tod der Schwägerin	SA pro 135 III ex.	IC d 135 abst.MK 1 XI c 60 SA -2'
2.5.15 stirbt	IC c 0 NE -2' MO pro 0 IC 8' AS d 45 SO -3' SO d 180 UR ex. SA re 30 XII ex. MA pro 180 PL 2'	AS d 60 NE 4'

*

sider. Lunare / Halblunare direkt u.convers (L/HL d/c) [alle auf 8ö33, 47n23]	*RADIX* Datum L/HL d bzw. c – Position Achse: Position Planet(en)	*EPOCHE* Datum L/HL d bzw. c – Position Achse: Position Planet(en)
13.7.1875 Verlobung mit Conrad Ferdinand Meyer	L d:1.7.1875, 19.14 DS 8♋: SO 9♋ L c:7.5.1799, 19.42 DS 29♉: JU 4♊ MC 18♍: UR 18♍	L d: 2.7.1875, 11.22 MC 8♋: SO 10♋
5.10.1875 Heirat	Lc:14.2.1799,23.34 AS 12♏: NE 15♏ DS 12♉: MA 8♉ ... JU 18♉ IC 25♒: SO 26♒ HL d: 5.10.1875, 15.08 AS 21♒: SA 20♒	L d: 22.9.1875, 8.32 AS 3♏: JU 3♏ DS 3♉: NE 3♉

DS 21♌: UR 19♌

8.2.1876 zurück aus den Flitterwochen / gesellschaftl. Streß	L c:1.10.1798, 8.42 AS 13♏: NE 11♏	L d: 6.2.1876, 6.54 AS 18♒: SO 17♒ DS 18♌: UR 18♌ L c: 3.4.1797, 8.33 AS 27♊: SA 22♊, MK 26♊ ... MO 28.5♊
17.1.1877 ein Kilchberger Anwesen wird als künftiger Wohnsitz ausgeguckt	L d: 29.12.1876, 14.16 AS 19♊: MO 19♊ DS 19♐: JU 18♐ L c:7.11.1797, 5.52 AS 9♏: NE 10♏ HL c: 23.10.1797, 21.29 IC 3♎: MA 5♎	L d: 30.12.1876, 6.15 AS 24♐: JU 18.5♐ L c: 10.5.1796, 2.22 MC 2♑: MA 0♑ IC 2♋: VE 4♋ HL c: 26.4.1796, 19.25 MC 3♍: UR 4♍
10.4.1877 Umzug	L d:21.3.1877,15.40 DS 10♓: SA 13♓ HL d: 3.4.1877, 12.33 MC 1♉: NE 4♉ L c: 17.8.1797, 11.33; MC 26♌: MA 22♌, SO 25♌ IC 26♒: PL 29♒ AS 13♏: NE 8♏	L d: 22.3.1877, 9.04 IC 22♌: UR21♌ HL d: 4.4.1877, 8.05 IC 20♌: UR 21 L c: 18.2.1796, 6.52 DS 8♍: UR 6♍
6.6.1877 Betsy, aus Italien zurück, will eigene Wege gehen	L c:23.6.1797,16.13 MC 13♍: UR 9♍ HL c: 9.6.1797, 10.28 AS 10♍: UR 9♍	HL d: 29.5.1877, 1 MC 0♑: MO 30♐... JU 1♑

15.6.1878 Dienstbotenwechsel	L d:1.6.1878, 18.43 IC 29♓: SA 1♈ L c:5.6.1795, 20.38 MC 5♏: NE 6♏ HL c: 23.5.1795, 5.27 IC 30♌: UR 4♍ DS 0♑: MA 0♑	L d: 2.6.1878,12.55 DS 2♈: SA 1♈ MC 3♋: MO 30Ⅱ
24.9.1879 Kutschenunfall Conrads im fernen Pontresina	L d: 9.9.1879, 3.51 MC 26♉: MA 23♉... PL 27♉ L c:27.2.1795, 0.03 DS 26♉: SA 24♉	HLd:22.9.1879,21.43 IC 4♍: UR 6♍ MC 4♓: JU 5♓
4.12.1879 Geburt der Tochter Camilla	L d: 29.11.1879, 23.58 MC 18Ⅱ: MO 20Ⅱ	L d:30.11.1879,20.11 IC 23♎: VE 22♎
17.1.1880 Conrad Ehrendoktor	Ld:27.12.1879,6.23 DS 23Ⅱ: MO 20Ⅱ	HLd:10.1.1880,11.40 MC 21♑: SO 20♑ HL c:30.4.1793,0.31 MC 27♏: JU 29♏
21.8.1882 Tod des Vaters	L d:8.8.1882, 22.05 AS20♉:NE19♉ ... SA 25♉, abst.MK 25♉ Lc:28.3.1792,18.52 DS 21♈: SA 20♈	L d: 9.8.1882, 17.05 IC 16♉: NE 19♉
24.12.1887 Rheumaanfall Conrads: Beginn von dessen „großer Krankheit"	Lc:5.12.1786,19.54 DS 10♒: SA 13♒ IC 23♎: NE 18♎	HL c:26.5.1785,1.12 AS 1♈: MA 28♓

	HL d: 14.12.1887, 14.44 IC 10♌: SA 6♌	
31.8.1888 Vorsitz neu-gegründetes *Heim für Reconvaleszentinnen*	L d:30.8.1888, 16.45 MC 1♐: JU 28.5♏ IC 1♊: NE 2♊, PL 6♊	- - -
14.12.1888 Conrad mit dem *Maximiliansorden* ausgezeichnet	L d: 20.11.1888, 13.54 MC 6♑: VE 2♑ HL c: 2.12.1785, 12.13; MC 24♐: MO 18♐, ME 23♐	HL c: 4.6.1784, 18.55 IC 4♓: JU 7♓
19.4.1889 mit Camilla weg / evtl. eheliche Krise	L d: 6.4.1889, 2.42 DS 11♌: SA 13♌ L c:31.7.1785, 18.27 AS 29♑: SA 2♒	HL d: 20.4.1889, 6.17 IC 9♌: SA 13.5♌
14.6.1890 Tod des Bruders	L c:17.6.1784, 1.34 MC 26♑: SA 22♑ IC 26♋: MA 0♌ HL d: 3.6.1890, 18.27 AS 5♐: MA 4♐ DS 5♊: NE 5♊ ... ME 6♊, PL 7♊	L d: 21.5.1890, 10.15 AS 24♌: SA 27♌ HL d: 4.6.1890, 10.55 MC 7♊: NE 5♊, PL 7♊ IC 7♐: MA 4♐
7.7.1892 bringt Conrad in die Nervenheilan-stalt Königsfelden	HL d: 7.7.1892, 20.37; IC 6♊: PL 9♊, NE 10♊ AS 12♒: MA 17♒	L c: 15.11.1780, 2.12 AS 5♎: NE 5♎
27.9.1893 holt Conrad nach Hause	HL d: 17.9.1893, 16.57 MC 20♐: MO 20♐	L d: 4.9.1893, 17.28 IC 16♊: NE 14♊

	HL c: 17.2.1781, 1.58 AS 11♐: MA 9♐ MC 5♎: NE 5♎	HL c: 21.8.1779, 14.48 DS 23♊: UR 23♊
6.11.1894 Camilla Internat	Lc:18.1.1780,21.31 AS 29♍: NE 3♎	L d: 19.10.1894, 18.39 AS 15♊: NE 16♊
		L c: 5.12.1778, 6.40 MC 3♎: NE 1♎
9.3.1895 Tod der Mutter	L d:4.3.1895, 23.29 AS 24♏: UR 20♏ DS 24♉: MA 2♊	L d: 5.3.1895,16.52 MC 7♊: MA 2♊ ... PL 10♊, NE 13♊
		L c: 6.3.1778,22.05 AS 10♏: SA 15♏
(15.)9.1895 Camilla Pensionat	L d:12.9.1895, 6.08 AS 1♎: MA 29♍, VE 0♎	L d: 13.9.1895,0.05 IC 1.5♎: MA 29♍, VE 30♍
5.11.95 Briefintrige gegen Betsy	Ld:5.11.1895,17.37 AS 16♊: NE 18♊	L c: 3.7.1777,22.56 DS 10♊: MA 15♊
28.11.1898 plötzlicher Tod des Mannes	L d:2.11.1898, 0.33 IC 0♐: UR 2♐ (... folgt:) Ld:29.11.1898,8.06 DS 22♊: NE 24♊	L c: 7.7.1774, 8.14 MC 0♊: UR 1♊ (... folgt:) L c: 10.6.1774,2.17 AS26♉:MA 19.5♉ ... UR 29.5♉
2.5.1915 stirbt	L d:19.4.1915, 5.44 IC 29♋: NE 28♋	L d: 20.4.1915, 2 AS 15♒:UR 15♒

Vincent van Gogh

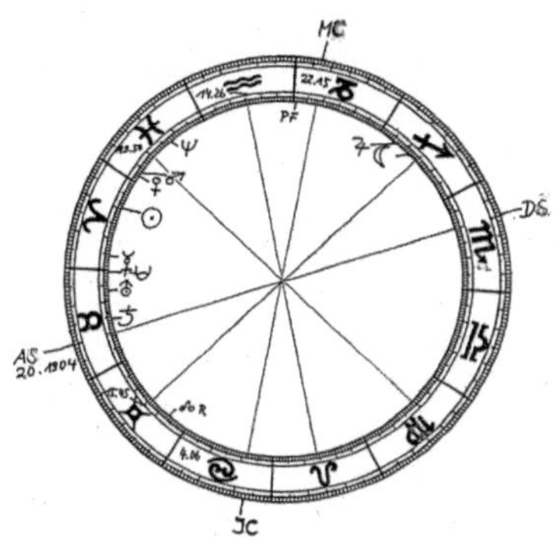

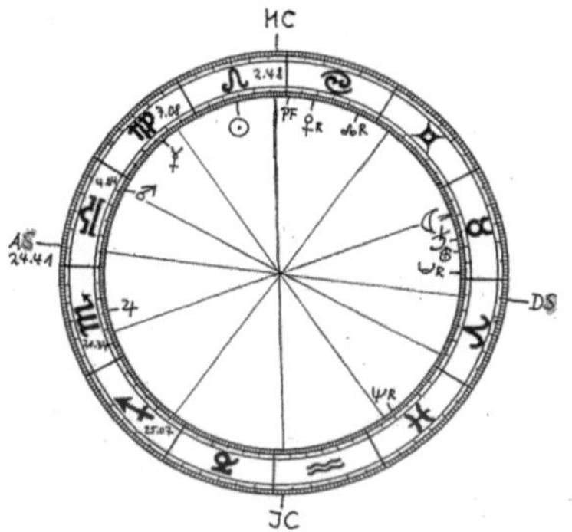

Diese Doppelkarte dürfte den Astrologiekundigen nicht nur durch
die um Stunden gegenüber dem bekannten Radix vorverlegte Ge-
burtszeit überraschen, sondern auch durch die Unterstellung, der
berühmte Maler sei eine Frühgeburt mit einer um fünf Wochen ver-
kürzten Schwangerschaft gewesen. Für beides sind mir keine Aus-
sagen bekannt.
Der Einbruch der im Leben van Goghs ultimativen Krise Ende
1888 korreliert ein weiteres Mal mit einer anhaltenden Sekundärdi-
rektion: Saturn Radix Konjunktion Aszendent exakt.

Vincent van Gogh | RADIX: 30.3.1853, | EPOCHE: 8.8.1852,
4ö40, 51n28 | 6.4710 (20♉1904) | 10.5317 (20♉17)
(Groot-Zundert) | [RAMC 294.0208] | [RAMC 125.0530]

SONNE (SO)	9♈30	15♌58
MOND (MO)	18♐25	20♉17
MERKUR (ME)	25♈35	13♍20
VENUS (VE)	27♓51	20♋38 (r)
MARS (MA)	26♓	3♎49
JUPITER (JU)	24♐16	14♏33
SATURN (SA)	15♉56.5	17♉32
URANUS (UR)	6♉47	8♉27
NEPTUN (NE)	12♓13	10♓45 (r)
PLUTO (PL)	0♉46	1♉48 (r)
MONDKNOTEN (MK)	23♊29 (r)	5♋52 (r)
PARS FORTUNA (PF)	29♑15	29♋1
MEDIUM COELI (MC)	22♑15	2♌48
XI	14♒26	7♍8
XII	19♓50	4♎4
ASZENDENT (AS)	20♉1904	24♎41
II	15♊45	21♏34
III	4♋6	25♐7

Ereignisdaten	*Direktionen RADIX*	*Direktionen EPOCHE*
1.5.1857 Bruder geb.	IC d 120 MA 4'	IC c 135 ME ex.
16.3.62 Schwester geb.	III c 90 MA ex. SO d 0 ME 6'	III d 90 MA -2' SOd[pro]120III2'[5']
1.10.64 Internat Zevenbergen	AS d 30 UR 1'	MC d 90 JU 3'
(15.)9.66 Intern.Tilburg	IX d 120 SA ex.	SO c 0 MC ex.
30.7.69 Galerieangestellter in Den Haag	IX d 30 MO ex. MO d 0 IX -7' SO pro 0 ME -2'	IX d 120 NE -3'

13.6.73 Galerieange- stellter in London	VI c 120 MO ex.	MC c 60 ME +4'
(1.)10.74 nach Liebes- enttäuschung einige Zeit in Paris	AS d 180 MO -3' DS c 150 UR ex. XII d 0 ME -7'	XI c 90 SA ex.
1.7.76 nach „ihrer" drit- ten Absage erfolgloser Hilfsprediger in GB	MC c 135 SA +5' UR c 0 XII +1' MC d 180 V 3'	[IC c 60 NE -8'] XI c 0 SO +2' MC re 120 NE -4'
26.12.78 „Apostel" in Borinage	XI d 60 SA 1'	MA re 45 MC -4' XII c 0 ME -1' XII d 0 AS 5' JU d 60 XII 4' NE d 180 XII 7'
(1.)8.80 Entschluß, Maler zu werden	AS d 180 JU 2'	ME re 0 MC +4' AS c 135 MO ex.
12.4.81 wohnt bei dem Eltern in Etten	SA d 60 ME 2'	AS d 0 JU -6'
(28.)8.81 Affäre nega- tiv	DS pro 0abst.MK 5' SA d 90 MA -2'	IC c 0 abst. MK +3'
25.12.81 Streit m. d. Vater/ geht n. D' Haag: Liaison m. der Prosti- tuierten Sien	MC c 90 MA +4' AS d 60 ME 4' DS c 180 XII -3'	MA re 30 SO ex.
7.6.82 geschlechts- krank im Hospital	AS d 90 MA 4' MA d 0 SA -4'	ASc 0 MA+12'/XII -4' XII c 180 NE -8'
1.7.82 Geburt von Siens Kind	IC c 60 ME +1' JU d 120 AS ex.	AS c 0 MA +10' V c 30 NE +2'
(1.)9.83 Ende Liaison	DS c 120 SA -3'	IC d 150 MA ex.
17.1.84 Beinbruch der	XII pro 0 UR -6'	IC c 90 MA -3'

Mutter	[IC re 90 MA +7']	
25.3.85 plötzlicher Tod des Vaters	DS c 180 NE +8' VIII c 0 UR -7'	SO d 45 MC 3' MC re 45 SA -2'
28.11.85 Antwerpen	JU c 180 AS -3'	AS d 180 SA 7'
(15.)3.86 Paris	MC d 60 JU -3'	VE c 45 MC -4'
21.2.88 Arles	XI d 0 VE 3'	MC d 120 UR 2' IX c 0 PF 1'
20.10.88 Gauguin kommt	SO re 120 III -2'	DS c 135 JU +2'
23.12.88 Streit mit ihm / schneidet sich ein Stück vom Ohr ab	SA pro 0 AS ex. SO pro 90 XI -2'	DS c 135 JU -5'
3.5.89 Anstalt St-Rémy	SA pro 0 AS ex.	PF c 0 IX +7'
(2.)11.89 freier Ausgang	MC d 30 VE 4'	AS d 180 MO 5'
14.2.90 einziger Bildverkauf durch den Bruder Theo	JU pro 180 MK ex. UR d 60 ME 4'	AS d 120 VE -3'
20.5.90 Anstalt Anvers-sur-Oise	IC c 180 MO ex. ME pro 30 XII ex.	IC d 0 NE 6'
29.7.90, ca. 1h LZ: stirbt nach Suizidversuch am 27.7.	AS c 60 PL ex. SO pro 0 SA ex.	NE pro 135 AS 2' ASd 45abst.MK 1'

*

sider. Lunare / Halblunare direkt u.convers (L/HL d/c)	*RADIX* Datum L/HL d bzw. c – Position Achse: Position Planet(en)	*EPOCHE* Datum L/HL d bzw. c – Position Achse: Position Planet(en)

1.5.1857 Bruder gebo- ren [4ö40, 51n28]	HLc:2.3.1849,11.56 MC 13♓: SO 12♓ IC 13♍: MK 12♍	L c: 21.11.1847, 19 AS 19♋: JU 20♋
16.3.1862 Schwester geb. [4ö40, 51n28]	Ld:22.2.1862,17.18 DS 6♓: SO 4♓ ... VE 9♓, ME 12♓	L d: 6.3.1862, 9.34 AS 14♊: UR 12♊
1.10.1864 Internat Ze- venbergen [4ö40, 51n28]	HL d: 21.9.1864, 21.27 AS 30♊: UR 29♊ HL c: 6.10.1841, 0.07 DS 11♒: NE 14♒	L c: 26.6.1840, 10.10 IC 13♐: SA 17♐ DS 17♓: UR 20♓
30.7.1869 Galeriean- gestellter in Den Haag [4ö19, 52n5]	L c: 8.12.1836, 15.38 IC 14♌: JU 18♌	L d: 5.7.1869, 8 MC 20♉: JU 15♉, PL 18♉ ... MO 21♉ L c: 12.9.1835, 11.45 MC 20♍: SO 19♍
1.7.1876 erfolgloser Hilfsprediger in Eng- land [(ca.)0w, 51n]	L c:21.1.1830, 8.06 MC 4♐: MA 7♐ AS 4♒: UR 6♒	L d: 19.6.1876, 6.18 AS 28♋: VE 0♌ L c: 27.9.1828, 2.35 MC 17♉: MO 20♉ IC 17♏: JU 14♏
25.12.1881 Zerwürfnis mit dem Vater [(ca.)4ö40, (ca.)51n28]	L d: 20.12.1881, 11.21 DS 16♍: UR 19♍ L c:8.7.1824, 16.19 DS 1♊: SA 4♊	L d: 3.12.1881, 22.22 MC 26♉: PL 28♉
7.6.1882 geschlechts- krank im Hospital [4ö19, 52n5]	L d:2.6.1882, 10.08 MC19♉: NE17♉, SA19♉	L c: 31.10.1822, 6.52 DS 9♉: SA 6.5♉

	Lc:26.1.1824,18.10	HLc:17.10.1822,9.42
	MC 14♉: SA 17♉	AS 29♏: MA 1♐
25.3.1885 plötzlicher Tod des Vaters [(ca.)4ö40, (ca.)51n28]	Lc:21.4.1821,17.04 DS 14♈: MA 9.5♈ ... SA18♈	Ld:20.3.1885,17.16 MC 22♊: SA 18♊ DS 24♓: MA 22♓
	HL d: 22.3.1885, 17.05 MC 22♊: SA 18♊ DS 24♓: MA 24♓	
21.2.1888 Ankunft in Arles [4ö38, 43n41]	L d: 7.2.1888, 4.48 AS 9♑: VE 10♑	L d:19.2.1888,5.39 MC 0♐: JU 5♐
20.10.1888 Ankunft Gauguins[4ö38,43n41]	Lc:17.9.1817,11.25 AS 3♐: JU 5♐	HLc:7.6.1816,22.40 IC 3♊: VE 2♊
23.12.1888 Streit / Selbstverstümmelung [4ö38, 43n41]	Ld:3.12.1888,21.24 AS 21♌: SA 20.5♌	L c: 1.4.1816, 7.59 DS 8♐: UR 11♐
	HL c: 11.7.1817, 18.26 IC 3♉: MA 5♉	
(2.)11.1889 freier Ausgang in Arles [4ö38, 43n41]	L d: 27.10.1889, 21.42 IC 7♎: VE 7.5♎	Ld:11.10.1889,18.24 AS 22♉: MO 21♉
	Lc:30.8.1816,18.31 DS 14♍: VE 15♍	HL c:22.5.1815,7.53 IC 2♎: JU 0♎
27.7.(a) bzw. 29.7. (b)1890 schießt sich in die Brust / stirbt [2ö10, 49n4]	(a) L d: 1.7.1890, 3.24 IC 0♍: SA 0♍	(a/b) L c: 5.9.1814,10.41 MC 10♍: MA 11♍
	(a) HL c: 16.12.1815, 2.48 IC 6♒: SA 9♒ DS 28♈: MA 22♈	

(b) L d:
28.7.1890, 13.38
MC 1♍: SA 3.5♍

*

Zum Vergleich: siderische RADIX-Lunare / Halblunare d/c auf die amtliche Geburtszeit „11 Uhr vormittags"	*RADIX-Lunare / Halblunare auf die amtliche Geburtszeit direkt*	*RADIX-Lunare / Halblunare auf die amtliche Geburtszeit convers*
7.6.1882 geschlechts-krank im Hospital [4ö19, 52n5]	*L d:2.6.1882, 14.11* *MC17♋:* *ME 5♋, VE 8♋*	*Lc:26.1.1824,22.46* *AS 14♎: MA 11♎*
23.12.1888 Streit / Selbstverstümmelung [4ö38, 43n41]	*HL d: 17.12.1888, 23.01* *MC 18♊: MO 21♊* *IC 18♐: JU 19♐,* *ME 20♐*	*L c:25.7.1817,3.55* *AS 26♋:* *ME 23♋ ... SO 2♌*
27.7.(a) bzw. 29.7.(b) 1890 schießt sich in die Brust / stirbt [2ö10, 49n4]	*(a)* *L d: 1.7.1890, 7.11* *AS 16♌: VE 13♌* *DS 16♒: JU 11♒*	*(a)* *L c:29.12.1815,4.59* *IC 23♓: PL 21♓* *(a)* *HLc:16.12.1815,6.47* *AS 11.5♐: UR 8♐,* *ME 9♐ ... NE 19.5♐* *(b)* *L c: 1.12.1815,21.08* *IC 1♏: JU 0.5♏*

Hans Pfitzner

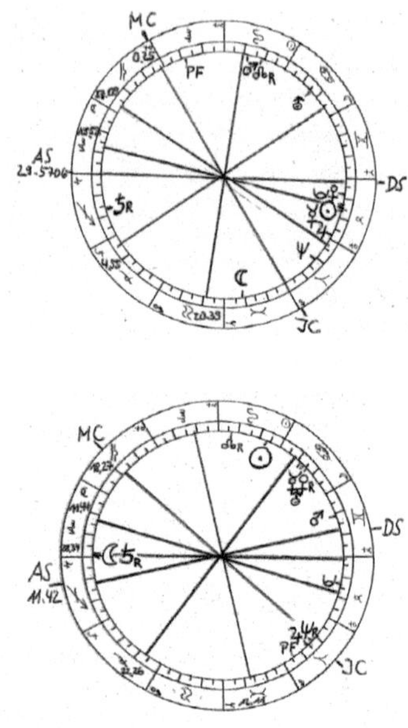

Rainer Seebohm, seinerzeit Schriftführer der Hans-Pfitzner-Ge-
sellschaft, regte die nachstehende Rektifikation an. Er hatte eine
Quelle vorliegen, die er als sicher einstufte und die nur wenige Mi-
nuten vor der rektifizierten Zeit lag. Die von Lois M. Rodden be-
gründete, heute von Alois Treindl fortgeführte Astro-Databank
nennt eine zwei Stunden frühere Geburtszeit und kategorisiert de-
ren Quelle als zweifelhaft.

Hans Pfitzner	RADIX: 5.5.1869,	EPOCHE: 28.7.1868,
37ö35, 55n45	18.3631(29♏5706)	14.1140 (29♏52)
(Moskau)	[RAMC 180.2254]	[RAMC 198.2714]

	RADIX	EPOCHE
SONNE (SO)	15♉15	5♌42
MOND (MO)	9♓17	29♏52
MERKUR (ME)	14♉19	18♋20
VENUS (VE)	22♉39	17♋59 (r)
MARS (MA)	23♌21	18♊48
JUPITER (JU)	1♉42	14♈11
SATURN (SA)	15♐55 (r)	29♏4 (r)
URANUS (UR)	14♋13	14♋31
NEPTUN (NE)	18♈4	17♈19 (r)
PLUTO (PL)	16♉30	17♉
MONDKNOTEN (MK)	12♌6 (r)	26♌59 (r)
PARS FORTUNA (PF)	23♍59	5♈53
MEDIUM COELI (MC)	0♎25	18♎27
XI	27♎9	11♏44
XII	15♏53	28♏34
ASZENDENT (AS)	29♏5706	11♐42
II	4♑55	22♑26
III	20♒39	12♓11

Ereignisdaten	_Direktionen RADIX_	_Direktionen EPOCHE_
(15.)6.1872 Familie siedelt v. Moskau nach Frankfurt a. Main über	IC c 45 abst.MK -1' ME re 180 XII +3' NE c 30 SO +1'	IC c 0 JU +9' AS d 150 UR 3'
(1.)9.78 Aufnahme- prüfg. Klingerschule	ME d 0 DS 2'	MC d 30 SA -3'
(7.)2.86 Krise	MA pro 90 AS 2' [IC d 0 NE 16']	AS c 135 UR ex.
31.3.86 geht aufs Kon- servatorium ab	UR pro 45 DS -1' VE re 120 MA +6'	VE d 135 AS 4' AS re 135 JU +4'
8.11.88 UA _Scherzo_	SO d 0 DS 1'	PF c 0 III -1'

(15.)7.90 Abschluß Konservatorium	VE d 0 DS 5' XI d 180 SO 10'	III c 150 UR +4' XI pro 0 MO -4'
21.1.91 UA Opus 1	AS d 150 SO ex.	MC c 0 XI -7' MO c 120 JU -2'
1.10.92 Dozentur in Koblenz	AS d 150 PL 3' DS re 0 SO -2' AS pro 45 JU -2'	III d 135 MO 3'
4.5.93 dir. eig. Werke i. d. Berliner Philharm.	DS c 0 VE -10' / 60 UR -5'	SO d 60 XI -2' / 90 DS ex.
(15.)9.93 kündigt Dozentur	XI d 150 NE 4'	DS d 45 PL 4'
(1.)9.84 unbezahlte Stelle am Theater Mainz	AS d 120 NE -3' SO re 60 III -3'	III c 0 NE -11'
28.11.95 Musik zu Ibsens *Fest auf Solhang*	ME re 120 AS +1' ME c 120 II -3'	XI c 90 VE +2'
(15.)7.96 erster Bayreuth-Besuch	AS c 90 MK -3' [MC c 120 JU -8']	MC d 180 PL 3' NE c 120 VE ex.
1.9.97 Dozentur in Berlin	ME pro 180 II 10' MO re 120 XI ex.	MC c 150 NE +1' MA re 0 VI +3'
10.6.99: Canterbury: heiratet Mimi Kwast, die er zuvor „entführte"	PF d 180 V 10' II c 90 MO ex. MA re 90 XII ex. PL re 180 XII -1'	V c 135 MO +1'
1.10.99 Umzug	IX d 0 MC 4' JU c 135 IX +4'	MO pro 180 VE -4' IC re 30 JU ex.
19.3.1900 Orchesterkonzert mit Strauss / negative Kritiken	XII d 90 MO 4'	XI c 180 JU +2'

25.10.00 „Gemeinde" in München	AS c 120 MO ex.	ME d 0 MK -4'
9.11.00 *Die Rose vom Liebesgarten* in Wuppertal	III c 120 SO +2'	NE c 0 III +7'
28.1.03 * Paul	JU pro 60 MO 2' ME c 30 DS -3' MK d 150 V 1'	JU re 30 V / 120 AS ex. AS c 120 ME -2'
(1.)9.03 Kapellmeister a. *Theater d. Westens*	PF d 180 JU 9' JU d 0 DS 4'	AS c 120 VE -4' III c 60 MO ex.
11.11.04 Tod des Vaters	MA re 45 MC ex. <SA pro 180 DS 3' E/R>	AS c 180 PL +7' SA pro 0 MO -2'
(9.4.)04 Ehekrise wegen Freundin	IC c 90 ME ex. VE re 60 DS -3' MA re 135 IC -1'	DS c 0 PL -9' AS d 45 SA -2'
20.10.06 * Peter	VE pro 90 MC -3' V d 45 UR 3'	IC d 90 MK ex.
27.9.06 Bewerbg. neg. an Münchner Hofoper	VI c 0 NE -6' MC re 0 MA -4'	MA pro 45 VI 4'
16.9.07 Umzug nach München	MA d 45 AS ex. MO pro 120 AS 6'	AS d 120 PL -3' UR re 60 IX -1'
11.4.08 Umzug nach Straßburg	AS d 135 VE -3' IX d 60 MK -1' XII d 0 SA -7'	UR re 60 IX -3'
27.5.08 * Agnes	AS d 135 VE 3' V c 60 ME +5' PF c 0 MK ex.	DS d 0 VE -9'
31.10.11 Geburt u. Tod Johannes	MA re 90 SO +3' SO d 60 NE 3'	V d 0 MA -8' MA d 0 SO -6'

	XII c 90 UR -4'	MA re 30 IC ex.
2.1.12 Ehekrise	IC c 60 SA -3'	IC c 45 NE -5'
26.1.12 springt für den *Beckmesser* ein	MA d 120 III -4'	MC pro 0 MO -7' ME c 60 SO -5'
11.12.13 Professoren-titel	UR d 120 VE -4'	JU pro 120 AS 4' VE c 180 MO -1'
12.6.17 *Palestrina* / Pfitznerwoche in M.	ME re 150 MC ex. JU c 30 III -4'	ME d 120 VI -2'
22.6.18 Gründg.. *Hans Pfitzner-Verein f. dt. Tonkunst* in München	MO pro 90 MC -3' MC pro 180 ME -2'	MO c 0 MC +9'
16.10.18 Abschieds-konzert in Straßburg	MC c 150 MO -5' MC re 180 abst.MK +5'	III c 180 UR -1' MO c 0 MC -5'
10.11.18 provisor. Um-zug nach München	IX c 45 VE +4'	MO c 0 MC -9' IX c 0 UR -5'
(15.)5.19 bezieht ein Landhaus in Schon-dorf am Ammersee	AS c 0 XI +6'	IX d 120 ME ex.
1.10.20 leitet Meister-klasse in Berlin	UR c 0 DS +7'	VE pro 45 DS -4' SO c 60 JU +4'
27.1.22 Uraufführung *Von deutscher Seele*	SO c 45 III +2' MO c 45 AS +1' ME d 180 II -2'	- - -
22.1.(-12.2.)23 gallen-krank im Hospital: Be-such von Hitler	AS d 180 UR ex.	XII d 180 UR -1' IC re 120 MA +3'
15.10.23 lehnt Dirigier-	AS c 135 MO +5'	SO c 0 DS +3'

Angebote aus den USA ab	XI c 180 MO -8' VE d 120 XI -1'	
26.1.24 Tod der Mutter	PL re 45 IC ex.	XII c 150 PL +2'
20.9.24 Gallen-Operation in Heidelberg	PL re 45 IC ex. MO d 180 XII 3'	MO d 180 UR 7' UR pro 60 PL ex.
19.4.26 Tod der Gattin	DS d 90 NE 4' V d 180 SA ex. abst.MK c 0 SA +2' PL re 45 IC -1'	DS d 90 PL -1' MO re 180 NE +1'
(20.)9.27 Operation	PL c 180 PF (+9') NE c 180 MA +1' [PL re 45 IC -2']	XII c 180 JU +8'
5.5.29 Ehrungen zum 60sten	MC d 150 JU -3' III d 60 MO -3' VE re 90 AS +4'	MC d 150 VE ex.
18.6.29 Hauserwerb	IC d 30 JU 4' VE re 90 AS -5' II d 45 VE 1' II c 180 PL -4'	VE pro 120 IC 3' IC d 150 UR +2'
1.8.29 Stellung in München	SO c 120 AS +2'	MA d 180 III 6'
9.11.29 gerichtl. Vgl. m. Alfred Einstein	NE re 150 XII -2' SA d 90 ME 4'	MC d 120 JU -2' III d 180 MO 5'
12.11.31 UA *Das Herz* (in Berlin + München)	MK re 45 MC ex. ME d 135 AS 1'	AS d 90 MO 1'
1.7.34 Pensionierung – ohne Bezüge	MC c 135 MO -2' XIIc135abst.MK ex. SA re 135 JU -2'	SA d 45 III -3' NE d 150 II -3' MC pro 180 MA -4'
28.8.34 Goethe-Preis	JU pro 135 MC -3' VE c 180 PF +10'	JU d 45 SO 4'

20.1.35 neg. (Renten-) Bescheid von Göring	SA c 0 XI +8'	XII d 60 SA 2'
27.9.35 UA i.Hamburg	AS d 90 JU -3'	ME c 60 VE +5'
23.2.36 dir. in Stockholm (26.2.: Ehrung)	MO re 0 MC -6' IX c 30 UR -2'	MK d 0 MO 1'
21.7.37 Tod des Sohnes Paul	NE c 45 IC -5' / 90 SO +5' MA re 45 VIII +3' [AS c 60 SA +8'] PL re 0 SO -1'	UR c 30 IC +5' VE d 30 SA -2'
3.5.38 Probleme m. d. Augen	MA c 180 SA +4' MO d 180 AS 9' PL re 0 SO ex.	IC c 180 SO +11' SO re 180 SA -2'
(15.)10.38 erste Augenoperation	XII c 0 PF -9' PL re 0 SO ex.	AS d 90 MA -3' XII d 135 MA 3' SO re 180 XII +3'
20.12.38 Erfolg *Palestrina* in Amsterdam	II c 120 MO +4' MA re 0 IX +3'	VE c 180 XI +6'
5.5.39 Goethe-Plakette zum 70sten	AS c 150 VE -4.5'	MC d 120 MK 3'
19.5.39 Freitod der Tochter Agnes	DS c 90 UR ex. PL re 0 SO -1'	NE d 45 V 5' abst.MK d 45 IC ex.
3.6.39 Augenoperation in Tübingen	AS c 90 UR -2' PL re 0 SO ex.	SA pro 135 NE 1' ME re 45 NE ex.
13.12.39 heiratet Mali Stoll	MO d 30 JU 2'	JU re 0 PF -2'
26.(-29.)4.40 Pfitzner-Tage in Salzburg	AS pro 90 VE -1' SO d 60 VE -5' / 0 UR 1'	PF c 180 VE +7' VE re 120 III -4'

28.8.42 entgeht Bombenangriff bei Nürnberg – Sept.: Wartheländischer Kulturpreis mit 20.000 RM Dotation	AS d 150 UR 5' AS d 90 VE ex.	MO re 135 MC +5' ME pro 120 III 2'
2./3.10.43 verliert gesamte Habe bei Bombenangriff	AS d 90 PL 4' MA pro 60 AS 5' AS re 90 UR +2'	AS pro 90 MA -5' SO d 0 SA -8' MA c 135 AS -5'
25.4.44 findet in Wien-Rodann Unterkommen	IC d 120 SO -4' ME d 120 IC 2'	PF c 180 UR -11' MA pro 0 SO ex. IX re 0 MA +3'
21.2.44 „Heldentod" des Sohnes Peter	MA pro 0 MC -10'	V d 0 ME 8' XII c 135 PL -3' PF c 180 UR -1' MA pro 0 SO -6'
19.9.44 Ehrenring F/M	UR d 60 II 3'	MC c 120 MO -5'
28.2.45 Flucht vor den Russen	MA pro 45 XII -1' ME c 0 IC +8'	MO pro 0 IX 8' UR c 120 IX +2'
27.3.45 nach Armbruch in einem Nothospital	IC c 180 UR +9' / 120 VE +3' MA pro 45 XII 1'	XII pro 180 SO -1'
26.2.46 geht ins Altersheim München-Ramersdorf	ME c 120 AS -5' MA c 90 MO -4'	IX re 60 NE -4' PL d 180 II (ex.)
(15.)6.45 Aufführungsverbot seitens der US-Besatzer	MC c 0 UR -3' MC d 150 PL 4' MA d 0 AS -10'	MC c 120 SA +1'
9./10.11.46 trotzdem Aufführung *Von deutscher Seele* in Nürnberg	AS d 180 MA 7' III d 45 UR 4' AS c 150 MO +1'	III c 180 MA +3' VI c 120 MO +1'

31.3.48 Abschluß Entnazifizierungverfahren: Einstufung als „Mitläufer" und Freispruch	AS c 45 MA +3' XII c 135 JU +1' SO c 120 XII ex. / 90 SA -2' PF d 0 SA ex.	DS re 0 NE -2'
18.12.48 Robert Schumann-Musikpreis Düsseldorf	- - -	MC d 150 SO 3' AS c 0 MC ex.
20.10.48 Schlaganfall	NE re 30 SO ex. SA re 30 XII +2'	SA re 135 IC -1'
16.(od.18.)3.49 Schlaganfall (dto. 16.5.)	AS d 135 UR -5' XII c 90 SA +4'	AS c 90 ME -1' SA re 135 IC ex.
22.5.49 stirbt in Salzburg	AS c 135 ME +1' NE d 45 SO 1' NE re 30 SO ex. SA re 30 XII ex.	SA re 135 IC +1' XII d 120 MA 2'

Camilla Meyer (Tochter von Conrad Ferdinand Meyer)

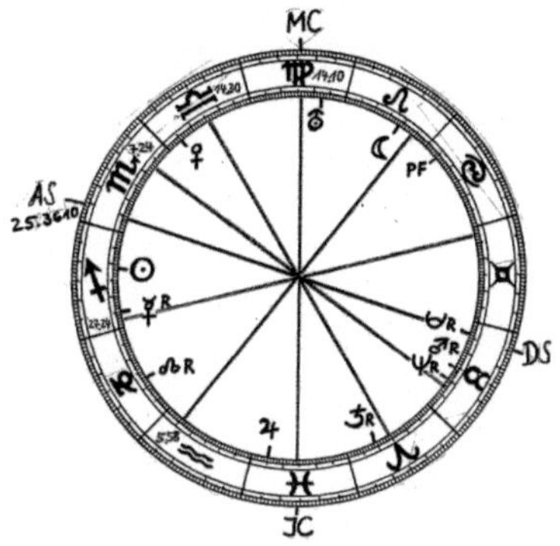

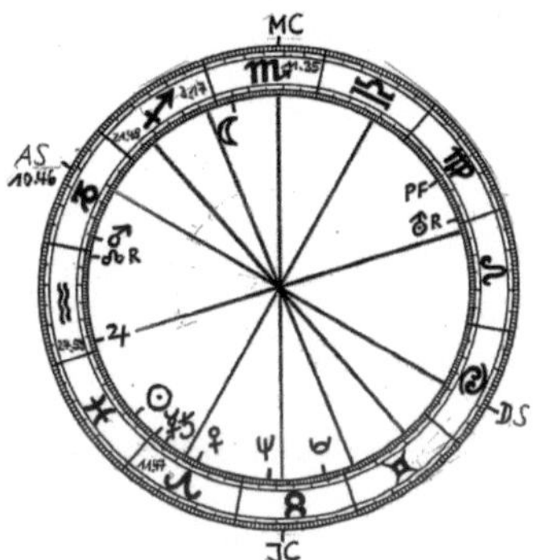

Im Radix der C. F. Meyer-Tochter Camilla korreliert die Sekundär-
direktion Pluto Konjunktion Deszendent mit einer von einschnei-
denden Umbrüchen und Entwurzelungserfahrungen geprägten
Zeit von etwa elf Jahren, angefangen vom Tod der nahestehenden
Tante Betsy über den Tod der Mutter, (Verlegenheits?-)Heirat, Um-
zug und bereits im Folgejahr erfolgte Scheidung bis hin zur Rück-
kehr ins verwaiste Kilchberger Elternhaus – fast, als lebte Camilla
die Lucretia Planta aus C. F. Meyers Roman *Jürg Jenatsch* nach.

Camilla Meyer — RADIX: 4.12.1879, 5.3649 (25♏3610) [RAMC 165.2459] — EPOCHE: 13.3.1879, 2.4056 (25♏32) [RAMC 219.0835]
8ö33,47n19
(Kilchberg)

	Direktionen RADIX	Direktionen EPOCHE
SONNE (SO)	11♐44	22♓10
MOND (MO)	10♌59.5	25♏32
MERKUR (ME)	25♐3 (r)	0♈31
VENUS (VE)	24♎57	15♈20
MARS (MA)	14♉2 (r)	25♑56
JUPITER (JU)	4♓58	27♒11
SATURN (SA)	9♈2 (r)	4♈2
URANUS (UR)	8♍57	1♍20 (r)
NEPTUN (NE)	9♉51 (r)	7♉50
PLUTO (PL)	26♉9 (r)	24♉43
MONDKNOTEN (MK)	17♑27 (r)	1♒33 (r)
PARS FORTUNA (PF)	24♋51	14♍8
MEDIUM COELI (MC)	14♍10	11♏35
XI	14♎30	3♐17
XII	7♏24	21♐49
ASZENDENT (AS)	25♏3610	10♑46
II	27♐24	27♒59
III	5♒58	11♈47

Ereignisdaten	*Direktionen RADIX*	*Direktionen EPOCHE*
21.8.1882 Tod des Großvaters	VIII c 180 ME -3'	ME c 135 MC ex. SA d 90 DS -2'
21.4.83 trägt der Tante Betsy Gedichte vor	MO c 180 III -7'	UR c 135 III ex.
27.11.83 Keuchhusten	XII pro 90 MO -4'	XII d 30 MA ex.
21.1.84 Rückfall	IC c 60 NE -3'	UR c 135 AS -2'
15.8.84 Familienurlaub in Richisau	IX d 0 MO 4' MO re 90 MC ex.	JU re 30 MA ex.

27.7.85 dto. i. Splügen	SO re 120 IX +2'	UR d 30 IX 2'
12.8.86 Kurhaus Parpan: gesundheitl. Probleme des Vaters	NE d 150 XI ex. IX pro 90 MA 2'	MC c 150 SA +4' SA c 135 MC -2.5'
4.3.89 Scharlachfieber	MA c 180 XII +3'	PL d 60 SA 2'
19.4.89 mit der Mutter unterwegs	IX c 60 PL +4' JU c 90 AS -4'	IC c 120 UR ex.
6.2.91 mit der Mutter in Baden	IC d 60 PL -2' SO d 135 IX ex.	VE re 0 ME +6'
23.1.92 erster Ball (negativ)	VE c 30 MC -2' SO re 45 XI -3'	ME c 180 PF -6'
7.7.92 Mutter bringt Vater in die Nervenheilanstalt	DS d 90 JU 1' NE c 135 MC ex.	MC d 180 PL -5'
13.9.92 Streit zwischen Mutter u. Tante	SO d 135 XII -3.5'	AS d 0 MA -3' MC d 180 PL 6'
27.9.93 Meyer aus der Anstalt zurück	MC d 135 MA -5' VE re 60 SO -3'	AS d 30 JU ex. PL c 180 MC +4'
17.12.93 Besuchsverbot für Betsy	XII c 150 PL -3' MO c 0 PF +3'	IC d 120 MA 5' AS pro 0 MA 8'
6.11.94 Internat Zürich	PF d 0 MO -1' VE d 0 XII 10'	MC c 30 MO +3' JU d 90 XII -4'
9.3.95 Tod der Großmutter	VE re 135 DS -5' SO pro 180 VIII -8'	IC d 90 JU ex. NE c 120 XII -4'
(15.)9.95 Pensionat	AS c 180 MA +5' SO d 0 ME -7'	MC c 150 PL -1' VE d 120 MO -4'
24.12.95 Familie Kilchberger Ehrenbürger	SO re 0 AS -7' ME c 0 SO -2'	MO re 90 AS -4'

28.11.98 plötzlicher Tod des Vaters	DS d 30 NE 2' DS c 150 SO +3' DS pro 180 SO -7'	DS d 120 SA -4' MA re 60 MC +5' XII d 135 PL 2'
22.4.1912 Tod d. Tante Betsy in absente (Camilla in Jugoslawien)	IC c 180 MO +3' NE d 90 JU ex. PL pro 0 DS 3'	VE pro 45 DS -2' IC pro 135 MA ex. [DS d 90 PL -8']
2.5.15 Tod der Mutter	PL pro 0 DS 1' SA re 45 DS -3' SA d 45 VIII -3'	IC c 0 SA -11'
29.3.16 heiratet; anschließend Umzug nach Schaffhausen	VE d 0 AS 7' SA re 135 AS ex. PL pro 0 DS ex. VE pro 90 JU 3'	AS d 30 MK ex. AS d 180 UR 12' IX c 90 ME +2' VE pro 60 ME -3'
11.12.17 Scheidung	PL pro 0 DS ex. III c 135 MA -1' MA d 120 XI -1'	VIII c 135 JU -4' MA re 60 VIII +3' VE re 0 JU -1'
24.4.18 „erhält Bürgerrecht Zürich"	MC d 0 VE 9' / 60 ME 3'	MC c 180 ME +8' NE c 135 MC ex.
8.6.18 „aus dem Gemeinde- und Kantonsbürgerrecht v. Schaffhausen entlassen"	VE c 90 IX ex. XI c 0 UR -6' MO re 120 AS -2'	MC c 180 ME ex.
30.1.23 wieder in Kilchberg	SO pro 60 AS 5' MO c 180 II +6' PL pro 0 DS -3' NE re 90 MO ex.	IC c 120 MO -1' SA c 90 IC -2' ME pro 120 XII 2'
13.5.29 Interview m. Rob. Spörri für *Es sprach der Geist – Conrad Ferdinand Meyers religiöse Botschaft*. Zürich 1934	MC c 0 PF -6' UR re 60 XII +1'	AS d 30 JU -5' SO pro 180 MC -6' MO d 0 AS -6' SO re 0 MK +2' JU re 60 VE -1'

27.11.32 Testament: verfügt Vernichtung d. Korrespondenz zw. Conrad Ferdinand, Betsy und Luise Meyer	[IC d 0 NE 15'*)] MC d 45 ME ex. III d 30 NE ex. *) Die Orben von 15' deuten daraufhin, daß dieses Testament am Ende eines schmerzhaften Prozesses erfolgte.	[AS d 0 SA 15'*)] VE c 90 MC ex. NE c 60 AS -3' ME pro 120 XII 1' JU pro 60 NE ex. SA pro 135 MO ex. ME re 90 SA ex.
16.10.36 wird tot aufgefunden: Selbstmord im Zürichsee	IC d 0 MA -6' SA pro 120 MO 3'	IC c 45 MA -2' PL pro 135 AS ex. UR d 180 PL ex.

*

sider. Lunare / Halblunare direkt u.convers (L/HL d/c) [alle auf 8ö33, 47n19 ber.]	*RADIX* Datum L/HL d bzw. c – Position Achse: Position Planet(en)	*EPOCHE* Datum L/HL d bzw. c – Position Achse: Position Planet(en)
21.8.1882 Tod des Großvaters	L c:25.3.1877, 6.36 AS 9♉: NE 4♉ MC19♑: MA15.5♑	Lc:30.10.1875,21.27 DS 0♒: MA 4.5♒ HLc:17.10.1875,6.47 DS 4♉: NE 2♉
27.11.1883 Keuchhusten	Ld:20.11.1883,4.28 MC 12♌: MA 16♌ Lc:16.12.1875,4.29 IC 8♓: MA 7♓ HL c: 3.12.1875, 11.25; AS 25♒: SA 21♒...MA 28♒	L d:1.11.1883,13.18 IC 10♊: SA 9♊ L c:23.7.1874,19.33 AS 11♒: SA 12♒ DS 11♌: UR 10♌
13.12.84 Rückfall	L c: 22.10.1875, 13.18 AS 4♒: MA 29♑	L c: 30.5.1874, 3.25 IC 5♌: UR 7.5♌ HLc:15.5.1874,23.17 IC 24♉: PL 23♉ ... SO 25♉, MO 25 ♉

4.3.1889 Scharlachfieber	L d:14.2.1889,15.42 AS 15♌: SA 16♌ HL d:27.2.1889, 17 MC 3♊: NE 0♊ ... PL 4♊	L c: 31.3.1869, 4.04 MC 19♐: SA 17♐
23.1.1892 erster Ball	L d: 15.1.1892, 13 AS 2♊: NE 6♊	HLd:9.1.1892,20.56 DS 16♓: JU 15♓ HLc:14.5.1866,17.50 AS 13♏: SA 8♏
7.7.1892 Mutter bringt Vater in d. Nervenheilanstalt Königsfelden	L c:10.5.1867, 6.33 AS 2.5♋: UR 6♋ MC 2♓: JU 4♓	L c:18.11.1865, 9.22 DS 29♊: UR 3.5♋ AS 29♐: JU 1♑
27.9.1893 Vater aus der Anstalt zurück	L c:27.2.1866, 3.52 MC 16♏: SA 12♏ IC 16♉: PL 12♉ AS 15♑: JU 23♑	L d:15.9.1893,16.18 IC 10♊: JU 1♊ ... PL 10♊, NE 14♊
17.12.1893 Mutter bewirkt Besuchsverbot für Tante Betsy	L c:7.12.1865, 1.11 DS 9♈: NE 8♈ HL c: 24.11.1865, 9.40; MC 9♏: SA 6♏... VE 10♏	L d:6.12.1893,13.50 DS 11♏: UR 13♏,MA 13.5♏ L c:17.6.1864,13.13 DS 17♈: MA 15♈
6.11.1894 Internat	L c: 13.1.1865, 11.21 MC 20♑: SO 23♑ HL c: 31.12.1864, 5.12 AS 12♐: JU 15♐ IC 7♈: NE 5♈	L d:30.10.1894,7.11 AS 18♏: UR 15♏
9.3.1895 Tod der Großmutter	Lc:29.8.1864,21.05 AS 28♉: MA 2♊	L d:16.2.1895,9.37 AS 22♉: MA 22♉

Ereignis		
		DS 22♏: UR 20♏
		HL d:3.3.1895,4.19 IC 26♉: MO 26♉... MA 1♊
		L c: 7.4.1863,3.38 IC 18.5♊: MA 17♊,UR 17♊
(15.)9.1895 Pensionat	Ld:19.8.1895,11.33 AS 14♏: UR 16♏ MC 27♌: SO 26♌...ME 28♌ HL d: 1.9.1895, 16.34 DS 2♌: JU 29♋	L d: 26.8.1895, 15.24 MC 7♏: SA 3♏ L c: 27.9.1862, 17.21 AS 11♈: MA 15♈ DS 11♎: JU 7♎
28.11.1898 plötzlicher Tod des Vaters	L d:6.11.1898, 8.29 AS 7.5♐: UR 3♐ ... SA 11♐ HL d : 19.11.1898, 11.41; MC 4♐: UR 3♐ ... SA 13♐ DS 9♌: MA 6♌	Ld :14.11.1898,7.11 AS 29♏: UR 3♐
2.5.1915 Tod der Mut- ter	L c: 16.7.1844, 23.21; IC 22♋: SO 24.5♋	Ld:30.4.1915,18.23 IC 19♒: UR 15♒ Lc:24.1.1843,16.26 MC 20♈: PL 20♈
29.3.1916 Heirat; an- schließend Umzug n. Schaffhausen	L d:16.3.1916, 0.27 IC 9♈: JU 7♈ HL d: 29.3.1916, 5.27; AS13.5♈: JU 11♈	L d: 23.3.1916, 21.05; DS 11♉: VE 16♉ IC 23.5♒: UR 18♒

	IC 6♋: PL1♋ ... SA 10♋	
	L c:24.8.1843, 3.18 AS 16♌: VE 20♌ DS 16♒: NE 20♒, JU 22♒	
11.12.1917 Scheidung	L d: 3.12.1917, 21.09; DS 21.5♒: UR 20♒	L c:9.7.1840,22.31 IC 4♋: MA 1♋ HL c: 26.6.1840, 18.02; AS 17.5♐: SA 17♐; DS17.5♊: MA21.5♊
24.4.1918 als Zürcher Bürgerin gemeldet	L d:19.4.1918, 7.53 MC 1.5♓: UR 27♒	L d: 31.3.1918, 19.08; MC 2♌: NE 4♌, SA 8♌ DS 25♈: ME 27♈ HL d: 13.4.1918, 14.04; DS 8♓: VE 7♓ L c: 24.2.1840, 12.41; MC 21♓: MA 21♓
8.6.1918 aus Schaff- hausen offiziell wegge- zogen	L c:22.6.1841, 3.27 DS 29♐: SA 30♐ HL c: 8.6.1841, 22.53 AS 20♒: NE 17♒ MC 11♐: JU 15♐ HL d: 31.5.1918, 1.55 AS 30♈: VE 27♈	HL c:18.12.1839, 8.15; MC 11♏: VE 9♏, JU 11♏ HL d: 7.6.1918, 10 MC 26♉: ME 26♉... MO 26♉

30.1.1923 wohnt wieder im elterlichen Anwesen in Kilchberg	L c: 1.11.1836, 16.56 MC 1♒: NE 3♒ HL c: 18.10.1836, 14.04 DS 16♌: JU 15♌	L c:12.5.1835,21.12 MC 18♎: SA 18♎ IC 18♈: PI 14♈, VE14♈ DS 20♊: JU 16♊ HL c:29.4.1835,10.04 DS 6♒: NE 4♒ IC 18♎: SA 18♎ MC 18♈: PI14♈... ME 20♈
13.5.1929 Interview mit Robert Spörri	L d: 17.4.1929, 16.58; MC17♋: PL 16♋, MA 17♋ L c:21.7.1830, 0.45 AS 16♊: VE 20♊ IC 16♌: SA 19♌ (... folgt:) Lc:23.6.1830,15.42 DS 18♉: VE 19♉	HL d:9.5.1929,19.17 DS 25♉: JU 22♉... MO 26♉ HL c:14.1.1829,19.09 MC 22♉: MO 25♉
27.11.1932 Testament	Ld:20.11.1932,0.04 AS14♍: NE10♍	L c: 27.6.1825, 5.34 MC 7♈: PI 4♈
16.10.1936 wird tot aufgefunden	Ld:9.10.1936,15.56 AS 21♓: SA 17♓ DS 21♍: NE17♍ L c:27.1.1823, 0.10 DS 4.5♉: SA 4♉ IC 14♒: MA 19♒	L d: 21.9.1936, 2.01 MC 11♉: UR 9♉ AS 22♌: MA 26.5♌ HL d:4.10.1936,2.37 AS 8♍: MA 4.5♍ L c: 3.9.1821, 9.05 DS 27♈: SA 26♈... (JU 30♈) HL c:20.8.1821,3.15 MC 27♈: SA 26♈... (JU 0♉)

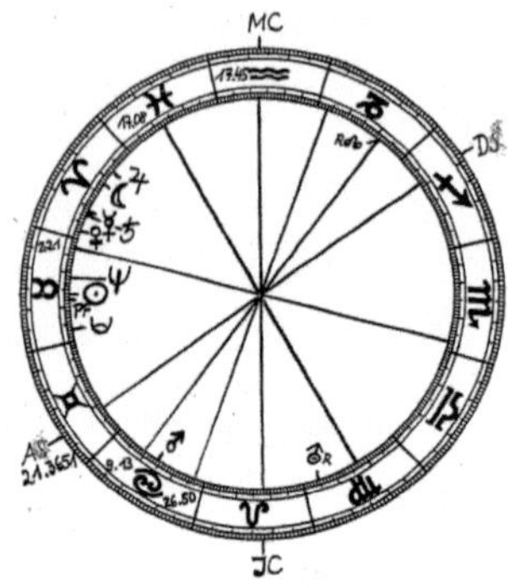

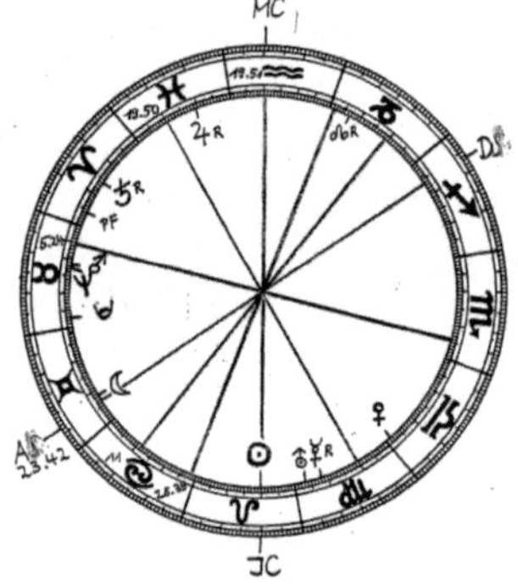

266

<u>Ernst Ludwig Kirchner</u>; 9ö9, 49n59 (Aschaffenburg)	RADIX: 6.5.1880, 5.4620 (21♊3651) [RAMC 320.1131]	EPOCHE: 12.8.1879, 23.2819 (21♊40) [RAMC 322.1540]
SONNE (SO)	16♉3	19♌49
MOND (MO)	12♈5	21♊40
MERKUR (ME)	21♈29	8♍3 (r)
VENUS (VE)	27♈34	1♎22
MARS (MA)	14♋15	11♉40
JUPITER (JU)	7♈38	10♓5 (r)
SATURN (SA)	22♈13	15♈34 (r)
URANUS (UR)	4♍52 (r)	3♍39
NEPTUN (NE)	11♉55	12♉4
PLUTO (PL)	26♉38	27♉23
MONDKNOTEN (MK)	9♑18 (r)	23♑27 (r)
PARS FORTUNA (PF)	17♉39	25♈33
MEDIUM COELI (MC)	17♒45	19♒51
XI	17♓8	19♓50
XII	2♉21	5♉24
ASZENDENT (AS)	21♊3651	23♊42
II	9♋13	11♋
III	26♋50	28♋39

<u>*Ereignisdaten*</u>	<u>*Direktionen RADIX*</u>	<u>*Direktionen EPOCHE*</u>
1.2.1887 Luzern (neue Stelle des Vaters)	XII d 0 NE 1' XII c 0 SA -4'	MC d 90 PL 3'
(30.3.)1901 Abitur in Chemnitz	MC c 90 VE -3'	MC c 180 III +10' SO c 0 III +8' III re 120 JU +2'
16./17.10.03 Forts. Ar- chitekturstudium in München / wicht. Nürnbergbesuch	MC d 60 NE -2' MC pro 30 MO 1'	IX d 180 SO -4' XI c 180 SO+10' / 0 MC +8'
7.6.05 Mitbegründer *Die Brücke* in Dresden	SO re 60 AS +1' PF c 0 JU -2'	MC re 45 JU +3' III pro 0 SO -10'

	III c 60 UR +3' ME c 0 XI -2' VE re 120 III +2'	XI d 135 ME -3'
1.7. Architekturdiplom	SO re 60 AS -3' / 0 ME +5' VE re 120 III -2'	MC re 45 JU -1' III pro 0 SO -7'
(1.)10.11 zieht nach Berlin	NE d 0 AS -7'	MC d 60 MK -4'
(15.)5.13 *Die Brücke* zerfällt	DS d 135 UR ex.	ME re 135 DS ex. NE d 0 DS ex.
(15.)8.14 meldet sich „freiwillig" zum Kriegsdienst	AS c 120 UR -2' III c 30 PL -1'	SO pro 90 AS ex. XII c 0 JU -10'
(1.)7.15 Einberufung nach Halle	MC c 180 MA +5' XII c 45 ME -3' AS d 90 ME -1'	MC c 90 SA ex. MC d 60 PL 2' III c 45 NE ex.
12.9.15 beurlaubt (ab November „wehruntauglich")	MC c 180 MA -6' UR d 120 MC 3' AS pro 90 SA -3'	MA re 60 MC+1' / 120 SO +3' AS c 0 XII -2' XII c 180 ME+12'
15.12.15 Sanatorium Königstein im Taunus	AS c 0 XII -2' UR d 180 IX 8'	IX c 135 MA ex. JU d 0 PF 1'
15.7.16 verläßt es in Panik, kurz nach Heldentod eines Freundes	AS d 90 SA 2' XII c 180 UR -2' SA re 60 MC -3' AS re 120 UR +4'	NE re 0 MA ex. JU pro 60 XII ex. AS re 120 UR +1'
8.5.17 (2.) Davos-Aufenthalt	SO pro 0 AS -2' SO d 60 VE ex. IX d 135 MA 2' ME re 0 JU +2'	ME c 135 JU -3.5'

1.11.17 Testament I	IC d 135 NE -2' IC re 0 MA -10'	AS c 150 VE -2' JU c 180 III +1'
(15.)2.18 Bekanntsch. Nele van de Veldes	IC c 60 NE ex. NE d 60 VE -2'	MO c 120 SO -3' UR c 180 MK +8'
9.7.18 Wohnsitz bei Davos	MC d 30 VE 3'	JU d 90 IX -4'
19.1.19 Eigentumsan- teile Berliner Wohnung	VE d 90 XI 4.5'	IC d 0 VE -8'
14.2.21 Tod des Vaters	MC c 180 abst.MK 7' DS c 180 SA -11'	MA c 135 abst.MK -1' VIII c 135 SA ex.
3.7.22 Tod eines Förderers	AS d 60 PL 1' SA c 120 AS -2'	SO d 135 MC 3' ME d 180 PF -3'
(15.)6.23 bedeutende Ausstellung in Basel	VE d 0 AS -5' / 60 ME 3'	PF c 180 SO +5' / 0 MC +3'
18.12.25 Reise nach Deutschland	MC c 120 UR -4' IX c 150 SO -3'	ME pro 120 IX -4'
12.3.26 zurück	IX d 45 SA 1' SA pro 90 IX 3'	AS d 60 VE 3' VEre0 IC-3'/SO-1'
14.12.26 Tod eines Malerfreundes	SA d 0 AS 8'	abst.MK d 0 UR 2' SA c 90 MA +2'
13.3.27 Tod eines wei- teren Malerfreundes	MA re 120 MC -3'	AS c 30 NE -4' SO c 135 MC +3'
23.12.28 Nachricht vom Tod der Mutter	SO pro 45 IC -4'	DS c 30 ME +3' MA c 45 VIII ex. MA re 90 VIII -5'
10.7.29 Testament II (Ende Juli: Reise nach	PF d 0 abst.MK 6' XII c 90 SO +2'	IC d 135 PL 4' MA pro 60 III

Deutschland)	IX c 135 VE ex. NE d 90 JU 1'	(120 IX) ex.
(+/-)1.12.35 Angina	[SO re 90 AS -7'] SA pro 0 VE ex.	IC c 45 NE -2'
27.8.36 erster öffentli- cher Auftrag	JU d 120 MC -2'	MO c 60 MA -4'
30.10.36 Ausschluß a. d. dt. Künstlerbund	MA c 0 SO -4' UR d 180 NE 3'	MC pro 0 SA -2' SO pro 180 SA -4'
12.8.37 wird als „entar- teter Künstler" aus der Preußischen Akade- mie der Künste ausge- schlossen	SA c 90 XII -1' MO c 90 SA +1' AS c 60 SO ex.[*] AS d 120 JU -4'[*]	MA re 45 MC +5' MA d 90 SA -1'
	[*] eine dem Künstler in Anbetracht der politi- schen Situation in Deutschland möglicher- weise willkommene Ent- scheidung?	
15.6.38, „gegen 10 Uhr": erschießt sich	AS c 120 MA ex. SA d 60 XII ex.	SO re 0 AS -5'

August Macke

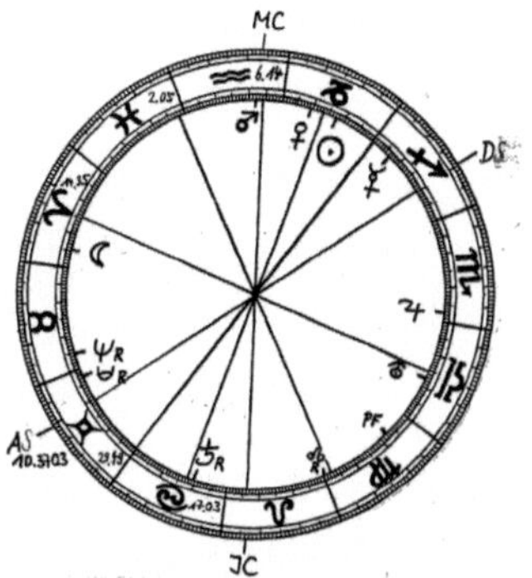

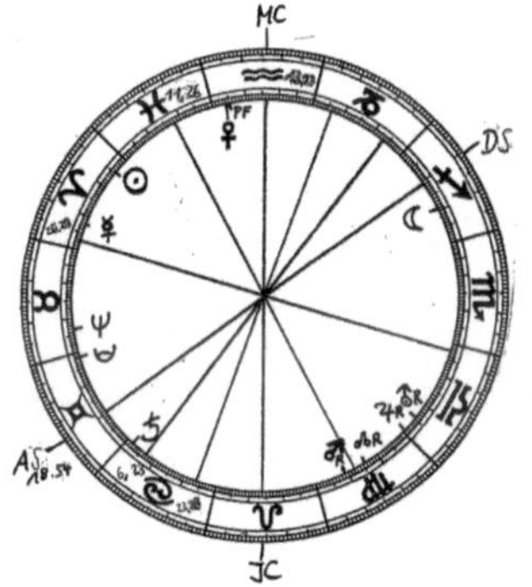

<u>August Macke</u>	RADIX: 3.1.1887,	EPOCHE: 25.3.1886,
8ö17, 51n20	13.0956 (10♊3703)	8.1940 (10♐37)
(Meschede)	[RAMC 308.3632]	[RAMC 315.5511]
	MDO PF 46.06 (3)	MDO JU 46.04 (3)

SONNE (SO)	12♑54	4♈37
MOND (MO)	24♈19	10♐37
MERKUR (ME)	23♐46	22♈31
VENUS (VE)	20♑25	25♒44
MARS (MA)	8♒	9♍9 (r)
JUPITER (JU)	2♏36	0♎38 (r)
SATURN (SA)	19♋33 (r)	1♋54
URANUS (UR)	12♎24	5♎43 (r)
NEPTUN (NE)	25♉18 (r)	23♉31
PLUTO (PL)	2♊24 (r)	1♊26
MONDKNOTEN (MK)	0♍27 (r)	15♍30 (r)
PARS FORTUNA (PF)	22♍2	24♒53

MEDIUM COELI (MC)	6♒14	13♒27
XI	2♓5	11♓26
XII	14♈35	26♈29
ASZENDENT (AS)	10♊3703	18♊54
II	29♊49	6♋23
III	17♋3	23♋28

<u>*Ereignisdaten*</u>	<u>*Direktionen RADIX*</u>	<u>*Direktionen EPOCHE*</u>
5.10.1904 Abbruch Gymnasium / Kunstakademie Düsseldorf	MC d 60 ME 1' III d 60 PL -1'	AS c 90 VE +5' UR c 0 MA -5'
27.10.04 Tod des Vaters	MC c 180 SA -6' MC re 135 PL ex.	DS d 0 VIII -7' UR d 45 DS -1.5'
18.4.05 Florenzaufenthalt	MC d 60 MO ex. VE d 0 MC -2'	VE pro 45 IX -2'
(15.)7.06 Belgienreise	IC pro 45 UR 4'	IX c 90 UR +1'

17.11.06 verläßt die Akademie, gestaltet Theaterdekorationen	XI c 45 ME ex. SA c 120 XI -2' VE c 120 JU +3'	AS c 30 ME +4'
9.6.07 Parisaufenthalt	MC c 0 IX ex. VE c 60 XI +4'	XI c 135 JU -1'
7.10.07 bei Lovis Corinth in Berlin / Tod des Vaters seiner Braut	MO pro 0 MC -10' ME c 135 III +2' / 90 XI ex.	III c 90 SO +2' VIII d 135 NE 2' AS re 0 NE +2'
1.4.(bis 2.5.)08 m. Elis. Gernhardt in Italien	IC d 45 UR -3' ME d 0 SO 5'	AS d 60 MA -3' IC c 90 ME -5'
1.10.08 Militärdienst	AS c 90 MA -5'	AS c 45 SO -2'
24.12.08 Verlobung	PF d 180 MO -4'	VE pro 180 V 6' ME c 180 V -1'
5.10.09 Heirat – ca. 400 M. mtl. (Renditen)	SO pro 0 MC -9' DS re 60 MK -2'	MO d 120 V -1' JU d 120 II 5'
31.10.09 Wohnung in Tegernsee	SO pro 0 MC -5' MO re 180 ME +5'	IC c 135 ME -1' MO pro 120 AS 2'
6.1.10 begegnet Franz Marc	SO pro 0 MC 6'	ME pro 60 MC 4' AS d 150 MO -5'
13.4.10 * Walter	MA d 180 V ex.	AS d 135 VE 1' MA c 0 IC ex.
12.6.10 fährt zu Marc nach Sindelsdorf	MA d 0 XI 10'	ME pro 60 MC -5' UR d 120 XI -3'
(1.)11.10 Wohnung in Bonn	MA d 120 JU 3'	IX c 180 SA ex.
(14.)2.11 Atelier fertig	IC d 0 MK -9' VI d 60 VE -2' JU c 0 PF -2'	AS c 135 JU -1' VI c 0 MK -5'

1.4.11 Militärübung in Elsenborn in der Eifel	XII c 135 SA -1' III d 180 MA -1' PL d 180 SO -2'	MC d 180 MA -10'
15.6.11 wicht. Rolle b. e. Ausstellung in Sicht	AS c 180 JU +4'	VE re 0 PF -1'
18.12.11 Teiln. bei *Der Blaue Reiter* in München – zuvor Ärger	MC c 0 SO ex. JU c 120 VE ex. AS re 30 NE ex.	ME d 60 MC 4' MK c 180 MC -1' XII d 0 PL 6'
24.5.12 Teiln. *Sonderbundausstellung* Köln	SO re 150 III ex. UR c 180 XI +2'	SO re 135 III +4'
5.8.(bis 21.9.)12 Militärübung	MC c 90 UR -5' XII c 90 PL +2'	UR pro 180 SO ex. PL c 135 UR +2'
2.10.12 trifft Apollinaire u. Delaunay in Paris	MC d 0 XI -6'	MC d 90 MO -3' JU c 180 PF ex.
8.2.13 * Wolfgang	VE re 45 JU ex. PL c 60 VE ex. IC d 90 PL -3'	SO d 0 VE -8' V d 135 PL -3' MA re 90 DS +5'
10.7. 13 Teiln. *Rhein. Expressionismus* Bonn	JU d 180 AS 11' VE re 150 III +2'	MC d 0 XI -3' JU d 120 XI -4'
20.9.13 Teiln. am Berliner *Herbstsalon* (Defizit)	ME d 135 PL 1' MA re 180 III +4' / 45 XI +2'	SO d 0 PF -7' MA d 120 AS 4'
1.2.14 Stipend. Reise	ME re 60 MC +4'	MK d 180 ME -4'
5.4.14 von Marseille- nach Tunis	SO pro 120 AS 1'	MO pro 180 AS -3' UR c 180 VE -4'
8.8.14 Einberufung	ME pro 180 IC 4'	XII d 60 SO -3'
26.9.14 fällt bei Souain in der Champagne	IC c 45 NE +4'	AS c 120 MA ex. IC c 45 PL -2'

C. Ein Beispielhoroskop – so funktioniert's

Die nachfolgende Anleitung vermittelt einen Einblick in das praktische Vorgehen bei einer Geburtszeitrektifikation mithilfe der Anwenderprogramme, die von Alexander Marr großenteils entwickelt, zum Teil angestoßen worden sind, ersetzt aber nicht die Ausführungen seiner Bücher *Prediction I bis III* und deren Theorie.

Unser Beispielhoroskop basiert auf einer sowohl innerfamiliär überlieferten wie standesamtlich bestätigten Geburtszeit von „12.25 Uhr" MEZ (= 11.25 Weltzeit oder GMT) des 23. Mai 1954 in Trier (6ö38, 49n45). Daraus folgt ein Horoskop mit folgenden Koordinaten (topozentrisches Häusersystem):

RADIX: 23.5.1954, 11.25

Sonne 1♊47
Mond 5♒44
Merkur 17♊57
Venus 29♊49
Mars 8♑32 (r)
Jupiter 29♊51
Saturn 4♏08 (r)
Uranus 20♋21
Neptun 23♎46 (r)
Pluto 22♌37
Mondknoten 17♑12 (r)
Pars fortuna 11♉15

Medium coeli 0♊36
XI. Haus 7♋30
XII. Haus 10♌28
Aszendent 7♍18
II. Haus 28♍44
III. Haus 26♎18

Als erstes führen wir Lunarproben durch. Laut Theorie bestätigen oder widerlegen sie, ob ein Horoskop im Bereich weniger Zeitminuten richtig zeigt, zweifelhaft oder falsch. Zur Diskussion seien im folgenden siderische Lunare und Halblunare in direkter und gespiegelter Zeit (convers), links auf 10.45, rechts auf 11.30 Uhr

GMT (also eine Dreiviertelstunde auseinander) gegenübergestellt.
Koordinaten, wenn nicht anders angegeben: natal (Geburtsort).

Direkte und converse siderische Positionshoroskope auf ☾ in ♒ bzw. in ♌, auf Ausgangszeit 10.45 bzw. 11.30 Uhr GMT, für:

Tod der Großmutter, 9.11.1980

auf Radixzeit 10.45

auf Radixzeit 11.2936

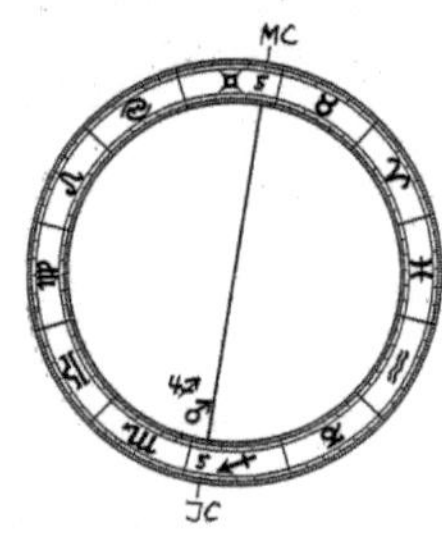

Lunar direkt (♒):
18.10.1980, 1.15 h GMT
IC 24♏: ♄ 24♏

– ♄ möglich, nicht zwingend, da die
Großmutter nicht überraschend starb

Lunar direkt (♒):
18.10.1980, 1.58 h GMT
IC 5♐: ♂ 4♐

– ♂ passend

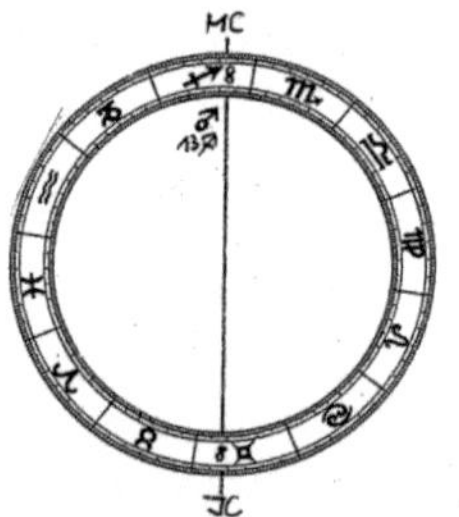

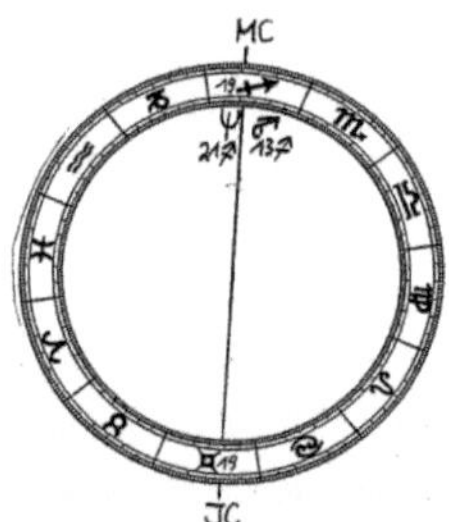

Halblunar direkt (♌):
30.10.1980, 13.23
MC 8♐: ♂ 13♐

– ♂ passend; Orb m. 5° ausgeschöpft

Halblunar direkt (♌)
30.10.1980, 14.09
MC 19♐: ♅ 21♐ ...(♂ 13♐)

– ♅ ausgezeichnet; kleiner Orb

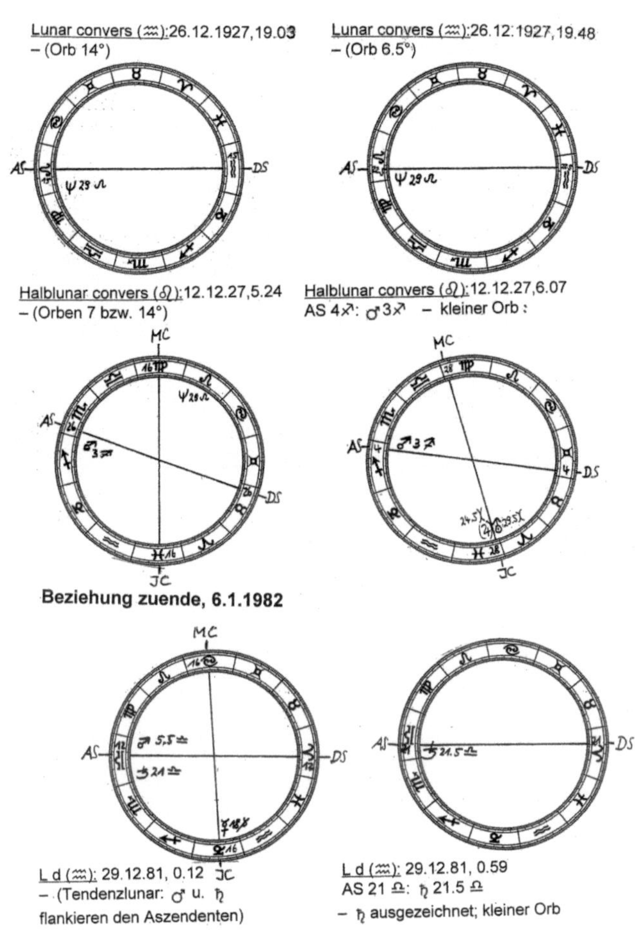

(Während bei der früheren Geburtszeit bislang überwiegend Tendenzlunare gebildet werden, beeindrucken die Ereigniskarten der späteren Ausgangszeit mit gradgenauen Achsenkonjunktionen.)

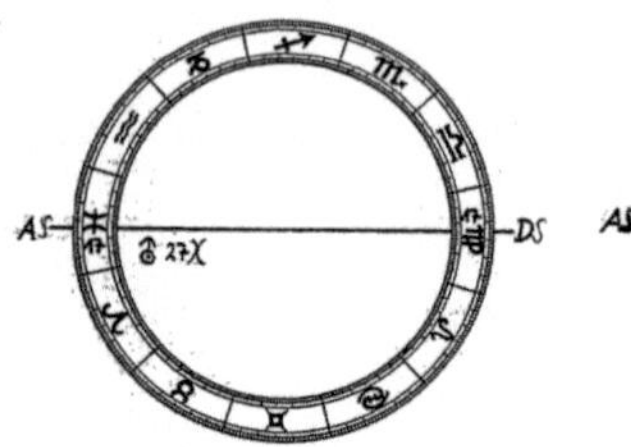

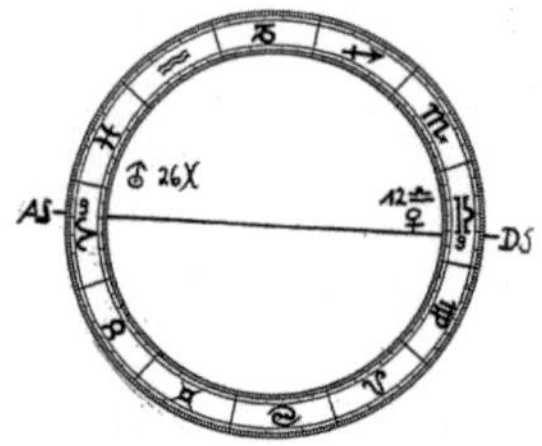

L c (♌): 15.10.26, 15.36
– (Orb 10°)

L c (♌): 15.10.26, 16.17
DS 9: ♀ 12
– (untypisch)

Affäre negativ, 14.10.1983
[7ö11, 51n16]

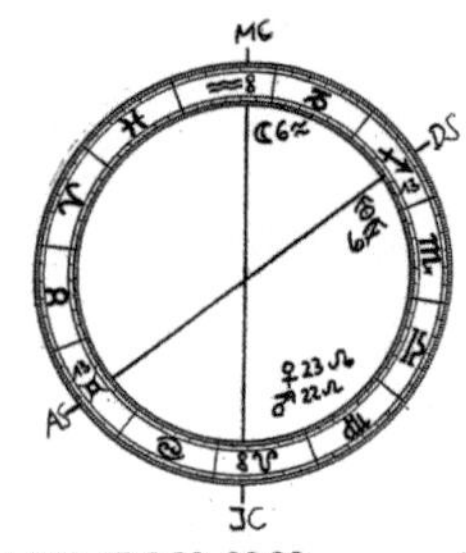

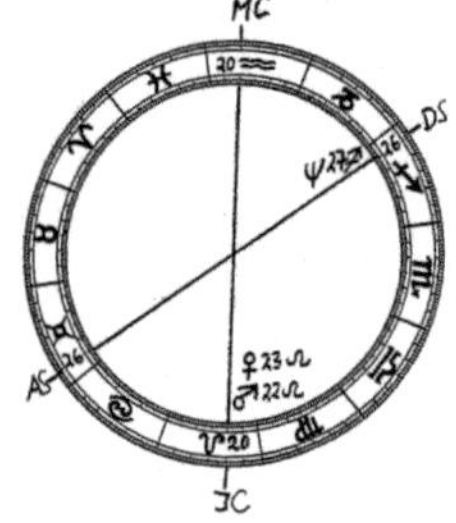

L d (♒): 17.9.83, 20.28
MC 8♒: ☾ 6 ♒
– (verweist nicht auf Streit, Sex,
Trennung)

L d (♒): 17.9.83, 21.18
DS 26♐: ♆ 27♐
IC 20♌: ♂ 22♌, ♀ 23 ♌
– ♆, ♂, ♀ ausgezeichnet

(Das einschneidende Ereignis der Trennung vom 6.1.1982 ist aus-
schließlich mit dem direkten gradgenauen Vollunar der späteren
Geburtszeit angezeigt.)

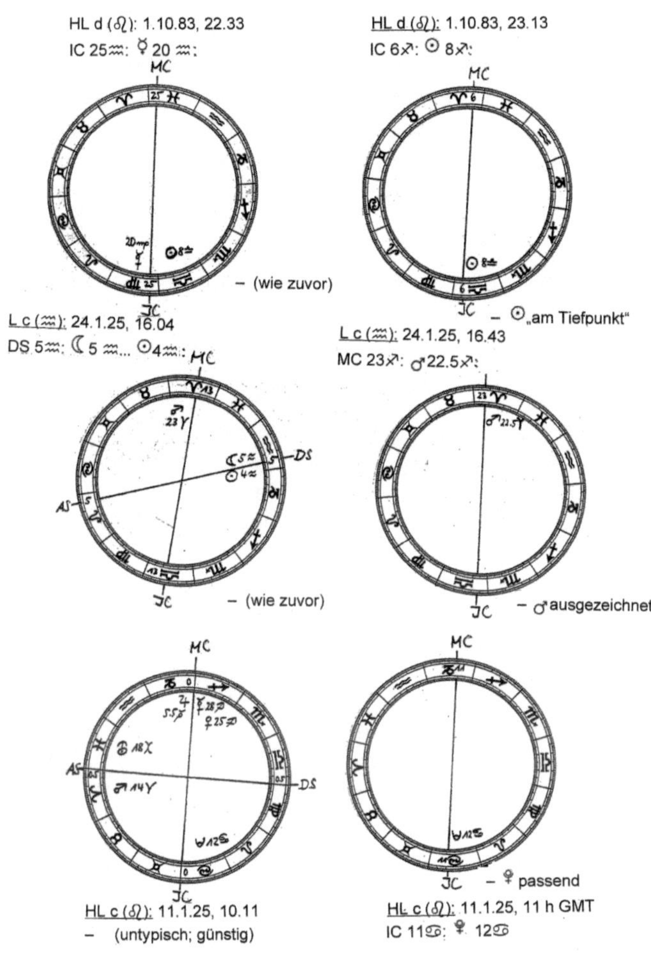

Der Lunartheorie zufolge hätte der um 10.45 Uhr Weltzeit Geborene an den gleichen Orten am 6.1.1982 einen wahrscheinlich unauffälligen und am 14.10.1983 einen eher beschaulichen und erfreulichen Tag verbringen müssen. Beide einschneidende Ereignisse sind ausschließlich auf der rechten Seite – Geburt bei 11.30 Uhr Weltzeit – ausgewiesen.

Nachdem wir diese Tendenz anhand weiterer Ereignisse überprüft und erhärtet gefunden haben, gehen wir zu den Primärdirektionen über, um den Zeitpunkt, an dem das Weltdasein unsers Probanden begonnen haben soll, auf wenige Zeitsekunden einzugrenzen. Marrs Programm *Special1* errechnet nach Eingabe „05/23/1954 // 11/25 // –6.38 (– für „östlich") // 49.45 (– hieße hier „südlich") // 31 (sec.)" und Eingabe eines ersten Ereignisdatums folgende Positionsverschiebungen in Analogie zur Zeit zwischen Geburt und Ereignis:

Primärdirektionen für den 21.8.1956, Geburt einer Schwester

direkt:

Sonne 3♊54

Mond 8♒20

Merkur 19♊26

Venus 1♋23

Mars 9♑44

Jupiter 1♋54

Saturn 6♏20

Uranus 22♋04

Neptun 25♎42

Pluto 19♌34

Mondknoten 19♑08

Pars fortuna 13♉21

Medium coeli 2♊43 **<III.)>**

XI. Haus 9♋29

XII. Haus 12♌14

Aszendent 8♍54 **<VI.)>**

II. Haus 0♎32

III. Haus 28♎19 **<IV.)>**

convers:

Sonne 29♉39

Mond 4♒44.5

Merkur 15♊16

Venus 27♊18 **<V.)>**

Mars 5♑45

Jupiter 27♊50

Saturn 2♏12

Uranus 18♋15

Neptun 21♎41

Pluto 16♌07

Mondknoten 15♑16

Pars fortuna 9♉09

Medium coeli 28♉28 **<II.)>**

XI. Haus 5♋30

XII. Haus 8♌42

Aszendent 5♍43 **<I.)>**

II. Haus 26♍56

III. Haus 24♎17

Die fettgedruckten Ziffernzusätze bezeichnen Punkte, von denen aus vermittels Zeitverrückung stimmige Primärdirektionen erzielt werden sollen. **I.)** bis **VI.)** verkörpern im folgenden die Ausgangszeiten neuer Horoskopvarianten. In nachstehender Tabelle werden diese anhand des ersten und elf weiterer Ereignisse durchgespielt und kommentiert. Ich bediene mich zur Demonstration, anders als zuvor, astrologischer Symbole.

A. Zeichen für die Planeten und Lichter:

⊙ Sonne (SO)

☽ Mond (MO)

☿ Merkur (ME)

♀ Venus (VE)

♂ Mars (MA)

♃ Jupiter (JU)

♄ Saturn (SA)

♅ Uranus (UR)

♆ Neptun (NE)

♇ Pluto (PL)

B. Zeichen für die klassischen Aspekte:

♂ Konjunktion – 0°

☍ Opposition – 180°

△ Trigon – 120°

✱ Sextil – 60°

□ Quadrat – 90°

⬓ Anderthalbquadrat – 135°

∠ Halbquadrat – 45°

⊼ Quincunx – 150°

⊻ Semisextil – 30°

C. ferner:

☊ / ☋ aufsteigender bzw. absteigender Mondknoten (MK / abst.MK) – AS/DS Aszendent/Deszendent – MC/IC Medium coeli/Imum coeli – II, III, V, VI, VIII, IX, XI, XII Spitze des 2., 3., 5., 6., 8., 9., 11. und 12. Hauses – PF Pars fortuna

Wir spielen nun mehrere Lebensereignisse für sechs Zeitannahmen durch, die für die Geburt der Schwester akzeptable genaue Primärdirektionen ergaben und alle im Minutenbereich um die amtlich bestätigte und mit den Lunarproben erhärtete Geburtszeit 11.25 Uhr Weltzeit liegen. Kapitale Achsen- und Hausdirektionen erscheinen hervorgehoben:

Ereignis	I.) 11.2451 AS 7♍16	II.) 11.3041 AS 8♍19	III.) 11.1308 AS 5♍10	IV.) 11.3138 AS 8♍29	V.) 11.2936 AS 8♍07	VI.) 11.2314 AS 6♍59
1) 21.8.1956 Schwester geb.	AS c ⊼ ☽ -3'	IC c ⊼ ♀ 0'	IC d ⊼ ♀ exakt (=unter 1')	III d △ ♀ 0'	♀ c △ III ex.	AS d △ ♂ -2' III c ♂ ♆ +6.5' III: Geschwister ♆ : Wirren –

	<I.) 11.2451>	<II.) 11.3041>	<III.) 11.1308>	<IV.) 11.3138>	<V.) 11.2936>	<VI.) 11.2314>
						Aspekt würde besser zum Verlust eines Geschwisters passen ☾ re △AS +5' Symbolismus analog I.)
2) (ca.)1.3.72 Auftrag für 1. Musikkritik/ Beginn journalist. Nebentätigkeit	☿ c ♂ MC -10' ☿: Schreiben / Kommunizieren MC: Öffentlichkeit / Beruf – zweitklassiger, symbolisch adäquater Achsenaspekt	MC c ∠ ♃ -3' MC c ∠ ♀ -2' MC zwar im Spannungsaspekt, doch mit einer Konjunkt. zweier „Wohltäterplaneten"	XI d ♂ ♅ 3' XI: Förderung ♅: unerwartet AS c ♂ ♀ +3' unpassender Aspekt f. dramatischen Umbruch	♀ c ⊡ III +4' III: Kommunikationswesen; untergeordneter Häuseraspekt in leichtem Spannungswinkel; Orb +4' = Aspekt noch nicht ganz erreicht	**MC d♂ ☿ 10.5'** erstklassiger Achsenaspekt; Symbolik wie bei I.); da Konjunktion, noch im gültigen Orbbereich	☿ c ♂ MC +12' vgl. I.); Aspekt noch nicht reif, aber im mögl. Orbbereich ☿ **re ♂ PF -7'** eindrucksvolle Sekundärdirektion (Pos. n. e. genauen Zeitpkt. 17¾Tage vor d. 23.5.54)
3) 26.6.73 Abitur / anschließend Bundeswehr	/ AS d ⊡ ☾ 3' **AS c ✳ ♆ +5'** ☾: Veränderg. ♆: Unbehagen	♃ ∠ MC -3'; vgl. Ereignis 2! ♀ c ✳ XII ex. XII: Kaserne – harm. Winkel zweifelhaft	MC c ♂ PF ex. ☿ d ♂ XI -7' passend für Abi / ☿ d ☐ XII -5' Reise / widerwillig / Kaserne	IX d ∠ ♃ -5' IX d ∠ ♀ -3' „größere Ortsveränderung"	☿ re △AS -6' sek. Achsenaspekt 1. Ordng., doch bereits ablaufend – die vorausgegangenen Prüfg.en	**MC d ♂ ☿ -5'** ♃ **re △III +2'** / **AS d ⊡♂ ex.** **IX c ☐ ♂ ex.** XI d ☐ ♆ 2' optimal!

	<I.) 11.2451>	<II.) 11.3041>	<III.) 11.1308>	<IV.) 11.3138>	<V.) 11.2936>	<VI.) 11.2314>
4) 27.11.73 Mandel-OP – Bagatellfall; angenehme Auszeit vom Militär	AS c ♇ ♂ **ex.** AS: der Körper ♂ das Skalpell – versus ♃ d ☍ ☊ 3' [Direktion bei allen Versionen, darum hier nicht heranziehbar ♃ erfreuliche ☊ Begegng.en]	**PF c ☍ ♆ +5'** PF statt AS ♆ : Schwäche AS pro ♅ ♀ 3' untergeordnete Sekundärdirektion	**IC c ✳ ♂ +4'** Achse + ♂ pass. Aspekt erster Ordng. **XII c ♅ ♀ -4'** pass. Hausdir. 2.Ordnung mit relativ großem Orb	♃ c ✳ XII -4' ♃ / ✳ : angenehmer Klinikaufenthalt (XII)	**PF c ☍ ♆ -8'** [vgl. II.)] [für alle Versionen gilt ferner Sekundärdir. ♃ pro△ ♄ 0' ♃ : Gesundheit ♄ : angegriffen]	♆ d ☍ PF4' zweitklassige Aspektvariante analog II.) u. V.)
5) 16.3.76 Beginn einer anhaltenden inneren Krise	IC d ∠ ☾ -2' eher milder Aspekt	AS d ♅ ♆ 1' Symbolik passend, Aspekt schwach	DS d ∠ ☾ -2' schwach MC d ♂ ☿ 4' untypisch	V c ∠ ♄ +1' wegen einer Liebesaffäre?	**AS c ♂ ♀ +9'** AS: das Ich ♀ : Umbruch / Einbruch	IC d ✳ ☋ -1' kleiner Aspekt – zweifelhaft
6) 22.2.78 krisenhafter Beginn einer Partnerschaft	♀ d♂ ☋ 7' ♀ „Liebe" ☋ „exzentrisch" – keine Haus- od. Achsendir.	**IC d ✳ ♆ 4'** ☉re△ V +5' denkbare Aspekte	IC c ♂ ♄ +9' in ihrer Negation zu starke Achsendirektion 1. Ordng.	☿ d☍ V ex. guter „Verlobungsaspekt", für das Ereignis zu neutral	**IC d ✳ ♂ +1'** Achsendirektion 1. Ordnung; Symbolik passend	AS d ♅ ♆ 3' denkbar ♀ d□ DS ex. akzeptabel
7) 9.11.80 Tod der Großmutter	♆ d□ ♀ ex. – keine Haus- od. Achsendir.	♀ d☍ DS 2' passende Dir. 2. Ordng.	♀ re☍ IC -4' passende Sek.-dir. 1. Ordng.	♀ d☍ DS -6' wie II.)	**IC c □ ☾ +1'** erstrangiger Achsenaspekt	**IC c ♂ ♄ ex.** erstrangiger Achsenaspekt

	<I.) 11.2451>	<II.) 11.3041>	<III.) 11.1308>	<IV.) 11.3138>	<V.) 11.2936>	<VI.) 11.2314>
8) 6.1.82 Partner „macht Schluß"	♆ c ☍ VIII +5' H-Asp. 2. Ordnung VIII: das Gemeinsame ♆: Auflösung	♆ pro ♇ DS 2' erstrangige Sekundärdir. im beginn. Genauigkeitsbereich	♀ d □ ♆ 2' ♀: Erotik □ ♆: Auflösg. – keine Haus- od. Achsendir.	V d ♇ ☿ 4' zu schwache Aspektierung	♄ c □ V+ ♂ -4' d.d.gleichzt.Aspektierg. v. V u. ♂ aufgewertete H-Dir. 2.Ordng.	IC c ♇ ☿ +1' VIII d □ ☊ 4' (das Gemeinsame [VIII] plötzl. [☊] zu Ende [□])
9) 14.10.83 Affäre negativ	♄ d ♂ IC 13' zweitrangige Achsendir.; großer Orb	♆ pro ♇ DS 1' erstrangige Sekundärdir. analog 8)	AS re ∠ ♀ -2' / ♃ -4' milder Asp. u. nur mit Sek.dir.	☊ d ♇ VIII -2' Symbolik analog 8)/VI.), Asp. schwächer	Aff.: MC pro ♂ ♀ / ♃ 0 / -1.5' neg.: V d □ ♄ -1'	♃ d □ IX 3' Reise (♃ /IX) m. Einschränkungen (□)
10) 30.12.84 Affäre negativ	neg.: V d □ ♄ -1' Aff.: MC pro ♂ ♀ + ♃ 4 / 2.5' analog 9)/V.)	Affäre: MC d ♂ ♃ 10' negativ: ♆ pro ♇ DS ex. analog 8)u. 9)	auß. e. nachrangigen H-Dir. ☽ pro ♇ XII -1' keine H- od. Achsendirektionen	XII c ☍ ☊ +7' „Einsamkeit / Isolation infolge Abschieds"	Aff.: MC d ♂ ♀ / ♃ -4 / -5' neg.: ♄ d ♂ IC/ ♂ ☍ ☉ ex./-6'	Aff.: MC c ✶ ♃ +3' ♀ c ♂ MC -2' neg.: Vc ∨ ♂ +3' ☊ pro ♇ DS- 1.5' – Sekundärdir. 1.Ord.
11) 19.8.86 Affäre negativ	♂ d ♂ ☽ 6' in allen Versionen auftauch. Asp. f. emot. Erregg. – keine H- od. Achsendirektionen	♆ pro ♇ DS 0' analog 8) – 10) VIII c △ ♄ +1' (Zerstörg. ♄ d. Gemeinsamen: VIII)	V d ♇ ☿ 1' analog 8)/IV.)	♀ d ♇ IX 4' zweitrangige H-Dir. m. Hinweis auf eine konfliktreiche Reise	Affäre: MC c ✶ ♀ / ♃ +3.5 /+2' negativ: V c ∨ ♂ +2'	Affäre: MC d ♂ ♀ / ♃ -2 / -4' ♃ pro △ DS 2' Sek.Dir.1. Ord. neg.: ♆ d ∠ V -3' H-Dir. 2.Ordng.

12) 3.11.89 Affäre negativ – kurz darauf berufliche Enttäuschung	<I.) 11.2451> V c ♀ ♄ -1' passende, doch untergeordnete H-Dir.	<II.) 11.3041> ♆ pro ♇ DS ex. anal. 8) – 11), doch keine weiteren Aspektierungen	<III.) 11.1308> ☊ d ♇ V 2' passende H-Dir. 2. Ordnung	<IV.) 11.3138> VIII c □ ☉ ex. schwer zu beurteilender Aspekt	<V.) 11.2936> **MC d △ ♄ ex.** **V c ♇ ☊ ex.** erstklassige Ausweisung d. Ereignisses	<VI.) 11.2314> MC pro △ ♄ ex. Sekundärdirektion schwächer ggüb. der primären von V.)

Resultate im statistischen Überblick, unterschieden nach Priorität (hauptsächlich Primärdirektionen Achsen/Häuser zu …), passender Symbolik und Genauigkeit:

XX = ausgezeichneter primärer Aspekt; X = befriedigender primärer Aspekt; X_S = Sekundärdirektion Planet zu Achse/Haus; ? = zweifelhafter Aspekt; () = befriedigender od. ausgezeichneter Aspekt außerhalb des Genauigkeitsbereichs

Ereignis	I.) 11.2451	II.) 11.3041	III.) 11.1308	IV.) 11.3138	V.) 11.2936	VI.) 11.2314
1) Schwester geb.	X	XX	XX	XX	X	X?
2) Auftrag Musikkritik	(X)		?		XX	X_S
3) Abitur, dann Militär	(XX)	?	XX	?	(X_S)	XX
4) kl. OP + Urlaub	XX	X	XX	?	X	
5) anhaltende Krise	?		?	?	XX	?
6) Beginn Beziehung	– –	X	?		XX	
7) Tod d. Großmutter	– –		X_S		XX	XX
8) Ende Beziehung		X_S	– –		X	XX
9) Affäre negativ '83		X_S			XX	– –
10) Affäre negativ '84	XX	XX	– –		XX	XX
11) Affäre negativ '86	– –	X_S			XX	X_S
12) Affäre negativ '89		X_S			XX	

Das Übergewicht von Option V mit einem Radix auf 11h29m36s Weltzeit ist eklatant, doch läßt die unzureichende Ausstattung des Ereignisses 3 (Abitur, anschließend Antritt Militärdienst) zweifeln. Nach Alexander Marr führt die Überprüfung der Aszendentenposition einer Klärung näher. Im nächsten Schritt berechnen wir nun direkte siderische Lunare und Halblunare auf die AS/DS-Position:

Die direkten siderischen Positionshoroskope auf ☽ in ♍ bzw. in ♓, ausgehend von 8♍0714 / 8♓ 0714, für:

Schwester geboren, 21.8.56

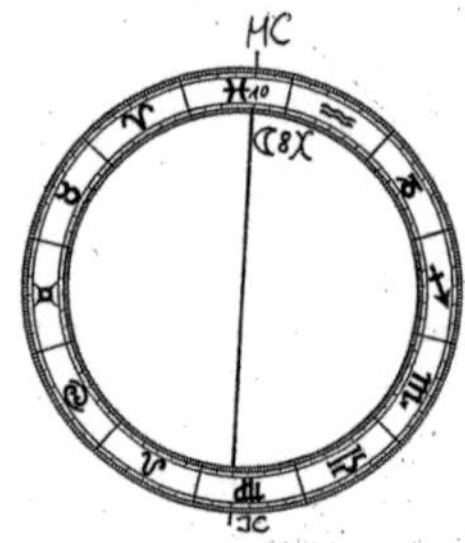

Lunar ♓: 26.7.56, 2.04
MC 10♓: ☽ 8♓
– ☽ typisch: „das Mädchen"

Lunar ♍: 8.8.56, 1.55
MC 21♓: ♂23♓
– ♂ nicht typisch

Tod der Großmutter, 9.11.80

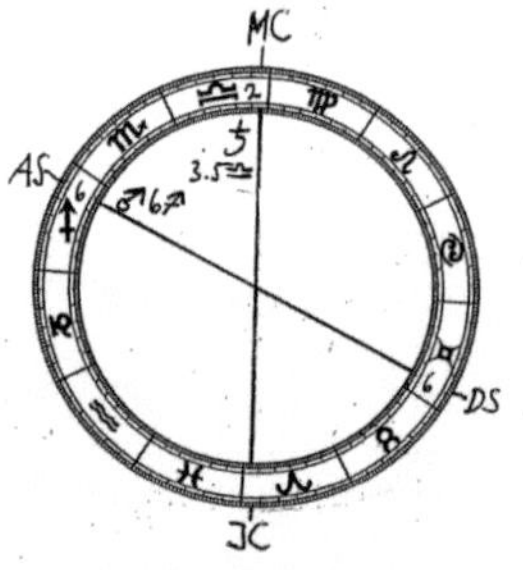

Lunar ♓: 20.10.80, 9.45
MC 2 ♎: ♄ 3.5 ♎
AS 6♐: ♂ 6♐
– mit ♄ und ♂ zwei „Übeltäter"
an den Achsen; geringe Orben

– (Lunar ♍ schwach)

Beziehung zuende, 6.1.1982

– (Lunar ♍ schwach)

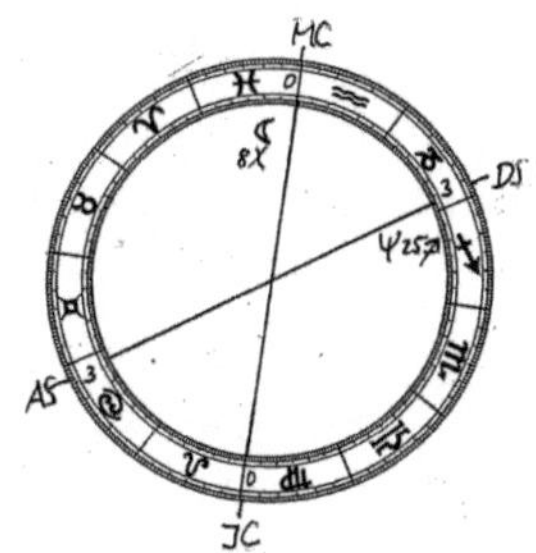

Lunar ♓: 31.12.81, 15.03

– (Tendenzlunar; Orben zu groß;
☽ „Liebe" / ♆ „Illusion")

Affäre negativ, 14.10.1983
[7ö11, 51n16]

– (Lunar ♓ schwach)

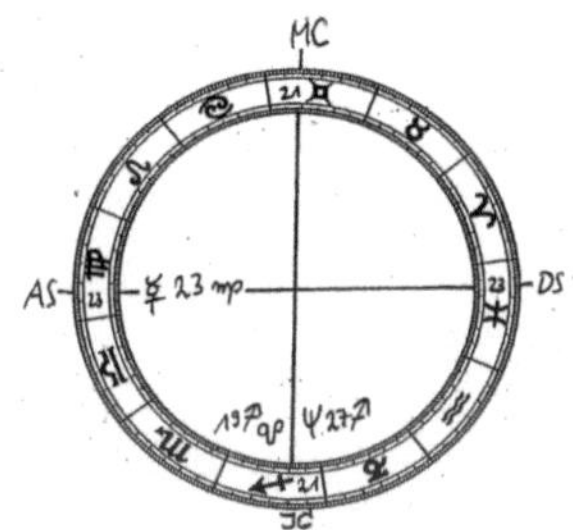

Lunar ♍: 4.10.83, 4.03

IC 21♐: ☊19 … (♆27♐; Orb 6°)

– ☊ „Abschied"… ♆ „Wirren"

AS 23♍: ☿23♍ – ☿ "Reise"

Am eindrucksvollsten wirkt der Tod der in der Familie stets verehr-
ten Großmutter abgebildet. Bei den Ereignissen „Beziehung zuen-
de" und „Affäre negativ" fehlen charakteristische Achsenkonjunkti-
onen im Orbbereich unter 5°.

In einem vierten Schritt entwickeln wir mehrere Optionen hypothe-
tischer Empfängniszeitpunkte (Mond = AS/DS$_{rad}$; Zeit +/- neun Mo-
nate vorher) und lassen von ihnen aus die conversen siderischen
Mond-Positionskarten für unsere Ereignisse berechnen:

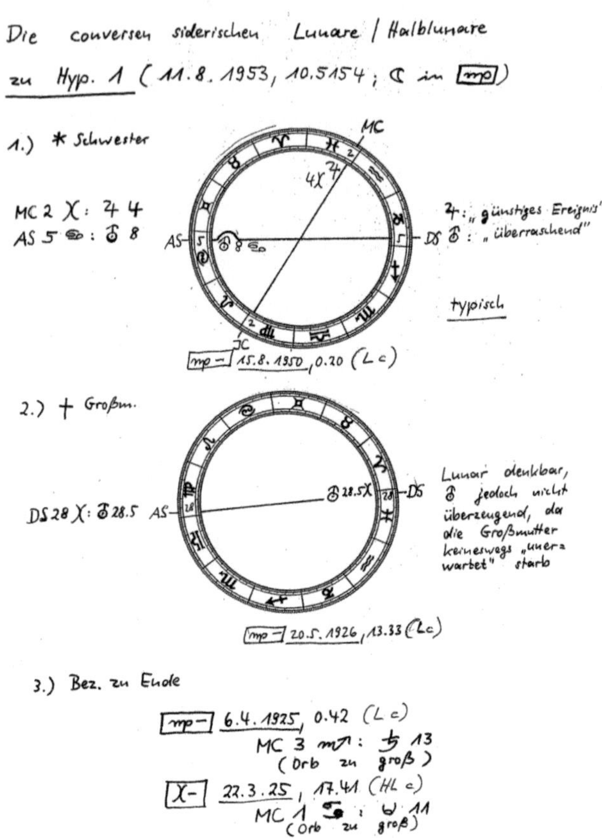

Bei Hypothese 1, Empfängniszeitpunkt am 11.8.1953, ergibt sich für Ereignis 1) ein eindrucksvolles converses Lunar. Für die Ereignisse 3) und 4) springen die conversen Karten jedoch nicht in die Lücke. Die Hypothese ist zu verwerfen:

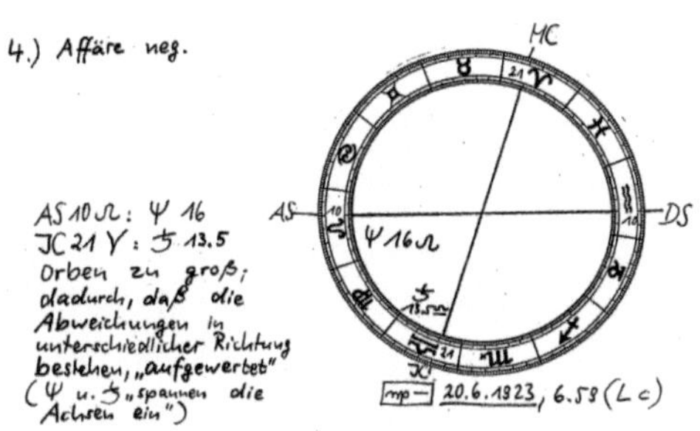

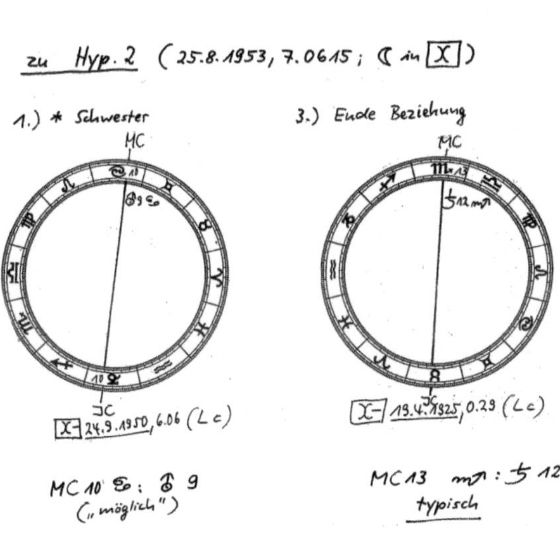

Bei Hypothese 2, Empfängniszeitpunkt am 25.8.1953, wäre Ereignis 3) durch ein eindrucksvolles converses Lunar jetzt abgebildet.

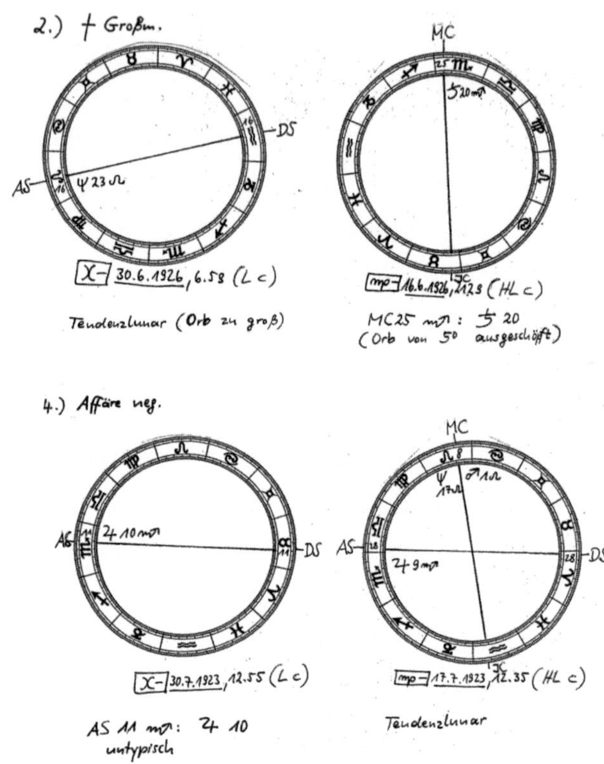

Schwach bliebe Ereignis 4) abgebildet. Auch Hypothese 2 ist zweifelhaft.

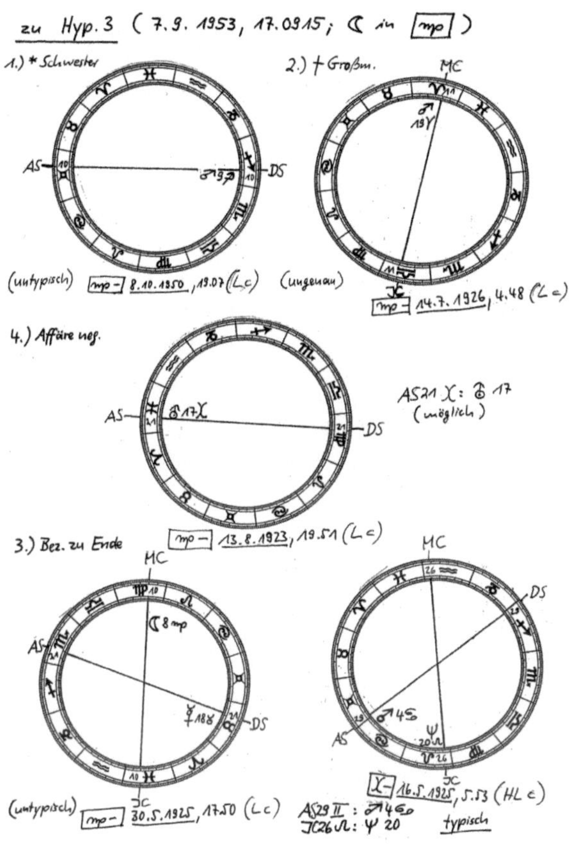

Bei Hypothese 3, Empfängniszeitpunkt am 7.9.1953, bleiben die Ereignisse 3) und 4) auch convers nicht so stark abgebildet wie im Rahmen dieser Arbeit erwünscht. Die Hypothese ist fragwürdig.

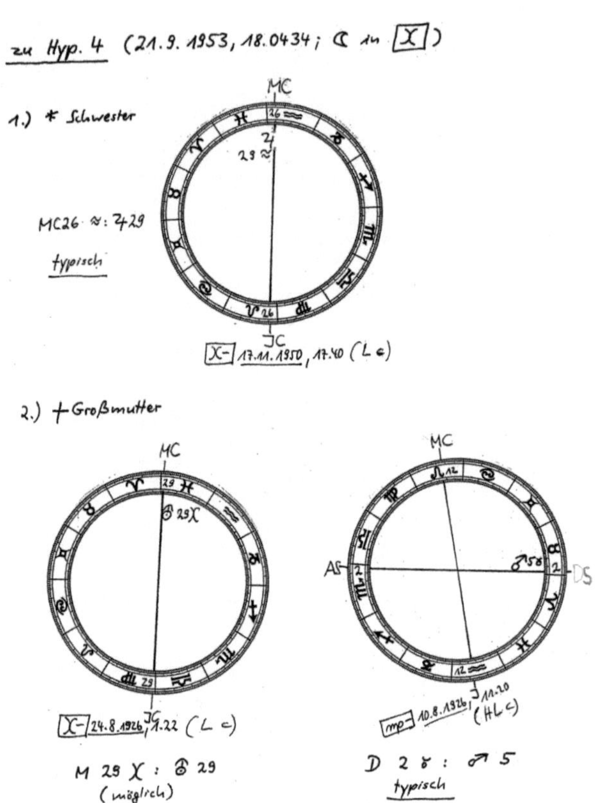

Bei Hypothese 4, Empfängniszeitpunkt am 21.9.1953, erscheinen neben Ereignis 1) nun auch die Ereignisse 3) und vor allem 4) convers eindrucksvoll abgebildet:

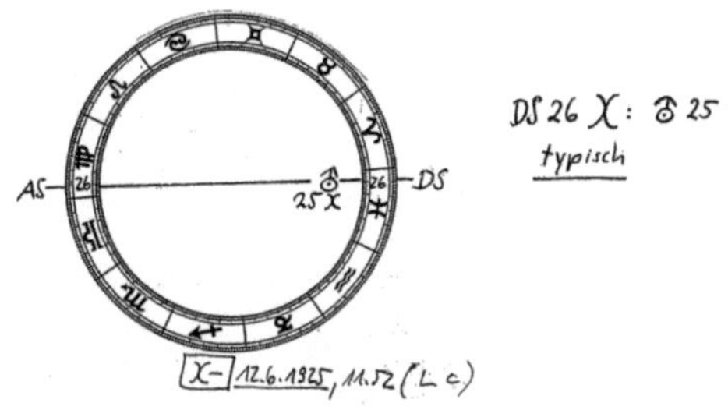

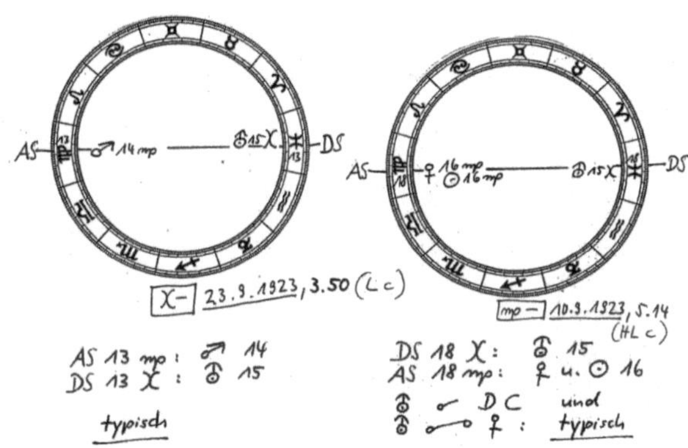

Nachfrage bei den Eltern Ende der 1980er Jahre ergab, daß der Proband tatsächlich ein Achtmonatskind war. Er hatte gehört, daß er „zu früh" zur Welt gekommen sei, erinnerte sich aber nicht, wieviel. Er faßte sich ein Herz, bei den pünktlichen Leuten nachzufragen. Sie waren nicht gut auf seine Experimente zu sprechen und antworteten, ohne nach dem astrologischen Resultat zu fragen, etwas ungehalten, sie hätten es doch immer gesagt, daß es vier, nicht zwei Wochen waren – eine willkommene Bestätigung .

In einem letzten Schritt tarieren wir das gefundene Empfängnis-Horoskop mithilfe der Direktionen analog zum Radix sekundengenau nach. Eine Verlagerung um zehn Minuten nach hinten erscheint erforderlich und noch im Rahmen:

Klauspeter Bungert

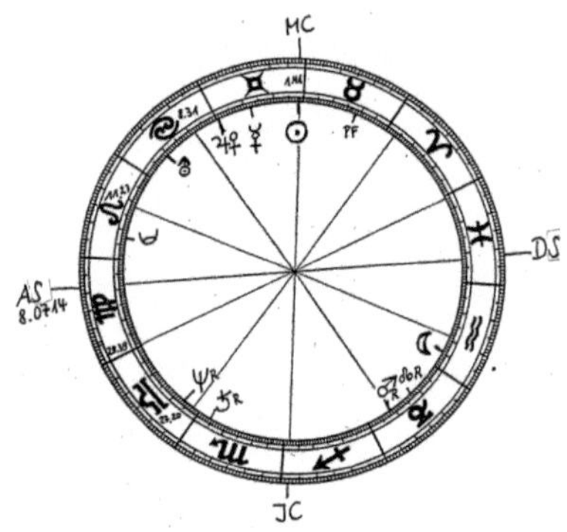

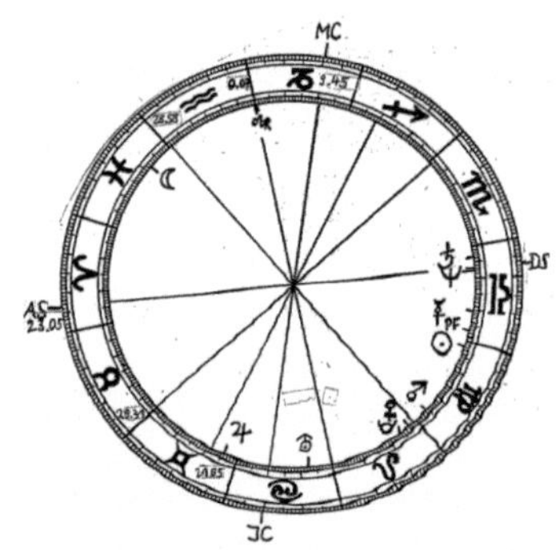

Klauspeter Bungert   RADIX: 23.5.1954,   EPOCHE: 21.9.1953,
6ö38, 49n45   11.2937 (8♍0714)   18.1436 (8♓1335)
(Trier)   [RAMC 59.3426]   [RAMC 280.3611]

SONNE (SO)	1♊47	28♍27
MOND (MO)	5♒47	8♓1335
MERKUR (ME)	17♊57	9♎57
VENUS (VE)	29♊49	27♌01
MARS (MA)	8♑32 (r)	4♍26
JUPITER (JU)	29♊51	25♊35
SATURN (SA)	4♏08 (r)	26♎22
URANUS (UR)	20♋21	22♋28
NEPTUN (NE)	23♎45 (r)	22♎42
PLUTO (PL)	22♌37	24♌02
MONDKNOTEN (MK)	17♑12 (r)	0♒06 (r)
PARS FORTUNA (PF)	12♉06	2♎51
MEDIUM COELI (MC)	1♊41	9♑45
XI	8♋31	0♒07
XII	11♌23	28♒58
ASZENDENT (AS)	8♍0714	23♈05
II	29♍39	29♉31
III	27♎20	21♊05

Es ergeben sich für die ausgesuchten Beispielereignisse auf die endgültige Epoche-Zeit folgende Direktionen:

1) 21.8.56 Schwester geb. JU c 120 DS +2'; IC pro 45 VE 4'

2) 5.3.72 Auftrag Musikkritik MO d 180 PF -5'

3) 26.6.73 Abitur   AS d 90 VE 2'

4) 27.11.73 kl. OP / Urlaub PL d 180 AS -2' / IC d 60 SO -4'

5) 16.3.76 Krise   SA pro 120 XII 1'

6) 22.2.78 Beginn Beziehg. PL d 90 MK/V 4'; SA d 90 MO 1'

7) 8.11.80 Tod Großmutter   IC c 45 abst.MK +1'; VIII c 0 NE -10'

8) 6.1.82 Ende Beziehg.   DC c 0 PL -13'(Ereignis hatte „Vorlauf")

9) 14.10.83 Affäre negativ V d 0 MA ex.; UR pro 90 AS ex.

10) 31.12.84 Aff. negativ   IC c 135 SA -2'; UR pro 90 AS ex.;
                            PL re 120 AS ex.; PL pro 45 IC-1'

11) 19.8.86 Aff. negativ   IC d 45 JU ex.; V c 90 SO +1;
                            UR pro 90 AS ex.; PL re 120 AS ex.;
                            PL pro 45 IC ex.; SA re 0 DS ex.;
                            NE c 120 IX -1'

12) 3.11.89 Aff. negativ   DS c 45 JU -2'; V c 0 JU +1';
                            UR pro 90 AS 1'; IX d 45 MO 2'

Über Jahre hin „halten" stationäre Sekundärdirektionen „Übeltäter-
planet zu Achse" in diesem Horoskop eine Barriere „aufrecht", die
das Bemühen des Probanden um lebensfähige Partnerschaften
„unterminiert". Das würde „erklären", warum die oft positiven und
sehr positiven Direktionen vor allem des Radix nicht zum Erfolg
„führten". Erst für den 50jährigen kommt der Umschwung
– Radix-Direktion 28.7.2004: PL c 60 AS bzw. 120 DS +2' – ,
der Schatten weicht, er erwirbt ein Einfamilienhaus
– Radix-Direktion Einzug 28.7.2010: AS d 120 ME 0' –
und heiratet
– Radix-Direktion 8.5.2012: Ve pro 0 AS -1'.

Der Wert einer Horoskoprektifikation erweist sich, wenn bei einer
Nativität der Vergangenheit nachträglich Lebensdaten gefunden
werden, die passende Direktionen und Lunare sowohl von Radix
als auch von Epoche ergeben. Bei einem lebenden Probanden
muß sich der Wert bei jedem neuen Hauptereignis neu erweisen.
Umgekehrt ist es jedoch nicht möglich – und es wäre vermessen,
das Gegenteil zu behaupten – , anhand astrologischer Konstellati-
onen differenzierte Prognosen zu formulieren. Dafür sind die Sym-
bole zu beschränkt, die ineinandergreifenden Faktoren zu komplex
und wir Menschen, die wir damit umzugehen haben, in unseren
engen Möglichkeiten befangen. Die Symbolabfolgen stimmiger
Doppelhoroskope lesen sich bei einiger Übung wie gut gereimte
Gedichte. Sie suggerieren Ordnung, wo das alltägliche Verständ-
nis Chaos und Zufall erkennt.

Ein Nachtrag in letzter Minute

Kurz vor Redaktionsschluß ergab sich in einer Sachfrage ein Email-Kontakt zu einem Mitarbeiter der Astro-Databank Zürich. Ich erfuhr, daß die Vorgängerversion dieses Buches vom 10. Dezember 2001 von meiner damaligen, seit Jahren erloschenen Website heruntergeladen und ohne mein Wissen einsehbar gehalten wurde: https://www.yumpu.com/de/document/read/8785141/astrologier-der-ereignisse-bungert-klauspeter/3

In einem Postskriptum bemängelte der Mitarbeiter bei dieser „auf Yumpu publizierten Buch"-Fassung, daß sie „nicht auch die aufgrund objektiver Dokumente vorliegenden Geburtszeiten angebe, mit präzisen Quellenangaben", sondern lediglich rektifizierte Zeiten. Nur die Angabe objektiver Zeiten mit Quellen ermögliche anderen Forschern die Arbeit. „Rektifikationen" bezweifle er prinzipiell und betrachte sie „als nicht mehr als Fantasien."

Ich dankte für die berechtigte Kritik an meiner Nachlässigkeit bzgl. der Quellen, teilte mit, daß ich diese in der Neufassung nachliefere, widersprach aber der Unterstellung, mithilfe der komplexen Methode Marrs eruierte Horoskope liefen auf "Fantasien" hinaus. Die Schrittabfolge

1. siderische Lunare/Halblunare direkt und convers im Orbbereich von max. 5°,

2. Direktionen nach strengen Hierarchiekriterien mit Orbbegrenzung auf wenige Bogenminuten (topozentrisches Häusersystem),

3. Berechnungen von siderischen Lunaren direkt auf die Aszendenten-/Deszendentenposition des "rektifizierten" Radix,

4. Berechnungen eines Epochehoroskops mithilfe von conversen siderischen Lunaren auf die Aszendenten-/Deszendentenposition,

5. dessen Rektifikation mithilfe von Direktionen nach den gleichen Kriterien wie beim Radix –

diese Schrittabfolge läßt wenig Spielraum für Improvisation und Spekulation. Ohne die Methode Alexander Marrs geprüft zu haben, entbehren Aussagen wie die des Zürcher Korrespondenzpartners der Grundlage.

Ein Beleg für meine Einschätzung fand sich dann auch noch am selben Nachmittag.

Um 1990 befaßte ich mich im Zusammenhang mit dem Horoskop Richard Wagners auch mit demjenigen seiner zweiten Frau Cosima und eruierte, ohne von familiären Aufzeichnungen über ihre Geburt zu wissen, ein Radix auf 13:3150 h GMT. Auf der Astro-Databank stieß ich nun, lange danach, auf folgende bemerkenswerte Information:

https://www.astro.com/astro-databank/Wagner,_Cosima
„14 Uhr" Lokalzeit. Und aufgeschlüsselter:
https://www.astro.com/cgi/chart.cgi?wgid=wgeJwljk0LgkAYh-
H9Ntwn2y6yW9xAFEXQMpONrbiq1a-iG-O9b8zY8DPPM2L5aUr-
b2xNKGigqug-tx7IbWM55QBIJBbnUOafZCwO-cyFDzGyK1fIfL7X-
C9409NFkyOL7TcbqC0NhCWqzKwd7QsrpRYDDOvODpSJrGTez-
hfuj7FWWXLOH3SKx8b4jjaZphoLW0_kCzOP1FRNVQ
Diese Quelle, nach RR gesichert, entspricht mit 13:2340 h GMT
einer um ganze 8m10s früheren Radixzeit. Die Astro-Databank
war mir bis vor ein paar Jahren unbekannt, und Gelegenheiten,
ausländische Archive und verdachtsweise fremdsprachige Auto-
biografien zu durchforsten, hatte ich nicht. Das Horoskop wurde
auf Grundlage einer „unsicheren Quelle" am 15.6.2001 von Alois
Treindl publik gemacht und lautete zunächst auf „22 Uhr", das Auf-
finden einer nun als „glaubwürdig" eingestuften Quelle führte am
16.6.2014, 24 Jahre nach Abschluß meiner Untersuchung, zu ei-
ner Revision auf „14 Uhr".
Das Doppelhoroskop Cosima Wagners ist in der Vorfassung die-
ses Buches enthalten, was meine Behauptung zur Genese bestä-
tigt. Ich hatte es aus einem spontanen Impuls herausgenommen,
weil mir für mehrere Perioden in Cosimas 92jährigem Leben Ereig-
nisse fehlten und mir die Neuaufnahme der Arbeit zu Luther und
des Lehrbuch-Blocks interessanter schien. Nach der unerwarteten
Bestätigung meiner frei eruierten Radixzeit durch eine gesicherte
Quelle nehme ich meine Untersuchung wieder herein:

Cosima Wagner	RADIX:25.12.1837,	EPOCHE: 8.4.1837,
9ö15, 45n59	13.3150 (0♊4558)	17.0620 (0♊47)
(Bellagio)	[RAMC 306.0351]	[RAMC 102.3425]
SONNE (SO)	3♑38	18♈39
MOND (MO)	6♐42	0♊47
MERKUR (ME)	20♑16	11♈39
VENUS (VE)	20♒53	8♈11
MARS (MA)	17♑27	9♌58
JUPITER (JU)	18♍40	8♌7
SATURN (SA)	24♏42	15♏41 (r)
URANUS (UR)	5♓17	6♓52
NEPTUN (NE)	6♒40	7♒56
PLUTO (PL)	14♈53 (r)	15♈27
MONDKNOTEN (MK)	18♈38 (r)	2♉27 (r)

PARS FORTUNA (PF)	3♉50	21♏36
MEDIUM COELI (MC)	3♒45	11♋34
XI	29♒57	15♌50
XII	9♈25	15♍25
ASZENDENT (AS)	0♊4558	9♎28
II	23♊55	5♏27
III	13♋15	6♐39

Ereignisdaten	*Direktionen RADIX*	*Direktionen EPOCHE*
5.1.1839 Umzug nach Rom - gespanntes Verhältnis der Eltern	JU c 45 IC ex.	ASc180VE-1'/60JU+3' MC c 30 MA +1' IXd 60 JU 3'/60VE -1'
9.5.39 Bruder Daniel geb.	DS d 45 MA 2' JU pro 45 IC -3'	AS c 120 NE ex. ME c 0 DS ex.
(15.8.)41 Familienurlaub – Spannungen	DS d 90 UR -3' AS d 135 ME ex.	SA pro 60 XII ex. [ICd90PL 6'/60SA -8']
(15.8.)42 Familienurlaub – Spannungen	DS c 0 SA -1' IX d 0 MA -7' ME re 0 IX -3'	VEd90MC 2'/0 ME-3'
(15.8.)43 Familienurlaub – Spannungen	ME c 0 IX ex.	MO d 0 IX 10'
3.5.47 Erstkommunion	VE pro 0 XI ex. SO pro 180 III -5'	MC c 60 MK ex. ME re 45 NE ex.
10.10.53 Paris: erste Begegnung mit Richard Wagner	DS d 120 MK / 90 JU ex.	XI d 90 MO -4'
19.8.55 nach Weggang aus Paris Station in Weimar	MC d 0 VE 11' [IC c 180 MA -14'] MO c 180 PF -6' / 90 IC ex.	IC c 135 MA -1'
19.10.55 Berlin: Verlobg.m. Hans v. Bülow gg. (bess.) Einsicht d.	MA re 30 MC -2' / 0 SO +5' MO pro 120 XII -3'	XII d 45 SA 2'

Vaters Franz Liszt	XII d 60 UR 1'	
20.4.56 behauptet ihre Heiratsabsicht ggüb. L.	DS c 180 PF +3' JU d 45 DS ex.	MO pro 60 III ex.
18.8.57 Heirat u. Reise, u.a. n. Zürich zu W.	JU re 120 MA +4' MC re 0 IX -3'	MC c 45 JU ex.
12.7.58 erneut in ZH bei Wagner	XI c 60 MO +3' / 0 NE +5'	AS re 45 MA -3' NE pro 60 VE ex.
16.8.58 Rückreise / Krise	MA pro 180 IC -9' XI c 180 NE-2'	SO pro 30 DS 1'
29.8.59 Berlin: nimmt den TBC-kranken Daniel zu sich in Pflege	MA re 30 DS ex. XII c 30 NE -3' MA d 0 NE -8'	DS c 45 NE -4' PF c 180 MK +2' SA d 135 SO ex.
13.12.59 Tod des Bruders Daniel	DS d 30 SA 2' MO d 0 VIII ex. IC c 0 III ex. III c 30 UR -3'	[NE pro 180 JU 4']
12.10.60 * Daniela	MA re 120 V -1.5'	MO pro 180 AS 5' SO pro 120 IC ex.
11.9.62 Tod der Schwester Blandine	NE c 180 III +4'	VE re 90 III +3' MO pro 0 VIII -2'
29.3.63 * Blandine	AS c 135 MO -3' PF d 180 MO 3'	JU pro 60 AS 3' Vpro150JU3'/30VE-1'
28.11.63 heiml. Verlobg. m. Wagner	MC d 45 SA -2' UR d 0 XII 7' MK d 0 ME -9' AS re 0 PL -5'	MC c 45 MK -2' XI d 30 MA 3.5' NE pro 60 VE ex.
29.6.64 erste „Vereinigg." mit Wagner in Abwesenheit Bülows, der kurz danach von	IC d 0 V 10' SO re 0 MO -2' / 60 NE ex. [SO pro 60 DS -7']	SO d 30 DS -2' XII d 120 NE -2' XII c 135 VE -1'

Tournee zurückkehrt	III d 180 NE -10'	
20.11.64 Umzug nach München	AS c 150 JU -3' / 0 MK -2' IX d 0 NE 11'	XII d 180 VE 2' MA c 60 XII -2'
10.4.65 * Isolde (Vater: Wagner)	PF c 180 JU +7'	DS c 30 SO +3' MC d 180 NE -9'
6.12.65 Wagner wird wg. des Skandals aufgefordert, München vorerst zu verlassen	MA pro 60 XII -4' VIII c 0 SA -8'	ME re 45 DS +2'
6.2.66 Tod der Großmutter	VE d 120 SA -3' MA pro 60 XII 4'	IC c 120 PL -2'
17.2.67 * Eva (Vater: Wagner)	IC c 150 MO+2' / 150 NE +4'	JU c 180 IC -3' MK c 0 VE +4'
14.9.68 Italienreise m. Wagner	MC c 60 UR +1' VE c 0 ME -7'	DS d 0 MK 10' MO re 60 IX +3'
16.11.68 zieht zu Wagner nach Luzern	MO re 120 VE ex. VE re 0 MA -5'	XII d 180 ME -8' MC pro 0 MA -5'
6.6.69 * Siegfried (Vater: Wagner)	MC d 0 UR -3' [DS d 0 SO -15']	JU c 90 AS ex. AS c 60 SA -3'
18.7.70 Scheidung von Bülow	MC c 0 SO ex. SO pro 0 NE 8' UR pro 90 MO ex.	VIII c 120 JU +5' / 0 VE+1' SO re 120 SA ex.
25.8.70 heiratet Wagner	MC c 0 SO -5' MO d 0 SO 3'	VE d 0 MK -2'
28.4.72 nach Bayreuth	AS d 135 VE ex.	IX d 150 NE ex.
28.4.74 Einzug in Haus Wahnfried	JU d 150 XII 2'	MC d 120 SO ex. AS d 150 VE 1' / 90 JU 5'

		IX d 90 ME ex.
13.8.76 erste Bayreuther Festspiele – Spannungen wg. Liebesaffäre Wagners	SO d 0 NE 2' AS re 180 JU -12'	VE d 60 UR -2' SA c 180 ME +7' JU re 0 MA -2' NE pro 60 VE ex.
5.3.76 Tod der Mutter	VIII pro 90 NE 1'	MA re 120 DS +3'
26.7.82 zweite Festspiele	ME c 60 VI +1'	MO d 0 MC 4'
14.9.82 Aufbruch nach Venedig	MO c 120 IX -5' AS pro 180 MA -5'	SA c 120 IX -5' ME re 180 JU+2' / 60 VE-2'
13.2.83 Venedig: plötzlicher Tod des Mannes	DS d 90 PL -2' UR d 0 PF -7' / 90 MC -2'	MA pro 45 MC 2'
31.7.86 Tod des Vaters	DS d 0 MA 10' ME re 90 MC-2' VIII d 30 UR 1'	DS d 180 SA 3' VIII c 135 SA ex.
(1.8.)88 Freundschaft mit Chamberlain	[DS c 120 SO -8.5'] MO re 0 MC +14'	MO c 120 XI +3' MO re 0 MC +2'
(1.8.)90 Festspiele erstmals ausverkauft	AS c 0 XI +2' PF d 180 SO -1' VE d 60 II -1'	DS d 30 SO 1' JU re 30 MC -3'
(1.8.)91 Erfolg: inszeniert *Tannhäuser*	ME c 0 DS -10' JU re 60 III -4'	MC c 180 PF -7' JU re 120 ME ex.
11.10.92 gründet *Bayreuther Stilbildungsschule*	ME pro 0 MC -3' III c 90 VE +3' JU d 0 DS 3'	XI d 150 UR 3'
22.3.94 Bülows Leichnam trifft in HH ein	SO pro 90 DS ex. MA c 0 SA -8'	MC d 180 UR 8' XII d 0 abst.MK -11'

25.12.1900 Heirat Isoldes	SO re 120 XI ex. ME d 180 JU -1'	JU d 180 VE -1'
22.4.05 Tod einer wichtigen Mitarbeiterin	abst.MKc 135DS-3' XI pro 180 SA -8'	MC c 90 NE -2'
9.12.06 schwere Herzattacke	PF d 180 MA -1' SO d 45 MA 1' PL re 45 AS -2'	AS d 180 MO 3' XII c 90 SO +2'
(1.8.)08 Siegfried wird ihr Nachfolger in der Festspielleitung	MO d 0 MC 3' XI d 180 SA 8' VE re 0 DS +3' JU c 120 XI ex.	VIII c 0 UR -2' ME pro 30 MC 2' MA pro 30 AS -1'
26.12.08 Heirat Evas mit Chamberlain (in den sie wahrscheinlich selber verliebt ist)	V c 60 MK +1'/ 90 JU ex. IC d 90 MA -2' DS pro 0 NE 8'	DS d 30 MK -4' JU d 120 V 1' JU pro 0 XI ex.
2.8.14 kriegsbed. Abbruch der Festspiele	SA c 45 II -5' PL pro 135 DS 2' NE pro 60 XII ex.	AS d 0 III ex. VE c 180 MA +9' [NE re 90 II +4']
22.10.11 ihre Schrift zu Liszts 100. Geburtstag	AS d 180 NE 8' JU pro 60 III ex.	SA c 60 MC +2' ME d 180 III -9'
23.9.15 Siegfried heiratet	MC re 60 JU ex.	DS c 60 ME -2' MO d 0 XI 10'
9.2.19 Tod der Tochter Isolde	IC c 135 SO -4' / 150 abst.MK -4' MO c 0 SA ex.	MA c 45 DS -2' SA c 120 VIII -2' SA re 90 V +3'
20.4.20 hat e. Bronchitis frisch überstanden	IC d 120 MA 3' NE d 0 PF 1'	[AS re 0 MA -13'] ASc120VE+3'/0JU+7'
22.7.24 erneut Festspiele	MC d 120 SO ex. VE d 0 AS -1' MO c 0 III +6'	MC d 0 AS -5' JU re 0 XI +1'

1.4.30 stirbt   UR c 120 IC -1'   IC d 0 PL ex.
                       SO pro 60 NE 3'
                       ME c 0 abst.MK -2'

Cosima Wagner (Tochter Franz Liszts u. Frau Richard Wagners)

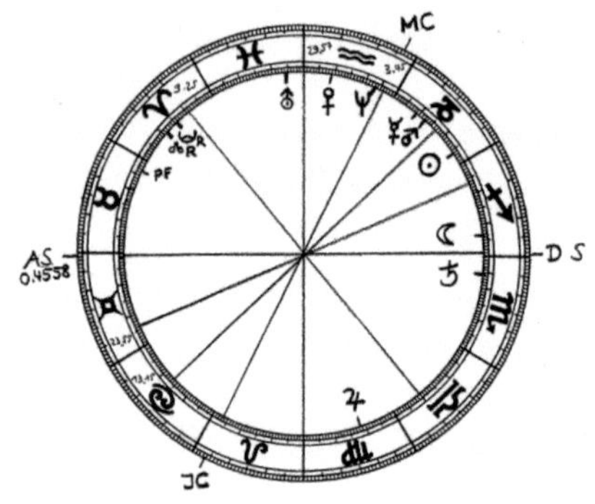

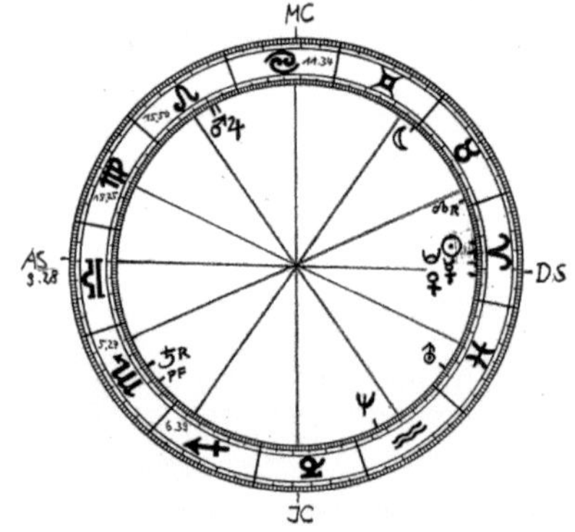

Klauspeter Bungert
Trier, den 9. November 201

Anhang. Aufgrund schmaler oder labiler Datengrundlage unsichere Doppelhoroskope

<u>Geborener</u>; Ort: Radix (Angabe Rodden rating) / Epoche
A. <u>Diego Velázquez</u>(0); 5w59, 37n23: 6.6.1599, 2.5248 / 21.8.1598, 14.0526
B. <u>Carl Maria von Weber</u>(1+); 10ö37, 54n8: 18.11.1786, 22.4532 (lt. RR sichere Quelle: 21.4732) / 28.2.1786, 2.4430
C. <u>Ferdinand Meyer</u>(0); 8ö33, 47n19: 7.3.1799, 9.2308 / 23.7.1798[*), 14.5404 [*) F. M. war das überlebende Kind einer Zwillings(-früh?-)geburt.
D. <u>Elisabeth Meyer</u>(0); 8ö33, 47n19: 12.6.1802, 9.2308 / 28.9.1801, 8.0425

Diego Velázquez	RADIX: 6.6.1599,	EPOCHE: 21.8.1598,
5w59, 37n23	2.5248 (3♉1653)	14.0526 (3♉11)
(Sevilla)	[RAMC 291.1105]	[RAMC 174.5705]

SONNE (SO)	14♊41	28♌03
MOND (MO)	12♏33	3♉11
MERKUR (ME)	8♋25	17♌22
VENUS (VE)	8♋58	14♋46
MARS (MA)	4♉30	0♎40
JUPITER (JU)	20♋50	11♋44
SATURN (SA)	9♎40 (r)	2♎17
URANUS (UR)	29♈44	26♈58 (r)
NEPTUN (NE)	23♌17	23♌30
PLUTO (PL)	22♈54	22♈09 (r)
MONDKNOTEN (MK)	12♒33 (r)	27♒50 (r)
PARS FORTUNA (PF)	1♎09	14♌

MEDIUM COELI (MC)	19♑34	24♍30
XI	14♒22	24♎20
XII	17♓43	18♏17
ASZENDENT (AS)	3♉1653	8♐51
II	4♊30	11♑28
III	27♊44	18♒34

Ereignisdaten	*Direktionen RADIX*	*Direktionen EPOCHE*
1.12.1610 Lehre	MC c 180 VE +6'	JU d 135 AS 2'
27.9.11 Lehrvertrag	MC c 180 ME -6'	III d 60 MO 4'

14.3.17 Meisterprüfg.	SO re 30 III -5'	XI d 120 JU -3'
23.4.18 Heirat	III d 30 SO -2'	ME pro 0 MC 6'
18.5.19 * (bzw. Taufe) Tochter	IC d 30 ME ex. VE pro 0 SO ex.	VE c 90 IC -3' MO re 90 V -1'
1.2.20 nimmt einen Schüler an	DS c 0 PF +10' III c 30 ME ex.	AS d 120 UR 2'
1.1.21 * (bzw. Taufe) Tochter	MO c 0 PF +5' MK c 180 JU -4'	AS d 60 MK ex. MA d 180 V -9'
30.8.23 porträtiert Philipp IV.	MC d 0 MK / 90 MO 3' VI d 90 JU 2'	MC c 0 SO +4' VE re 60 IX -6' VI c 0 UR -6'
6.10.23 wird zu Philipps Hofmaler ernannt	MC d 0 MK 9' SO c 120 MC -2'	MC c 0 SO -2'
7.3.27 Garderobier d. Königs	VE pro 180 MK -8' <XId120JU-2'E/R>	VE d 0 PF -10' VE pro 0 ME -1'
10.8.29 Abfahrt 1. Italienreise	PF 0 MO -2'	IX d 0 MC -2' AS re 120 VE -2'
8.5.33 Beamtenpaß	AS d 0 SO -12'	PF d 0 MC 1' AS re 120 JU ex.
(15.)1.34 Heirat einer Tochter / tritt ein Amt an Schwiegersohn ab	MC d 60 PL 3' MK re 180 V ex. SO pro 60 VI -1'	SO d 120 DS ex. V d 30 UR ex.
22.1.47 Aufsicht über wichtige Projekte	AS d 0 III -1' VI c 0 JU -5'	SO re 0 JU -4' MO c 60 VI -4'
16.11.48 Abfahrt 2. Italienreise	IC c 30 MA -4' VE re 60 ME +3'	MC c 90 MO -3' JU d 90 AS -4'
(ab) 29.5.49 hält sich	[MC d 120 VE -7']	VE d 60 JU 3'

im Vatikan auf	IX d 0 MK -4'	
	JU re 120 MO +2'	
12.12.50 Rückreise	XI d 60 SO -4'	VE re 120 MC +5'
	MC pro 120 MO 4'	XI d 135 UR 3'
23.6.51 in Madrid zu-rück	AS c 0 XI -7'	MC c 60 MA ex.
		AS c 180 UR -11'
8.3.52 zum Schloß-marschall ernannt	MO c 60 SO -5'	ME re 60 MA +4'
	<MCd120JU2'R/E>	
(15.)8.55 darf im kgl. Schloß wohnen	AS c 150 VE -2'	AS d 90 MO -5'
		SO pro 45 AS 3'
		SO re 45 IX ex.
		(IC d 90 NE 1')
		(AS c 60 NE -1')
6.6.58 v. König z. Auf-nahme i. d. Santiago-Orden vorgeschlagen	MO d 180 ME -2'	XI c 120 UR +4'
	MO pro 180 VE 2'	
2.4.59 v. e. Kommissi-on wegen zweifelhaf-ten Adels abgelehnt	AS c 90 MA -3'	MC d 150 UR 2'
	XII c 180 VE -8'	NE c 90 MC -1'
	DS d 180 ME 7'	MA pro120 VIII-2'
	III pro 0 NE 2'	
28.11.59 n. kgl. Inter-vention aufgenommen	AS d 0 VE 8'	XII d 180 JU 7'
	MC c 135 VE ex	<SO c 0 III -5'E/R>
8.4.60 verreist in dipl. Mission – belastende Aufgaben, u. a.:	XII d 30 MA -2'	MC d 90 SO -4'
	MA re 45 AS ex.	PF d 180 UR 8'
	SO pro 135 IX 2'	ME re 60 MC +2'
7.6.60 Verlobung der Infantin	MC c 135 ME +3'	MC d 90 SO 5'
	AS re 90 MA +4'	JU d 0 MC -3'
	VI re 0 VE -2'	
6.8.60 („14 Uhr") stirbt an einem Fieber	AS d 90 SA ex.	IC c 90 PL -3_
	IC c 90 NE ex.	

Carl Maria v. Weber
10ö37, 54n8
(Eutin)

RADIX:18.11.1786,
22.4532 (2♍5539)
[RAMC 50.0647]

EPOCHE: 28.2.1786,
2.4430 (2♓55)
[RAMC 209.4826]

	RADIX	EPOCHE
SONNE (SO)	26♏50	9♓44
MOND (MO)	5♏42	2♓55
MERKUR (ME)	12♐9	24♒26
VENUS (VE)	10♑55	4♓18
MARS (MA)	23♏30	13♊34
JUPITER (JU)	14♉48 (r)	16♈20
SATURN (SA)	11♒24	11♒28
URANUS (UR)	25♋26 (r)	17♋9 (r)
NEPTUN (NE)	17♎56	16♎19 (r)
PLUTO (PL)	12♒29	13♒31
MONDKNOTEN (MK)	16♑57 (r)	0♒55 (r)
PARS FORTUNA (PF)	11♌48	16♐57
MEDIUM COELI (MC)	22♉32	1♏59
XI	1♋31	23♏16
XII	6♌1	9♐41
ASZENDENT (AS)	2♍5539	23♐46
II	22♍18	10♒15
III	18♎13	29♓44

Ereignisdaten	_Direktionen RADIX_	_Direktionen EPOCHE_
(15.)5.1787 Familie beginnt ein unruhiges Wanderleben (Theater)	IX c 180 NE -9' XII c 90 MO -3' PF c 180 SA -2' NE re 45 AS ex.	ME pro 45 SA 1' MA d 180 PF 6' NE re 180 JU ex. PL pro 120 MA (ex.)
1.8.93 Tod eines Großvaters	VIII d 45 PL -2' SO d 45 III 3' SA pro 180 PF 1'	MA pro 45 IC -3' MA pro 180 PF ex. MA c 60 VIII +3'
(1.10.)97 (Geburt Schwester) / Krankheit der Mutter	IC re 90 SA +1' III c 45 MA +2' NE pro 0 III 2'	VE d 90 AS 3'
13.3.98 Tod der Mutter	IC c 90 SA ex.	MO d 45 IC -4'

	IC d 45 NE -3' AS d 45 UR 2'	
(15.12.)98 Webers gehen nach München	AS d 120 VE 3'	AS c 180 MA +7' JU d 0 IC -4'
11.8.1804 Anstellung in Breslau	AS d 120 JU -2' MO c 0 III -4'	AS pro 60 SO 3'
17.7.07 Sekretär bei Herzog Ludwig in Stuttgart	MC d 180 ME -10' XI c 180 ME -1 IX c 45 JU -1'	MC c 135 ME +4' MA pro 180 AS -3' II d 90 MA 2'
16.4.12 Tod d. Vaters	VIII d 135 SO -2' VIII c 135 NE -1'	SO re 0 PL -8' <URre45 AS+1'E/R>
12.1.13 Chefposition am Theater Prag	ME re 120 XI +1' MC d 150 MK 4'	XI d 120 JU -1'
8.11.13 Brief bzgl. Af- färe negativ	IC c 90 UR -3' DS re 90 JU +1'	DS c 90 MO ex.
19.2.14 Verschärfung der Krise	IC d 60 NE 5'	DS re 90 MO ex. SO re 0 SA +3'
20.3.14 bürgt f. Hono- rar v. Musikerkollegen/ vertieft Beziehung zu Caroline Brandt	AS c 90 JU -2' XI d 0 UR -6' III d 30 ME ex. JU c 45 DS ex.	MO re 120 DS +2' MA re 90 MO +3'
6.6.15 Rückschlag Be- ziehung Caroline nach Heiratsantrag / Reise	PF d 180 DS -2' ME d 45 IC ex. MO c 45 IC +4'	XII c 120 UR -3' SA d 180 IX 7' MO pro 180 IX 10'
30.9.16 Weber kündigt	SA d 0 DS 1' VI c 30 PL ex.	MA c 180 XI -5' UR d 180 MO 7'
(19.)11.16 neuverlobt	ME c 60 VE ex.	DS re 120 MK ex.
4.11.17 Heirat / bereits schwerkrank (TBC)	AS c 180 PL -9'	PF c 0 XI ex. IC c 45 PL -4

18.6.18 bezieht eige- nes Sommerhaus in Hosterwitz b. Dresden	AS c 0 PF +8' XII c 180 VE +9' ME re 30 IC -3'	JU pro 120 AS ex. II d 30 MO 4'
22.12.18 * kränkelnde Tochter	VE re 60 SA ex. DS re 0 SA +8'	VE re 120 V -2' MK d 90 DS ex.
28.04.19 Tod der Tochter / selber ver- schärft leidend	DS c 0 SA (AS c 180 SA) -3'	UR c 180 PF +9' abst.MKc135SA-1'
21.7.21 in Fährunfall bei Pirma verstrickt / verfaßt Testament	XII c 135 MA -2' MA c 180 IX -3' VIII c 45 VE -3'	IC c 30 ME +2' SO d 0 IC -8'
25.4.22 * Max Maria	IC d 150 UR ex. V c 0 SO +3' ME pro 0 V -7'	AS d 30 VE ex. V d 120 ME ex. MK c 0 AS +5'
5.10.23 trifft Beetho- ven in Baden bei Wien	MO pro 0 DS 5' XI re 60 UR +3'	MO pro 120 IX -3'
ab (3.)7.24 erfolglose Kur in Marienbad	IC d 45 PL -3' SO c 180 IX -1'	ME re 30 XII +3'
21.8.24 sagt London zu (trotz vernichtender ärztl. Prognose): will Familie fin. versorgen	IC d 45 PL 4' VE c 45 III -1 II c 90 MA +3' SO c 0 NE +7'	XI d 45 SA 4' NE c 120 IC +4'
6.1.25 * Alexander Viktor Maria	MK c 0 ME +3' VE d 0 SA -1'	IC d 90 SO 2' MA d 60 V ex.
16.2.26 Abreise zwecks UA *Oberon* (12.4.26) n. London	IC c 120 PL -3' XI c 0 MC ex. IX d 0 MC ex.	AS c 90 ME +3' ME re 60 SO ex. VE c 180 UR -7'
5.6.26 stirbt ebendort	IC re 120 PL ex. JU pro 90 SA -1.5' ME pro 45 SA 1'	AS d 0 SA -6'

Ferdinand Meyer	RADIX: 7.3.1799,	EPOCHE: 23.7.1798,
(Vater von C.F. Meyer)	9.2308 (12♊2256)	14.5404 (12♐25)
8ö33, 47n23 (Zürich)	[RAMC 314.2530]	[RAMC 173.3834]

SONNE (SO)	16♓51	0♌52
MOND (MO)	25♓49	12♐25
MERKUR (ME)	4♓24	4♌22
VENUS (VE)	2♈54	22♊29
MARS (MA)	21♉5	13♓32
JUPITER (JU)	21♉13	22♉6
SATURN (SA)	19♋29 (r)	17♋47
URANUS (UR)	20♍27 (r)	15♍6
NEPTUN (NE)	14♏57 (r)	10♏7
PLUTO (PL)	1♓47	1♓21 (r)
MONDKNOTEN (MK)	19♉7 (r)	1♊7 (r)
PARS FORTUNA (PF)	21♊21	13♈17
MEDIUM COELI (MC)	11♒57	23♍4.5
XI	10♓2	22♎10
XII	22♈33	14♏3
ASZENDENT (AS)	12♊2256	1♐44
II	2♋31	4♑57
III	21♋3	15♒5

Ereignisdaten	*Direktionen RADIX*	*Direktionen EPOCHE*
9.3.1800 Tod d. Mutter	MO d 90 VIII -2'	UR c 180 MA +8'
	XII c 30 MA -2'	
5.9.17 Tod eines engen Freundes	ME re 135 UR +3'	MC c 45 SA +4'
	MO pro 135 SA -1'	DS c 60 SA -5'
17.1.19 Tod d. Vaters	MC d 0 PL 13'	MC c 180 PL +4'
	VIII d 180 SA ex.	MC d 30 UR -3'
(15.4.)20 studiert in Berlin	ME c 0 MC +3'	IX c 60 JU +5'
(15.4.)21 studiert in Göttingen	MC d 0 ME -4'	AS c 60 UR ex.
	UR d 90 IX -3'	

(15.10.)21 studiert in Lausanne / Braut wohnt in der Nähe	MC c 120 UR +2' AS d 120 ME -3' IX d 45 MO ex.	SO pro 30 MC 3'
(15.4.)22 Anstellg. im Zürcher Staatsdienst	VI c 180 SO -3'	VE c 180 AS -1' UR re 120 VI +2'
23.5.24 heiratet Elisabeth Ulrich	JU d 0 PF -9' JU pro 60 MO -2.5'	DS d 30 JU -5' MO c 120 IC +3'
16.5.25 Tod des Bruders	PL c 180 IC (+5') SA pro 135 ME 2'	PL re 90 AS ex. NE d 0 AS -10'
11.10.25 * Conrad (in durch Schwiegervater problematischer häuslicher Situation)	IC c 120 SO -3' (IC c 135 PL ex.) (DS c 45 UR +2')	ICd 30JU3'/0 V-1' MO c 180 JU ex. DS pro 0 VE 5' (PL re 90 DS ex.)
10.1.28 Tod des Schwiegervaters	NE d 0 PF 2' PL pro 60 VIII -1'	DS c 180 NE +5' DS d 135 NE -1'
(15.)7.30 Revolution in Zürich	XII c 0 ME -3' UR c 180 MC -6'	NE c 180 PF -9' [PL re 90 DS -3']
19.3.31 * Betsy	AS c 30 MO -5' VE pro 30 AS ex. V d 30 UR 3' UR pro 120 MK ex.	VE d 90 V 4' MA d 0 V 10' VE pro 0 SO 5'
(1.3.)33 neue Stelle als Geografielehrer	MC d 0 SO ex.	JU c 150 MC -2' MC pro 90 SO 1'
25.12.38 publiziert *Weihnachtsbetrachtg.*	XII d 0 AS 3' JU c 0 SO -5'	III c 150 ME +1' SO c 120 XI -4'
6.9.39 „Züriputsch" – Rückkehr in alte Funktionen	MA c 90 DS -1' – VIII c 60 UR +2' VE re 120 AS -5'	PF d 0 JU -11'
10.5.40 stirbt (Typhus)	AS d 0 SA 2'	AS c 120 PL -2'

sider. Lunare / Halblunare direkt u. convers (L/HL d/c) [auf 8ö33, 47n23 berechnet]	RADIX Datum L/HL d bzw. c – Position Achse: Position Planet(en)	EPOCHE Datum L/HL d bzw. c – Position Achse: Position Planet(en)
9.3.1800 Tod der Mutter	L d:25.2.1800, 8.08 MC 14♑: MA 13♑	HL c: 13.12.1796, 20.39; IC13♏: NE 10♏, VE 13♏ Ld:17.2.1800,16.44 ähnlich
17.1.1819 Tod des Vaters	HL d: 16.1.1819, 21.25; IC 26♐: UR22♐...NE 27♐ HLc:27.4.1779,5.32 MC 4♒: PL 3♒	L c: 20.2.1778, 9.37 MC 1♒: PL 1♒
16.5.1825 Tod des Bruders	L d:13.5.1825, 0.18 IC 6♊: SA 9♊	L c:12.10.1771,9.03 MC 13♍: NE 15♍
11.10.1825 * Sohn	L c:16.8.1772, 4.44 DS 26♒: JU 28♒ AS 26♌: VE 18♌, SO 24♌ ... SA 2♍	HLc:15.5.1771,23.39 AS 1♒: JU 27♑ DS 1♌: MA 29♋ Lc:28.5.1771,22.51,ähnlich
19.3.1831 * Tochter	L d: 14.3.1831, 11.34; MC 23♓: SO 23♓, MO 26♓	HL c: 27.11.1765, 23.39 MC 12♊: MO 12♊
6.9.1839 „Züriputsch" – Rückkehr in alte Funktionen	L c:17.9.1758, 9.31 MC 25♌: VE 26♌ IC 25♒: SA 29♒	L c: 29.6.1757, 19.51 DS 16♋: VE 14♋ HL c: 15.6.1757, 12.32 MC 10♋: ME 11♋
10.5.1840 stirbt an Typhus	Ld:28.4.1840,22.02 AS 19♐: SA 21♐ IC 17♈: PL 19♈	L c: 26.10.1756, 13.17 DS 10♌: NE 13♌ AS 10♒: SA 4♒ HL d: 4.5.1840, 1.42 MC 18♐: SA 21♐

Elisabeth Meyer
(Mutter v. C.F. Meyer)
8ö33, 47n23 (Zürich)

RADIX: 12.6.1802,
19.0238(18♐1321)
[RAMC 194.3518]

EPOCHE: 28.9.1801,
8.0425 (18♊15)
[RAMC 136.1620]

	RADIX	EPOCHE
SONNE (SO)	21♊	4♎42
MOND (MO)	9♏52	18♊15
MERKUR (ME)	14♋4	12♎1
VENUS (VE)	13♋32	25♌18
MARS (MA)	21♈39	12♎49
JUPITER (JU)	29♌24	26♌10
SATURN (SA)	2♍2.5	2♍12
URANUS (UR)	2♎33	2♎28
NEPTUN (NE)	19♏24 (r)	17♏36
PLUTO (PL)	7♓6 (r)	4♓4 (r)
MONDKNOTEN (MK)	15♓58 (r)	29♓36 (r)
PARS FORTUNA (PF)	7♉6	17♋40
MEDIUM COELI (MC)	15♎50	13♌48
XI	11♏21	17♍5
XII	1♐6	13♎29
ASZENDENT (AS)	18♐1321	4♏7
II	26♑31	2♐29
III	10♓15	6♑42

Ereignisdaten	*Direktionen RADIX*	*Direktionen EPOCHE*
5.9.1817 Tod des Bruders	ME d 45 DS 1.5' DS pro 60 SA 3'	ME c 135 IC -4' VIII c 135 SO -2'
23.5.24 heiratet Ferdinand Meyer	V c 0 MA -8' MC pro 0 MO -6'	JU c 60 SO +5'
11.10.25 * Conrad (in durch ihren Vater problemat. häusl. Lage)	MC d 0 MO 8' SO c 120 UR +4'	V c 180 VE -8' VE c 60 UR +4' MO d 90 MA -4'
10.1.28 Tod des Vaters	SA re 45 MC ex. SO c 135 MC +4' SO re 60 VIII -2' AS c 135 VE -1'	MA d 180 DS -6' / 120 PL -3'

(1.4.)29 Bettagsman- dat Ferdinands	MC d 120 VE -4' ME d 60 DS 2'	MC d 30 ME -1' MC c 0 PF ex.
(1.4.)30 Bettagsman- dat Ferdinands	DS d 0 VE 9' MC c 180 MK +6' ME pro 120 XII -3'	AS c 0 XII -2' MO d 60 XI ex. XI pro 0 ME -3'
(15.)7.30 Revolution	AS d 180 ME -5'	MA c 45 AS -4'
19.3.31 * Betsy	V d 45 MA -2' MO c 90 VE +4' VE pro 120 AS 6' <ASc90JU+1' R/E>	AS c 0 MA -3' V pro 180 MA 2' MK d 120 VE ex. <Vd135JUex.E/R>
6.9.39 „Züriputsch" – F. bekommt Ämter zur.	AS re 0 NE +2' MA pro 30 AS -3'	UR pro 0 SO ex. XI c 60 MA -2'
10.5.40 Tod Ferdinand Meyers	AS c 0 NE +4' <SAc 0 VIII -1'E/R>	AS d 90 SA 4'
die dazugehörigen Luna- *re:* [8ö33, 47n23]	L d: 17.4.1840, 22.42 AS 19♐: SA 21♐ IC 16♈: PL 18♈ HL d: 1.5.1840, 22.08 AS 23♐: SA 21♐ L c: 4.8.1764, 14.20 AS 4♐: MA 8♐ MC27♍:abst.MK 28♍ HL c:21.7.1764, 20.12 DS 24♌: NE 27♌	L d:4.5.1840,10.55 DS19♒:NE14.5♒ L c:22.2.1763,7.24 MC 1♑: PL 3♑ AS 3♈: MA 5♈
23.11.41 „Eklat" d. d. Sohn – ein Freundes- brief beschwichtigt	VE pro 90 XII 2' XII c 60 JU +4' <NEd 0 AS -8' E/R>	III d 90 NE ex. JU d 90 III ex. VE c 0 PF +6'
21.6.43 Tod der Mutter	IC c 180 SA +7'	IC c 90 SO +1'
(15.)10.44 Conrad im- matrikuliert sich f. Jura	MC d 135 VE 2' VE d 180 III -2'	SO pro 0 NE -3'

24.12.45 Conrads Dichtg. wird v. G. Pfitzer vernicht. kritisiert	MC c 0 JU +10'*) III c 90 MA -2' NE d 45 XI 3' *) Kritik evt. in ihrem Sinn	MC c 90 UR ex. SO re 135 III ex.
12.6.52 bringt Conrad in die Anstalt Préfargier	XII c 120 SO -4' MA d 90 IX -2' MO re 180 ME -6'	XII d 0 SA ex. SO c 45 IX +3' SA pro 60 IX -2'
15.3.53 begleitet Betsy nach Genf	VE c 45 IC ex. V c 135 MO ex.	AS d 60 ME 4.5' SA pro 60 IX ex.
10.11.53 Selbstvorwürfe wg. Conrads / Suizidgedanken	IC d 90 PL ex. ME c 180 XII ex. AS c 0 MO -10'	SA pro 120 III 2'
31.12.53 Conrad zurück (kurz zuvor: eine Erbschaft)	JU d 180 PF 5'	AS c 30 JU -2' JU pro 60 AS -1' ME re 0 MC -4'
24.6.54 vereitelt Frauenbesuch Conrads	XII d 135 SA 2' SA d 0 MO 8'	III d 180 SA 11' SA c 150 IC ex.
(30.)8.54 Betsy aus Genf zurück	SO c 0 V -3'	V c 60 MK +1' MK c 0 IC +7' JU pro 60 AS 2'
22.7.56 Tod des Pfleglings Antonin Mallet führt zum Ausbruch der definitiven Krise	SA re 135 IC -2' VIII c 45 MA -4' UR d 0 XII 3' MA pro 90 JU 2'	IC d 135 JU 3' SA c 90 ME -3'
27.9.56 stirbt – stürzt (sich?) in Préfargier ins Wasser	SA re 135 IC -2' XII d 60 NE ex. ME d 60 XII ex. MA d 30 ME 2'	NE c 0 SO +3' XII d 45 MA -3'
die dazugehörigen Lunare: [6ö39, 46n31]	L d: 4.9.1856, 19.40 IC 15♋: SA 12♋ HL d: 17.9.1856, 20 AS 28♉: UR 25♉ DS 28♏: MA 0♐	L c: 5.10.1746, 14.44 AS 9♒: UR 5♒

Inhalt

Veröffentlichungen von Klauspeter Bungert:
Die Felswand als Spiegel einer Entwicklung. Der Dichter C. F. Meyer als Gegenstand einer psychologischen Literaturstudie (1994). 160 S., Restauflage beim Autor
Interview (2015). Erzählung, 176 S. ISBN: 978-3-940597-55-7
Dramen („Der Mann wird ein Klassiker!" *Olaf Spittel*):
 Band 1 (2015), 368 S. ISBN: 978-3-940597-83-0
 Die Irrenden · Kleist – Ein Traumspiel · Hartwig · Einkehrtage · Die Schmeißfliegen · Das Bild, das Spiel, die Stimme · Die Lausigkeit der Liebe, des Lasters und der Lust · Nora 1996 · Der Falter im Spinnennetz (1. Teil: Himmel · 2. Teil: Fegefeuer – Erde)
 Band 2 (2015), 380 S. ISBN: 978-3-940597-84-7
 Auf dem Canal Grande · Die Stunde des Pilatus · Am Rande · Der Dezernent · Rudi, Susanne und Tante Friedas Ableben · Die Heimkehrer · Wirbel um Johann Schmant · Roman Forster live – Eine Talkshow · Lennieff
 Band 3 (2015), 360 S. ISBN: 978-3-940597-85-4
 Die Nacht geht auf[*] · Der Durchbruch · Im Vorhof des Lebens · Wellen Mathilde Unfall · Der Fragwürdige · Invention für einen Schauspieler · Nihil nisi bene · Eislauf · Das stille Erlöschen des Magnetismus · Gespräch mit einer Toten[**] · Wendepunkte [*uraufgeführt 2018 in Trier – **uraufgeführt 2018 in Innsbruck]
 Band 4 (2015), 352 S. ISBN: 978-3-940597-86-1
 Drei Trierer Historiendramen (Die letzten Kaiser von Trier · Willkommen, Constantin! · Kaiserin Helena) · Und Gott sagte · Freßzellen · Seelendialyse · Der Kreisleiter · Jesus Christus trifft Rudolf Steiner und Sigmund Freud · Haydns Erbe · Spiele auf der Endstation
Conan Doyle als Prosaschriftsteller – annotiertes Werkverzeichnis (2018; erste Würdigung des bedeutenden englischen Autors auf deutsch) in: Sir Arthur Conan Doyle: Das Spukhaus
272 S. ISBN: 978-3-940597-99-1
Unternehmen Faust – eine politische Utopie an fünf Abenden (2019)
212 S. ISBN: 978-3-96027-113-0
 Der Automat · Die Konferenz · Geld für alle · Ingenieure des Friedens · Wenn die Bienen sterben
Wolkenfarben – Gedichte und kurze Prosa (2019)
176 S. ISBN: 978-3-96027-115-4
 Umschau · Einer · Natur im Herbst · Die Begegnungen wechseln · Menschen in der Stadt · Hektische Zeit · Flüchtige Sonette · Essay: Wolkenfarben – ein Leitfaden
Fiktive Monologe krebskranker Frauen (2019)
260 S. ISBN: 9783739232799
César Franck. Eine analytische und interpretative Annäherung an sein Werk (2019)
230 S. ISBN 978-3-948435-00-4

Im Schaffen Klauspeter Bungerts bilden Natur, Ressourcen und die Entwicklung der Gesellschaft immer wieder Schwerpunkte. Seine biografischen, literatur- und musikkundlichen Arbeiten kämpfen gegen den Zerfall der Hochkultur.
Neben seiner literarischen Tätigkeit ist Bungert klassischer Instrumentalist (Orgel, Klavier) und Herausgeber musikalischer Werke. Er ist mit der Heilpraktikerin und Autorin Sigrid Ertl verheiratet.

www.klauspeterbungert.de
http://www.verlag28eichen.de/personen/bungert/bungert.htm
https://www.theaterverlag-cantus.de/autor/klauspeter-bungert/
https://www.canticus-verlag.de/produkt-kategorie/orchesterwerke/
http://www.verlag28eichen.de/personen/ertl/ertl.htm